Nicolas Benzin (Hrsg.)

Beiträge
zur
Kulturgeschichte des Judentums
und der Geschichte der Medizin

Band II

Nicolas Benzin (Hrsg.)

Beiträge
zur
Kulturgeschichte des Judentums
und der Geschichte der Medizin

Band II

Nicolas-Benzin-Stiftung

Frankfurt am Main

2010

Nicolas-Benzin-Stiftung

zur Förderung der Bildung auf den Gebieten der
Kulturgeschichte des Judentums und der Geschichte der Medizin

errichtet am 1. Juni 2007

Nicolas Benzin (Hrsg.) –
Beiträge zur Kulturgeschichte des Judentums und der Geschichte der Medizin - Band II

ISBN 978-1-4461-5102-0

1. Auflage 2010
© by Nicolas Benzin, Elsterstraße 30, 65933 Frankfurt am Main, Deutschland

Verlag:
Lulu Enterprises, Inc.
3101 Hillsborough Street, Raleigh, North Carolina 27607, USA

Inhalt

Forschungsbeiträge

Dr. Rajaa Nadler

Ermreuth - Eine jüdische Landgemeinde in Oberfranken

Seite 7 - 22

Prof. Dr. Wilhelm Kaltenstadler

Judentum, Christentum und Kulturtransfer

Seite 23 - 69

Nicolas Benzin

Guillaume Postel (um 1510-1581) –
Orientalist, Kabbalist und Mediziner

Seite 70 – 85

Prof. Dr. Wilhelm Kaltenstadler

Gesundheit, Hygiene und Krankheit bei Maimonides

Seite 86 - 141

Prof. Dr. Dietfrid Krause-Vilmar

Über die politische Tätigkeit
des Eschweger Bürgermeisters Dr. Alexander Beuermann in den
Jahren 1934-1945

Seite 142 – 223

Prof. Dr. Wilhelm Kaltenstadler

Die Leichenpredigt von Pfarrer Lang bei der Hinrichtung von vier Räubern im Jahre 1766 in Pöttmes (Bayern)

Seite 224 - 244

Buchvorstellungen

Judith Hahn: Grawitz, Genzken, Gebhardt - Drei Karrieren im Sanitätsdienst der SS

vorgestellt von Dr. Judith Hahn

Seite 245 - 266

Thomas Ritter: Healing Sticks - Das tibetische Buch der Heilung

vorgestellt von Nicolas Benzin

Seite 267 – 268

1434: The Year a Magnificent Chinese Fleet Sailed to Italy and ignited the Renaissance

vorgestellt von Dr. Horst Friedrich

Seite 268 - 272

Spenden und Zustiftungen

Seite 273 - 274

Förderung durch die Nicolas-Benzin-Stiftung

Seite 275 – 276

Ermreuth - Eine jüdische Landgemeinde in Oberfranken

von Dr. Rajaa Nadler

Die im Landkreis Forchheim/Ofr. gelegene, etwa 800 Einwohner zählende, zum Markt Neunkirchen am Brand gehörende Dorfgemeinde Ermreuth vermag trotz ihrer bescheidenen Größe mit einigen historisch bedeutsamen Kleinoden von z.t. überregionaler Bedeutung seine Besucher zu begeistern. Zu Hauptanziehungspunkten in dem idyllisch gelegenen, typisch fränkischen Bauerndorf haben sich in den vergangenen 15 Jahren in zunehmendem Maße die stolze Dorfsynagoge mit der darin präsentierten Dauerausstellung und der jüdische Friedhof entwickelt. Unter den einst zahlreichen Wohnhäusern in jüdischem Besitz ragt heute das unmittelbar an die Synagoge angrenzende ehemalige Wohn- und Geschäftshaus der Familie Schwarzhaupt heraus, das - als Museumserweiterung das Ensemble abrundend - eine weitere kulturhistorisch bedeutsame Besuchs- und Begegnungsstätte darstellen könnte.

Die jüdische Gemeinde

Die Lage Ermreuths im Schwabachtal, am Hang des Hetzleser Berg, inmitten eines Kirsch- und Obstanbaugebietes an der Pforte zur Fränkischen Schweiz verleiht ihm einen besonderen Reiz, der durch das Schloss, die Ortskirche und die stattliche Synagoge, die das Ortsbild seit jeher prägen, noch verstärkt wird.
Seit seiner Gründung, vermutlich schon zur Zeit Karl des Großen bzw. im 11. Jahrhundert, die erste urkundliche Erwähnung findet sich jedoch erst aus dem Jahre 1358, war Ermreuth eine Gutsherrschaft, und seit der Reformation evangelisch.

7

Wegen des großen Einflusses der Zünfte und Stände waren die deutschen Reichsstädte im Allgemeinen den Juden gegenüber feindselig gestimmt. Dies führte dazu, dass Ende des 15. Jahrhunderts alle Juden fluchtartig die Reichsstädte verlassen mussten. In Folge dessen setzte eine Fluchtwelle in Richtung Land ein, wobei die Fliehenden eine neue Bleibe unter dem Schutz der fränkischen Landesterritorialherren bzw. Reichsritter fanden. Jedoch waren es wirtschaftliche und politische Beweggründe, die diese Herren dazu veranlassten, die geflüchteten Juden in größerer Anzahl aufzunehmen. Um möglichst noch mehr Juden aufs Land zu locken, verlangten die Schutz Gewährenden für die Aufnahme weniger Schutzgeld und geringere Vermögen als es in den Städten üblich war, so dass sich letztendlich über 80% der bayerischen Juden in Franken niederließen.

Im Zuge dieser Migration dürften die ersten Juden den Weg in den oberfränkischen Ort Ermreuth gefunden haben. Die erste schriftliche Nachricht darüber geht auf die Mitte des 16. Jahrhunderts zurück, als der Gutsherr Stephan von Muffel starb und seine vier Söhne das Erbgut Ermreuth unter sich teilten. Laut dieses Teilungsvertrags sollen die Juden ein Pfund Pulver für den Kirchweihschutz abgegeben haben. Zahlen oder Namen wurden indes nicht erwähnt.

Doch erst mit dem Kauf des Ortes durch die Herren von Künßberg im Jahre 1664 dürfte die Geschichte der Juden in Ermreuth ernsthaft begonnen haben. Schon an Jacobi des gleichen Jahres soll Abraham Jud als einziger sesshafter Jude gemeldet gewesen sein. Bis Ende des 17. Jahrhunderts hatten sich schließlich neun jüdische Familien im Ort niedergelassen; ihre Zahl wuchs bis 1743 auf 17 Familien an.

Alle zum Leben einer jüdischen Kultusgemeinde benötigten infrastrukturellen Einrichtungen lassen sich für diesen Zeitpunkt in Ermreuth nachweisen. Bereits 1711 legte man den Friedhof auf dem Heinbühl an und 1738 errichtete man die erste Synagoge. Das Jahr 1763 besiegelte das Ende der Ermreuther Linie von Künßberg; ihr Besitz Ermreuth fiel an die Nachfolgerlinie von Künßberg-Turnau. Von da an stand der Blütezeit der jüdischen Gemeinde in Ermreuth nichts mehr im Wege. Sie vergrößerte sich rasch und zählte im Jahre 1800 33 Familien. Von insgesamt 98 Familien im Ort gehörten im Jahre 1840 38 Familien dem jüdischen Glauben an. Zeitweise waren sogar 43 Familien ansässig.

Von 1829 bis Ende 1915 unterhielt die Gemeinde darüber hinaus eine eigene Schule, die erst am 1. August 1833 das Prädikat „Die jüdische Religions- und Elementarschule" erhielt. Nebst dem rituellen Tauchbad (Mikwe) befand sich gleichzeitig auch eine Schlafstätte für arme Juden im Schulgebäude. Gleichzeitig wies die Gemeinde ein Schächterhaus und jüdische Metzgereien auf. Einen eigenen Rabbiner besaß Ermreuth, eine von 13 jüdischen Gemeinden im Bezirksrabbinat Hagenbach, indes nicht.

Abgesehen von neun Bauernfamilien verdingten sich die meisten Familienväter als Hausierer oder betrieben Vieh- und Hopfenhandel. Einige hatten eigene Läden für Stoffe und Spezereien, andere wiederum verdienten als Metzgermeister, Seifensieder, Seilmacher, Buchbinder, Schneider, Bäcker, Musiker, Weber, Gerbermeister, Lehrer, Gemeindeschreiber, Vorsänger usw. ihren Lebensunterhalt.

Mit dem Gesetz zur Gleichberechtigung im Jahre 1871 vergrößerten sich die Chancen der Juden auf dem Arbeitsmarkt. Sie beteiligten sich gerne und aktiv am Gemeindeleben, waren in den Gemeinderatsausschüssen und im Schulverband vertreten. Nicht nur gründeten sie die Freiwillige Feuerwehr mit und waren Mitglieder in deren Vorstand, sondern dienten auch aktiv im Ersten Weltkrieg (einer fiel auf dem Feldzug in Frankreich) und manch einer von ihnen wurde sogar mit dem Eisernen Kreuz ausgezeichnet. Im Zuge des gleichen Gesetzes entschieden sich die noch im Ort ansässigen Juden jedoch für die Auswanderung in die Städte oder in die Vereinigten Staaten von Amerika. So blieben von ursprünglich mehr als 40 jüdischen Familien nur noch 20 Personen übrig. Die Zahl von zehn erwachsenen Männern, die für einen Gottesdienst notwendig sind, konnte schon seit 1933 nicht mehr aufgebracht werden. Doch die Geschehnisse vom 9. November 1938 besiegelten das Ende der Gemeinde endgültig. Von deren Existenz vermögen heute nur noch der Friedhof, die restaurierte und wiedergeweihte Synagoge sowie die in ihr präsentierte Dauerausstellung zu zeugen.

Die Synagoge

Die 1738 am Ortsrand aus Lehm und Holz erbaute kleine und bescheidene Synagoge diente bis 1818 als Versammlungsraum für Gottesdienst und Gemeindeangelegenheiten, vermutlich aber auch als Ort des Lernens und der schulischen Ausbildung. 1819 musste sie abgerissen werden und einem neuen Synagogenbau weichen. Mit einer großen finanziellen Belastung konnte 1822 das neue zweigeschossige, mit einem Walmdach versehene Gotteshaus aus ockerfarbenen Sandsteinquadern auf einem rechteckigen Grundriss am gleichen Ort errichtet werden.

Ostansicht der Synagoge

Schon damals eine der größten und bedeutendsten Dorfsynagogen in Oberfranken, präsentiert sie sich als geweihte Synagoge heutzutage in ihrer Art als einzigartig in der Region. Eine an drei Seiten umlaufende Empore teilt den einfach, aber geschmackvoll bemalten und ausgestatteten Innenraum der Synagoge in Männer- und Frauenbereich. An den Eingangsbereich schließt sich im Untergeschoss die mittels einer Trennwand davon abgegrenzte Männerabteilung an. Die an deren vier Wänden befestigten Sitzbänke richten sich auf die runde, in der Mitte des Raumes platzierte, mit einem Pult für die Thoralesungen versehene Bima aus. Fünf Stufen führen zum in der Ostwand eingebauten Thoraschrein hinauf, der von einem ultramarinblauen Himmel mit goldenen Sternen und von einem rubinroten, mit goldenen Fäden bestickten Thoravorhang bedeckt wird. Eine von der Decke herunterhängende sternartige, ebenso rubinrote Lampe symbolisiert das Ewige Licht, das auf die Gegenwart Gottes im Haus hindeuten soll.

Der Synagogeninnenraum

11

Der Zustand vor der Restaurierung

Die schrecklichen Ausschreitungen der Nacht vom 9. November 1938 gingen an dieser Synagoge nicht spurlos vorbei. Aufgrund ihrer Lage inmitten von Wohnhäusern konnte sie jedoch weder in Brand gesteckt noch gesprengt werden, der blindwütigen Demolierung indes vermochte sie nicht zu entgehen: ihre innere Ausstattung wurde zerstört, das bewegliche Gut außerhalb des Ortes verbrannt. Die kostbaren Kultgegenstände sind seither verschwunden. Die Thorarollen wurden - so Zeitzeugenberichte - entwendet und zunächst im örtlichen Schloss, das zu dieser Zeit von den Nationalsozialisten als Treffpunkt benutzt wurde, aufbewahrt; über ihren späteren Verbleib liegt keine Kunde vor.

Einzug der Thora anlässlich der Wiederweihe am 19. Juni 1994

Während der Kriegsjahre diente die Synagoge den Nationalsozialisten für kurze Zeit als Lager, ansonsten stand sie leer. Am 21. April 1954 wurde sie an die Raiffeisenkasse eGmuH in Ermreuth verkauft und von deren Genossenschaftsmitgliedern in einen Lagerraum für landwirtschaftliche Produkte, Maschinen, Dünger u.ä. umgewandelt. Alles, was dieser Nutzungsweise im Wege stand, wurde in der Folgezeit entfernt, wodurch die meisten Merkmale der Synagoge verloren gingen. Mitte der siebziger Jahre ging das Haus schließlich in den Besitz des Marktes Neunkirchen am Brand über.

1989 gründeten der Landkreis Forchheim und der Markt Neunkirchen am Brand einen Zweckverband für die Erhaltung und Renovierung dieses einmaligen und einzigartigen Gebäudes im ländlichen Bereich von Oberfranken.

Nach erfolgreicher Sanierung wurde das ehemalige Gotteshaus am 19. Juni 1994 wiedergeweiht und als Haus des Gebets, der kulturellen Begegnung, des Dialogs und der Toleranz sowie als

13

Museum für Geschichte und Kultur des Landjudentums in Franken eröffnet.

Die Dauerausstellung

In der Kristallnacht und während der Kriegsjahre blieb den Augen der Nationalsozialisten und dem späteren Eigentümer eins jedoch verborgen: die Genisa – das verborgene Erbe (ursprünglich: Aufbewahrungsort von beschädigten oder abgenutzten heiligen Schriften).

Empore mit Dauerausstellung

Im Zuge der Dachsanierung im Jahre 1988 entdeckten Mitglieder des Freundeskreises für Kunst und Kultur in Neunkirchen am Brand diese Genisa auf dem sehr gut erhaltenen Dachboden der Synagoge und stellten sie sicher. Bei diesem Fund handelt es sich um Kultgegenstände und andere Utensilien aus dem religiösen, geschäftlichen und alltäglichen Leben der jüdischen Landgemeinde Ermreuth, die sie die Jahrhunderte über gesammelt hatte und im Zuge ihrer Vertreibung einem ungewissen Schicksal überlassen musste.

14

Zur Eröffnungsfeier der Synagoge wurde im Treppenhaus und auf der Frauenempore im Obergeschoss eine Dauerausstellung zum Leben und zur Kultur der jüdischen Landgemeinden in der Region und in Oberfranken am Beispiel von Ermreuth eröffnet.

Zahlreiche Exponate der Genisa stehen im Mittelpunkt dieser Ausstellung. Eine Vielzahl an papieren und textilen Fundstücken gewährt einen umfassenden Eindruck von dem reichen geistigen, religiösen und alltäglichen Leben dieser Landgemeinde und vermittelt zudem Einblicke in die Papier- und Textilindustrie des 18. und 19. Jahrhunderts. Verschiedene Aspekte des jüdischen Lebens in Ermreuth beleuchtend, befasst sie sich u.a. mit dem örtlichen jüdischen Friedhof und dokumentiert ihn mit Fotos und Texten, geht auf die ehemaligen Familien, ihre Wohnhäuser und Berufe ein und schildert deren Schicksale, zudem dokumentiert sie die jüdische Religions- und Elementarschule. Die gezeigten Exponate vermögen zudem einen repräsentativen Einblick in viele andere jüdische Landgemeinden der Region zu geben.

Mithilfe der Ausstellung sollen die ehemaligen jüdischen Landgemeinden im heutigen Landkreis Forchheim und in der Region am Beispiel von Ermreuth dargestellt und wieder zum Leben erweckt werden, um so die Erinnerung an deren Mitglieder als deutsche Bürger jüdischen Glaubens wachzuhalten, die lebhaft am sozialen und wirtschaftlichen Leben ihrer jeweiligen Gemeinden teilnahmen. Sie möchte vor allem aber Jugendliche und Kinder, denen die Schrecken des Hitlerregimes erspart geblieben sind, ansprechen und wachrütteln, sie zu Fragen hinsichtlich dieses Kapitels deutscher Geschichte animieren. Sie will in ihnen das Interesse für andere Kulturen und Religionen wecken und dadurch zur Toleranz und zum Frieden erziehen.

Zu diesem pädagogischen Konzept gehören Gruppen- und – Schulführungen, das jährliche angebotene Kulturprogramm, der interreligiöse und kulturelle Dialog, der durch diverse Veranstaltungen, Wechselausstellungen, Aktionen und

Konzerte angeregt wird, um Begegnungen zwischen Menschen unterschiedlicher Kulturen und Religionen zu ermöglichen.

Der Friedhof

Bis Anfang des 18. Jahrhunderts mussten die Juden in Ermreuth ihre Toten irgendwo anders, möglicherweise auf dem jüdischen Friedhof in Pretzfeld (Landkreis Forchheim/Ofr.), beerdigen. 1711 konnte die jüdische Gemeinde einen unfruchtbaren Hang auf dem Heinbühl außerhalb Ermreuths von der örtlichen Herrschaft als Lehen zum Anlegen eines Friedhofs erwerben. 1797 musste die Gemeinde aufgrund der enorm gestiegenen Mitgliederzahl den Friedhof vergrößern. 1864 erwies sich eine zweite Erweiterung als notwendig. Seine malerische Lage zieht heute die Besucher von überall her an.

Von ursprünglich vermutlich rund 500 Gräbern sind heute nur noch etwa 223 erkennbar; das älteste unter ihnen weist in der Inschrift das Jahr 1717/18 aus. Die letzten beiden Beerdigungen, für die keine Grabsteine mehr aufgestellt werden konnten, fanden 1936 und 1937 statt. Seitdem gilt er als geschlossener Friedhof.

Laut Augenzeugenaussage wurde der Friedhof 1936 geschändet und ein Teil seiner Mauer für Straßenbau und Hofpflaster abgetragen. Einst umfasste eine Steinmauer den in Dreiecksform angelegten Friedhof von allen Seiten. Heute indes begrenzt ihn im Osten und Süden ein Maschendrahtzaun.

Im Zuge der Friedhofsschändung wurden mehrere Grabsteine umgeworfen und z. T. fortgeschafft. Nach dem Krieg ordnete die amerikanische Militärregierung an, die herumliegenden Steine wieder aufzustellen, aufgrund fehlender Fachkenntnisse geschah dies allerdings nicht immer am ursprünglichen Standort.

Den sich durch malerische Obstgärten zum Friedhof schlängelnden ‚Judenweg' vermag man heutzutage kaum noch zu erkennen.

Im Gegensatz zur Synagoge befindet sich der Friedhof heute im Besitz des Landesverbandes der israelitischen Kultusgemeinden in Bayern, betreut wird er jedoch von der Verwaltung des Marktes Neunkirchen am Brand.

Der jüdische Friedhof von Ermreuth

Das Schwarzhaupt-Haus

Schon seit einigen Jahren taucht dieser Name vermehrt in den Tageszeitungen und in der überörtlichen Presse auf. Viele können wenig damit verbinden, aber möchten vielleicht mehr darüber wissen.

Nachdem sich die jüdische Gemeinde in Ermreuth etabliert hatte und Grundbesitz erwerben durfte, bauten sich Mitte des 18. Jahrhunderts Jacob Joel Levi und Moses Gönninger ein Haus aus Holz in ungleichen Doppelhaushälften, mit einer Gesamtfläche von 160 qm. Es handelte sich hierbei um ein bescheidenes Bauernhaus mit den Hausnummern 26a und 26b. 1884 gehörten beide Haushälften der jüdischen Witwe Babetta Rosenberger. Nach deren Tod am 3. August 1899 ging das Haus auf die Nichte Rosa Schwarzhaupt über und erhielt die

Hausnummer 26. Heute trägt es den Namen seiner letzten Besitzer: Schwarzhaupt, und besitzt die Hausnummer Wagnergasse 6. Das Gebäude grenzt unmittelbar an die Synagoge und wird von dieser nur durch den schmalen Saarbach getrennt.

Seit Mitte des 18. Jahrhunderts befand sich dieses Haus bis 1939 somit ständig im Besitz jüdischer Familien und weist auf verschiedenen Zimmertüren noch heute die Spuren der Mesusa, des Haussegens, auf.

Bis dato im Großen und Ganzen noch die alte fränkische Bauweise bewahrend, so unter anderem die einstige Einrichtung mit Waschküche, Plumpsklo, Flaschenzug und Räucherkammer, dokumentiert es auf diese Weise die Wohnkultur auf dem fränkischen Lande in früheren Zeiten.

In der kleineren Haushälfte richtete Familie Schwarzhaupt einen Laden für Stoffe und Nähzubehör gemäß dem Vorbild ihres Warenhauses in Forth, Bezirk Mittelfranken, ein. Von der einstigen Ladeneinrichtung blieb neben dem Verkaufstisch noch so einiges vom Hausrat sowie Schriftverkehr aus der Zeit um den ersten Weltkrieg erhalten.

In der Nacht des 9. November 1938 stürmten SS-Soldaten dieses Haus und verhörten die Hausbewohner. Ein ungenannt gebliebener Ermreuther soll sich angeblich eingemischt haben und behauptete, er habe den Hausrat gekauft. So konnte zumindest das Mobiliar der Familie gerettet werden.

Notgedrungen verkaufte die Familie ihr Haus für wenig Geld an einen Geschäftsmann aus Nürnberg. Mithilfe dieses geringen Erlöses sowie der finanziellen Hilfe ihrer Verwandten aus den USA konnten sich Adolf, Alma und Max Schwarzhaupt, und vor ihnen auch die 1923 geborene Tochter Rosa zusammen mit dem Nachbarjungen Bernhard Wassermann, noch rechtzeitig, als einzige Ermreuther Juden, am 26. Januar 1939 in die USA retten. Die Reise mit dem wenigen Hausrat führte sie über den Nürnberger Hauptbahnhof Richtung Frankfurt am Main. Zur Verabschiedung erschienen, trotz aller Drohungen, etliche Ermreuther Bürger auf dem

Nürnberger Hauptbahnhof. Damit wollten sie ein Zeichen der Solidarität mit ihren langjährigen Nachbarn setzen. Die Erinnerung an diese guten, ins Exil gegangenen Nachbarn ist bis heute in den Köpfen einiger Dorfbewohner lebendig.

Das renovierungsbedürftige Schwarzhaupt-Haus

1996 kaufte der Zweckverband Synagoge Ermreuth dieses geschichtsträchtige alte Haus zum Zweck der Errichtung eines Museums für jüdische Geschichte und Kultur im Landkreis Forchheim und in Oberfranken, das raummäßig die vielfältig genutzte Synagoge ergänzen und entlasten soll. Hier könnten z. B. dringend benötigte, fehlende Räumlichkeiten für ein angestrebtes pädagogisches Programmangebot geschaffen sowie die einmaligen Exponate der Genisa fachgerecht ausgestellt werden.

Das Schwarzhaupt-Haus steht unter Denkmalschutz und darf nicht abgerissen werden. Seit 1996 leer stehend harrt es, in zunehmendem Maße vom Einsturz bedroht, auf seine Sanierung, die mangels der dafür erforderlichen Finanzmittel und fehlender Entschlossenheit seitens der Verantwortlichen in immer weitere Ferne rückt.

Dieses Gebäude bildet zusammen mit der Synagoge ein einmaliges Ensemble im Regierungsbezirk Oberfranken. Sie stehen, neben anderen vormals von Juden bewohnten Häusern, dem Friedhof und dem Schulgebäude als steinerne Zeugnisse für das erloschene und einst blühende jüdische Gemeindeleben in diesem oberfränkischen Ort.

Intention des Projektes

Der Museumskomplex möchte den interreligiösen Dialog in besonderer Weise fördern und legt ihn daher als Schwerpunkt der gesamten Museumsarbeit zugrunde. Dadurch soll ein Zeichen gegen Hass, Diskriminierung, Antisemitismus und Rechtsextremismus gesetzt werden, gleichzeitig aber auch ein Zeichen für Brüderlichkeit, Toleranz, Anders-Sein und Frieden. Die Rahmenbedingungen hierfür werden allgemein als optimal erachtet. (Die regelmäßig stattfindenden Märsche von Neonazis in den benachbarten Ortschaften und ihre zunehmende Aggressivität und deren Einfluss auf die Schuljugend unterstreichen die Wichtigkeit dieses Projektes.) Regelmäßig stattfindende kulturelle Veranstaltungen, Sonderprogramme und Sonderausstellungen sollen den Schwerpunkt dieses Museums und Zentrums gegen Rechtsextremismus darstellen.

Spendenaufruf

Alle, die sich von diesem Projekt angesprochen fühlen und sich mit einer Spende an der Rettung, Renovierung und dem Aufbau dieses Museums beteiligen möchten, werden gebeten, ihre Spenden unter Angabe des Zweckes auf folgendes Konto einzuzahlen bzw. zu überweisen. Für Geldbeträge ab € 50,00 werden auf Wunsch Spendenquittungen ausgestellt:

Freundes- und Förderkreis Synagoge Ermreuth
Sparkasse Forchheim
Bankleitzahl: 763 510 40
Kontonummer: 329 599
Verwendungszweck: Sanierung des Schwarzhaupt-Hauses

Der Freundeskreis

Bereits vor Jahren bekundeten Besucher des Synagogenmuseums ihr Interesse für einen Freundeskreis, der die Einrichtung und das Museum unterstützen und fördern sollte. Nach einer konstituierenden Sitzung im Februar 2000 konnte dann der Freundes- und Förderkreis Synagoge Ermreuth e. V. ins Leben gerufen werden. Dieser zählt heute über 70 Mitglieder, die aus der gesamten Region kommen.

Literatur:

Archiv der Marktgemeinde Neunkirchen am Brand / Bestand Ermreuth

Beitrag zur Ortsgeschichte des Dorfes Ermreuth, Wilhelm Held, 1953

Der jüdische Friedhof Ermreuth, Rajaa Nadler, Hrsg. Zweckverband Synagoge Ermreuth, Neunkirchen a. Br. 1998
Die jüdische Schule Ermreuth mit einem Beitrag zur Ortsschule, Rajaa Nadler, Hrsg. Zweckverband Synagoge Ermreuth, Neunkirchen a. Br. 2006

Die Synagoge Ermreuth, Sakralraum und Museum, Beitrag zur Verständigung zwischen den Religionen, Rajaa Nadler, Hrsg. Zweckverband Synagoge Ermreuth, Neunkirchen a. Br. 2002

Festschrift zur Einweihung und Eröffnung der wiederhergestellten Synagoge Ermreuth am 19. Juni 1994, Hrsg. Zweckverband Synagoge Ermreuth, Neunkirchen am Brand 19941

Geschichte der Familie Künßberg-Thurnau, Uso Baron von Künßberg, München 1838

Judengemeinden in der Fränkischen Schweiz vom Mittelalter bis zum Emanzipationsedikt von 1813, Dagmar Eckert, Erlangen 1981

Jüdische Landgemeinden in Oberfranken (1800-1942). Ein historisch-topographisches Handbuch, Hrsg. Klaus Guth, unter Mitarbeit von Eva Groiss-Lau und Ulrike Krzywinski, Bamberg 1988

Mehr als Steine – Synagogen-Gedenkband Bayern, Teilband 1, Hrsg. Bernd Hamm, Wolfgang Kraus und Meier Schwarz, Erlangen 2007

Zur Geschichte der Juden in der oberfränkischen Landgemeinde Ermreuth, Gerhard Philipp Wolf, in: Archiv für Geschichte von Oberfranken 66, Seite 419-460, Bayreuth 1986

Alle Aufnahmen: ©Alexander Nadler

Korrespondenzadresse:

Dr. Rajaa Nadler, Zweckverband Synagoge Ermreuth, Klosterhof 2-4, 91077 Neunkirchen am Brand, E-Mail: rajaa.nadler@neunkirchen-am-brand.de

Judentum, Christentum und Kulturtransfer

von Prof. Dr. Wilhelm Kaltenstadler

Bedeutung des jüdischen Rechts – wie steht es mit dem Römischen Recht?

Der Kulturtransfer nach Europa hat ganz wesentlich mit der Tradition des Rechts zu tun. Europa ist geprägt durch mehrere Rechtskreise, die sich vielfach auch miteinander vermischt haben. So wirkten auf die deutsche Kulturentwicklung nicht nur das Römische, das kanonische, das germanisch-deutsche und, was vielfach verkannt wird, auch die Rechtsvorstellungen des Alten Testaments und des Talmud ein. Nur wenigen Historikern ist bislang bewusst geworden, wie stark jüdisches Leben bereits in der Antike nicht nur vom religiösen Glauben, sondern auch von minutiös festgelegten rechtlichen Regelungen geprägt war. Diese rechtliche Prägung wirkt weit mehr, als wir das aus dem Römischen Recht kennen, in den Intimbereich des Familienlebens hinein. Es gab hier nichts, was nicht bis ins kleinste geregelt war: Verlobungen, Verschreibungen, Ehekontrakte, Scheidung, Heiligungen, Trauungsformen etc.[1] Seitenweise findet man im Talmud detaillierte Erörterungen über die Frage, welcher Tag der Woche und welche Tageszeit sich für Trauungen am besten eignet und welche Tage und Tageszeiten man beim Heiraten unbedingt vermeiden sollte. Dabei gibt es verschiedene Tage, an welchen Jungfrauen und Witwen heiraten oder nicht heiraten durften. Als ideale Hochzeitstage für Jungfrauen galten Montag, Dienstag und Mittwoch, der 2., 3. und 4. Tag der Woche. Auf gar keinen Fall durften Jungfrauen am

---

[1] Vgl. vor allem Jakob Fromer (Hrsg.): Der Babylonische Talmud, 6. Aufl. 2000, Dritte Ordnung, Blatt 55 b – 57 b, 1. - 4. Traktat.

Freitagabend und Sabbatabend vermählt werden.[1] Diese Auffassung wurde auch bis in die unmittelbare Gegenwart von traditionsbewussten katholischen Geistlichen in Altbayern vor allem auf dem Lande praktiziert. Diese detaillierten Regelungen sind sehr pragmatisch von rechtlichen Normen und religiösen Erwägungen her bestimmt. Der Talmud zeigt also noch mehr als das Alte Testament, wie wichtig das Recht für das Zusammenleben der Juden bereits in der Antike war.

Ich habe mich in einem großen Festschriftbeitrag „Betriebsorganisation und betriebswirtschaftliche Fragen im *Opus Agriculturae* von Palladius"[2] auch mit den Rechtsquellen der Spätantike auseinandergesetzt, vor allem mit dem erstmals von Theodor Mommsen herausgegebenen *Codex Theodosianus*, und bin zur Erkenntnis gekommen, dass die Rechtsquellen erstens viel objektiver sind als die literarischen Quellen der Antike, und dass diese zweitens auch die sozialen und wirtschaftlichen Verhältnisse vielfach besser widerspiegeln. Nach der herrschenden Meinung der allgemeinen und der Rechtsgeschichte im besonderen ist unser europäisches Rechts- und Gesellschaftssystem bis in unsere Gegenwart hinein vor allem vom Weiterwirken des Römischen Rechts geprägt, die Welt des Glaubens dagegen fast ausschließlich über das Alte und Neue Testament vom Judentum bzw. Christentum. In der Realität sind diese beiden Wirkungsfaktoren aber nicht so einfach abgrenzbar. Zu bedenken ist, dass noch im Hohen Mittelalter das Römische Recht weitestgehend unbekannt war. Auch ein Universalgelehrter wie Roger Bacon kennt nur das jüdische Recht. Das Römische Recht ist ihm genauso unbekannt wie das

---

[1] Jakob Fromer: Der Babylonischer Talmud, ebd., Dritte Ordnung, 3. Traktat, Scholie 1, Anhang 3, S. 355.
[2] Erschienen in der Festschrift für Siegfried Lauffer „Studien zur Alten Geschichte", hrsg. von Hansjörg Kalcyk, Bd. II, Roma 1986, S. 503 – 557. Palladius lebte wohl in der Spätantike, er gibt das reale Leben besser wieder als die sog. klassischen Autoren wie Tacitus, Cicero etc.

sog. Kanonische Recht.[1] Die Bibel und die jüdischen Schriften haben also auch in rechtlicher Hinsicht wohl die europäische Kultur des Mittelalters und der Neuzeit mehr geformt und geprägt als das Römische Recht und die griechische Philosophie. Natürlich hat auch die römische Kultur Europa geprägt, aber weniger direkt, sondern mehr auf dem Umweg über die Katholische Kirche. Bis heute gehen katholische und teilweise auch protestantische Glaubensvorstellungen auf die Glaubenswelt der Etrusker, Römer, der Perser und wohl auch auf die Kelten zurück. Ein Nachweis für das Nachwirken der Kelten ist nur schwer zu erbringen, da die Kelten keine uns überlieferte Schrift kannten und nur archäologische Quellen wie Gräber mit Beigaben, Münzen, Schanzen, Bergbauprodukte mit Halden, Schmuck wie z.B. Amulette erhalten sind. Mit ziemlicher Sicherheit ist auch das mittel- und westeuropäische Brauchtum wie z.B. Halloween am 1. November von keltischen Vorstellungen geprägt. Der Umfang des keltischen Erbes in Mitteleuropa ist bis heute immer noch weitestgehend ungeklärt.[2]

Weit mehr als die schriftlosen Kulturen der Kelten und anderer Naturvölker hat jedoch das Judentum vor allem über Altes Testament und Talmud, nicht zuletzt in den USA, auch die Sphäre des Rechts und des menschlichen Zusammenlebens stark beeinflusst. Die Weisung des 5. Gebotes „Du sollst nicht töten", ist im Alten Testament durchaus vereinbar mit der Todesstrafe in besonderen Fällen, welche allerdings die Frauen weitaus mehr treffen als die Männer.[3] Mord wird zwar im Alten Testament mit der Todesstrafe belegt, er ist aber erlaubt,

---

[1] Autorenkollektiv: Antisemitismus in der Geschichtswissenschaft, Hamburg 2004, S. 26f.
[2] In einer knappen Form beschreibt E.W. Erhorn: Unsere keltischen Vorfahren. Keltensiedlungen in unserem Gemeindegebiet! In: Röhrmooser Heimatblätter, 10. Jahrg. (2006) die Nachwirkungen der keltischen Kultur in Altbayern.
[3] Walter-Jörg Langbein: Lexikon der biblischen Irrtümer, München 2003, Kap. „Todesstrafe: Was die Bibel alles fordert!", S. 137-140.

„wenn er den Zielen Jahwes dient. Selbst heimtückische Bluttat wird dann offensichtlich als gottgefällig angesehen."[1] Auch der Krieg ist im Alten Testament Bestandteil des geltenden Rechts.

Davidson und andere erklären die Geburt des modernen europäischen Rechts primär aus dem Geist des Judentums[2] und halten den Glauben an die Wirkung des Römischen Rechts auf unser Rechts- und Gesellschaftssystem für stark überzogen. Professor Zarnack geht sogar noch weiter als Landau und leitet den Namen Jesus, allerdings ohne tragbare historische Belege dafür zu nennen, vom lateinischen *ius* (Recht) ab.[3] Jesus ist also aus seiner Sicht nicht nur der religiöse Mittler zwischen der jüdischen Religion und den Menschen, sondern auch ein Vermittler jüdischer Rechtsvorstellungen. In diesem Sinne ist Landau überzeugt, dass bereits „das Mittelalter völlig unter dem Eindruck nicht nur der jüdischen Geschichte, sondern auch unter dem Einfluss des jüdischen Rechts gestanden zu haben" scheint. Landau hat in seinem kurzen Kapitel „Die Geburt des Rechts aus dem Geist des Judentums"[4] diese Frage nur aufgeworfen, aber nicht endgültig gelöst. Seine Auffassung wäre es jedoch wert, von Historikern und Juristen – auch im geistesgeschichtlichen Zusammenhang und unter stärkerer

---

[1] Walter-Jörg Langbein: Lexikon der biblischen Irrtümer, ebd., Kap. „Mord – im Auftrag Gottes", S. 101-103, hier S. 101.

[2] In Großbritannien war nicht nur das „Jewish money" im Umlauf, sondern es wurde dort noch lange aschkenasisches Recht, sog. germanisches Recht, angewendet (mündlicher Hinweis von Herrn Dr. Schweisthal).

[3] Wolfram Zarnack: Hel, Jus und Apoll / Sonnen-Jahr und Feuer-Weihe: Wurzeln des Christentums. Eine sprach- und symbolgeschichtliche Skizze, Göttingen 1997. Auch nach Christoph Pfister: Die Matrix der alten Geschichte, Fribourg 2002, S. 371 steckt der Begriff *jus* (Recht) im Wort *Juden*. Er leitet dies auch von der Tatsache ab, dass bei ihnen wie kaum bei einem anderen Volk das Gesetz betont und geachtet wird. Das zeigt der Talmud mit seinen vielen Vorschriften, welche ein frommer Jude zu beachten hat.

[4] Roman Landau: Anmerkungen zum Zivilisationsprozess. Weitere Beweise für die Fiktionalität unseres Geschichtsbildes, Hamburg 2003, S. 44-47.

Berücksichtigung hebräischer Quellen auch des Mittelalters –
näher unter die Lupe genommen zu werden.

Christliche Religion – Glaube an der Oberfläche

Über die Idee des jüdischen Rechtsdenkens hinaus teile ich
auch Davidsons Auffassung von der großen Bedeutung der
jüdisch-christlichen Geistes- und Mentalitätsgeschichte. Diese
Geistesgeschichte muss auch in quellenarmen Perioden in
Verbindung mit der Religionsgeschichte analysiert werden.
Dabei kommt man am Werk von Aaron J. Gurjewitsch nicht
vorbei, in deutscher Sprache als „Mittelalterliche Volkskultur"
vom Verlag C. H. Beck München in 2. Aufl. 1992
herausgegeben. Dieses Werk zeigt, wie rückständig die Masse
der Menschen im Mittelalter und weit bis in die Neuzeit hinein
vor allem in Mittel-, Ost- und Nordeuropa noch lebte und wie
gering christliche Mentalität und christliches Leben selbst im
Hochmittelalter in der großen Masse der Bevölkerung
verankert waren. Die „ambivalente, absonderliche
Weltanschauung"[1] der Menschen des Mittelalters unterschied
sich also auf jeden Fall bis in die Neuzeit hinein ganz erheblich
von der offiziellen Lehre der Kirche. Diese Aussage gilt nicht
nur für das ´christliche´ Europa, sondern auch für die
Kolonien. So führte die autoritäre Missionierung der Indianer
durch die Kolonialmächte in Lateinamerika dazu, dass die
Christianisierung nur an der Oberfläche haften blieb.
„Insbesondere in Brasilien hielten sich bei den Indianern,
besonders aber bei den als Sklaven importierten Afrikanern
Geheimkulte, die mittlerweile wieder offen ausgeübt werden."[2]

---

[1] Aaron Gurjewitsch: Problemy srednevekovoj narodnoj kul´tury, aus dem
Russischen übersetzt von M. Springer, „Mittelalterliche Volkskultur", 2.
Aufl., München 1992, S. 104.
[2] Jean Delumeau: Angst im Abendland. Die Geschichte kollektiver Ängste
im Europa des 14. bis 18. Jahrhunderts, Reinbek bei Hamburg 1989,
Originalausgabe unter dem Titel „La Peur en Occident (XIVe-XVIIIe
siècles). Une cité assiégée, Paris 1978, S. 395.

Auch heute noch werden katholische Symbole und Glaubensinhalte mit den religiösen und sonstigen Riten ihrer Vorfahren kombiniert. Diese sind verbunden mit rhythmischen Tänzen, lauter Musik und ausgeprägter Gebärdensprache des gesamten Körpers, wie noch heute der brasilianische Karneval deutlich macht.

Diese Oberflächlichkeit des christlichen Lebens gilt in besonderem Maße auch für Avignon, wo der Papst im 14. Jahrhundert residierte, das Rom der Renaissance und der Barockzeit. Wenn man den Worten des Humanisten Petrarca, der viele Jahre in Avignon lebte und wirkte, Glauben schenken darf, dann war Avignon eine Stätte, welche der Dichter mit Babylon im Sinne der Geheimen Offenbarung vergleicht. Was Petrarca über den päpstlichen Hof dort in seinem Brief an Francesco Nelli in Avignon vom Stapel lässt, lässt das sündige Rom der Renaissance geradezu in einem relativ hellen Lichte erscheinen. Ich zitiere Petrarca:

„Die eine Kraft hat dich nach Babel gezogen, die andere hält dich fest. Hart ist das, doch muß man es tragen; so ist ja nun einmal die Natur des Ortes. Alles Gute wird dort verderbt, aber allem zuvor die Freiheit; bald genug dann der Reihe nach Ruhe, Freude, Hoffnung, Glaube, Liebe und ... die Seele: welch ungeheure Verluste! Aber im Königreiche des Geizes bucht man nichts als Schaden, solange nur das Geld heil bleibt. Die Hoffnung auf das künftige Leben hält man dort für eine leere Fabel, was man von der Hölle erzählt, alles für erdichtet und die Auferstehung des Fleisches, das Weltende, Christi Wiederkehr zum Gericht – all dies gilt für Kinderpossen. Wahrheit ist dort Wahnsinn, Enthaltsamkeit bäurische Einfalt, Keuschheit schlimmste Unzucht. Zügelloses Sündigen dagegen gilt für Hochherzigkeit und höchste Freiheit, und je befleckter ein Leben, um so glänzender ist es; je mehr Verbrechen, um so mehr Ruhm. Der gute Name ist wertloser als Kot, die wertloseste Ware ist der gute Ruf."[1]

Selbst wenn man annehmen darf, dass der Dichter dem Papsttum in Avignon ablehnend gegenübersteht, da ja der Vatikan in Rom für ihn der wahre Sitz des Papstes ist, darf man diese Zeilen nicht einfach als Produkt der poetischen Phantasie abtun. Denn es steht fest, dass Petrarca in seinen Briefen und sonstigen schriftstellerischen Werken die Ereignisse und Zustände seiner Zeit, wenn auch manchmal in dichterischer Verklärung und Übersteigerung, richtig wiedergibt. Im Vergleich zu Avignon war aber auch das Rom der Renaissance nicht das Abbild des himmlischen Jerusalem: „Für die Bewohner der ewigen Stadt, egal ob männlich oder weiblich, arm oder reich, sündhaft oder ehrbar lebend, war der tägliche Kirchgang, die zumindest äußerliche Einhaltung der Fasttage und die Teilnahme an großen religiösen Festen eine Selbstverständlichkeit."[2] Dieser Glaube war aber nur wenig durch den Geist des Neuen Testamentes, sondern stark durch die religiösen Vorstellungen der altrömischen Religion und heidnisch-antike Vorstellungen geprägt. Michael Wolffsohn prägte darum in seinem neuesten Werk den Begriff der „Entjesuanisierung"[3] des Christentums, vor allem seit der

---

[1] Francesco Petrarca: Dichtungen, Briefe, Schriften. Auswahl und Einleitung von Hanns W. Eppelsheimer, Frankfurt am Main 1980, Brief an Francesco Nelli in Avignon, Mailand, Frühjahr 1358, S. 128-136, hier S. 128f. Siehe auch Francesco Petrarca: Epistole, a cura di Ugo Dotti, Unione tipografico – Editrice Torinese (= Classici Italiani), Torino 1978, S. 599ff.
[2] Monica Kurzel-Runtscheiner: Töchter der Venus. Die Kurtisanen Roms im 16. Jahrhundert, München 1995, Kap. „Der Umgang mit dem Glauben", S. 176-182, hier S. 177.
[3] Michael Wolffsohn: Juden und Christen – ungleiche Geschwister, Düsseldorf 2008, S. 15ff betrachtet die "Entjesuanisierung" gleichzeitig als eine „Etatisierung" des römisch-katholischen Christentums. Er ist überzeugt, dass die Abwendung vom Weg, den Jesus ging, bereits in der späten Antike ein Rückschritt zum vortalmudischen aristokratisch-priesterlichen Judentum und die Entfremdung vom bügerlich-pharisäischen Jesus war. (Wolffsohn, a.a.O., S. 80 unten).

Etatisierung und Verstaatlichung durch Kaiser Konstantin zu Beginn des 4. Jahrhunderts nach Christus.

Heidentum noch wirksam im Mittelalter?

Die römische Religionspraxis führte nicht nur zu einer „Profanierung geistlicher Stätten", sondern auch dazu, dass nicht nur in Rom, sondern auch allgemein in italienischen Kirchen seit dem Mittelalter „seltsame heidnische Feste abgehalten" worden waren. Es genügt hier, das *Festum asinorum*, das Eselsfest, zu nennen. Bei diesem „wurde ein mit Priestergewändern bekleideter Esel in einer Prozession durch das Gotteshaus geführt."[1] Bräuche bzw. Verirrungen dieser Art zeigen, dass sich alte antike und mittelalterliche Kultvorstellungen bis in die Neuzeit erhalten haben. Kirchen hatten also nicht nur eine sakrale Funktion, sondern waren auch Orte der Belustigung, Jahrmarkt der Eitelkeit und Stätten nichtchristlicher Kulthandlungen. Sie wurden deswegen wie in der Antike die Tempel auch von sündigen Menschen, z.B. den Kurtisanen und den Dirnen, regelmäßig besucht, um zu sehen und gesehen zu werden. Vor allem religiöse Prozessionen wie beim Fronleichnamsfest waren gute Gelegenheiten, schöne Frauen in aller Pracht und Herrlichkeit vorgeführt zu bekommen.[2] Nicht nur in Rom waren die Fronleichnamsprozessionen „mit ganz und gar unchristlichen, offensichtlich heidnischen Elementen durchsetzt, was wohl auch der Grund war, warum Luther dieses Fest so vehement bekämpfte. Festspiele, Böllerschüsse, Blumen- und Kräuterkulte, Jungfernschauen und schließlich Rauf- und Saufgelage waren einst weit verbreitet!"[3] Mancherorts bis in die neueste Zeit hinein!

---

[1] Kurzel-Runtscheiner: Töchter der Venus, ebd., S. 177.
[2] Kurzel-Runtscheiner: Töchter der Venus, ebd., S. 178f.
[3] Christoph Däppen: Nostradamus und das Rätsel der Weltzeitalter, Norderstedt-Zürich 2004, S. 245f.

Wie wenig der Kirchenbesuch vielfach überhaupt mit Glaube, Gebet und Religionsausübung zu tun hatte, zeigt der makabre Fall der Kurtisane Camilla *la Magra*, der Geliebten des römischen Adeligen Paolo de Grassi, die im Frühjahr 1559 auf die Frage, wo sie den letzten Sonntag verbrachte, folgende Antwort gab:

„Sonntag ging ich zur Messe in San Salvatore, aber nachdem ich meinen Liebhaber dort nicht fand, ging ich gleich wieder. Und nachdem ich den Diener meines Liebhabers traf, der mir sagte, daß er in San Pietro war, ging ich dorthin. Ich wäre auf jeden Fall hingegangen, um die Mädchen von Santo Spirito zu sehen. Und ich ging nach Santo Spirito, wo ich die Messe hörte, und dann kehrte ich nach Hause zurück."[1]

Wie stark der Verfall der religiösen Sitten und des christlichen Gedankengutes in Rom und wohl auch in anderen italienischen Orten war, zeigt die Tatsache, dass sich die Päpste immer wieder gezwungen sahen, gegen Krawalle, Aufruhr, Lärm und Gewalttaten in Rom vorzugehen. Konflikte führten noch im 16. Jahrhundert sehr häufig zur Anwendung von Gewalt. Die meisten Bewohner Roms, und zwar aller Stände, „reagierten auf Konflikte mit spontaner Gewalttätigkeit. Schlägereien, bewaffnete Auseinandersetzungen und Anschläge auf Personen und Häuser waren ebenso an der Tagesordnung wie Diebstahl, Raub und Mord."[2] Es war für einflussreiche und wohlhabende Leute unmöglich, unbewaffnet auf die Straße zu gehen. Betuchte Personen ließen sich in der Regel von Bewaffneten begleiten. Selbst in Kirchen, Klöstern und an anderen heiligen Stätten war man vor gewalttätigen Menschen nicht sicher. Da die Missachtung der heiligen Stätten immer mehr zunahm, sahen sich die Päpste gezwungen, gegen diese Entwürdigung sogar Mandate zu erlassen und gegen „die unmäßigen Gelächter und leeren, weltlichen Gespräche" in Kirchen

---

[1] Kurzel-Runtscheiner: Töchter der Venus, a.a.O., S. 179.
[2] Kurzel-Runtscheiner: Töchter der Venus, ebd., S. 208.

einzuschreiten. Doch selbst die Schaffung von Kirchenwachen in den römischen Kirchen war wohl nicht besonders wirksam.[1] Im Grunde war diese Profanierung der christlichen Kirchen und des christlichen Glaubens ein Rückfall noch hinter die heidnische Antike, in welcher Tempel sakrosankt waren. Ein fremder Besucher hätte zu dem Schluss kommen können, dass im 16. Jahrhundert in Rom keine Christen, sondern altrömische Heiden lebten. Die lebensnahen in Romanesco, dem Dialekt von Trastevere, verfassten Gedichte des Römers Giuseppe Belli 300 Jahre später zeigen, dass die römische Geistlichkeit und die römischen Bürger nach wie vor weit von den Idealen des Neuen Testamentes entfernt waren. Ich verweise nur auf Gedichte wie „La Riliggione del nostro tempo" (Die Religion unserer Zeit), „Che Cristiani!" (Was für Christen) und „La Madonna tanta miracolosa" (Die so wundertätige Madonna).[2]

Dieser nicht nur in Rom bis in unsere Tage herein auftretende eklatante Widerspruch zwischen kirchlicher Dogmatik und praktischem Leben trifft nach der Aussage einer Reihe von Autoren des Mittelalters auch für Angehörige der niederen und gehobenen Geistlichkeit zu. Dieser Widerspruch zwischen Theorie und Praxis wurde bereits in der *Historia Francorum* von Gregor von Tours[3] (6. Jahrhundert) immer wieder gerügt. Der größte Teil der Geistlichen genoss damals nicht die systematische theologische Ausbildung, wie sie z.B. Thomas von Aquin und Albertus Magnus vorzuweisen hatten. Das intellektuelle Niveau der Geistlichkeit ließ also sehr zu wünschen übrig, was noch selbst beim Konzil von Trient (1545-1563) nicht geleugnet wurde. Sogar im

---

[1] Kurzel-Runtscheiner: Töchter der Venus, ebd., S. 181f.
[2] Giuseppe G. Belli: G. G. Belli 1791 – 1863. Die Wahrheit packt dich … Eine Auswahl seiner frechen und frommen Verse, hrsg. von Otto Ernst Rock, München 1978, vor allem S. 60 und S. 133.
[3] Gregor von Tours: Historiarum libri decem (Zehn Bücher Geschichten), 1. Bd., Buch 1-5, hrsg. von Rudolf Buchner, Darmstadt 1977, 2. Bd., Buch 6-10, Darmstadt 1974.

reformationsfeindlichen Herzogtum Baiern des 16. Jahrhunderts beklagte ein Religionsmandat das „ganz unpriesterliche" Leben der Dorfpriester, die „Tag und Nacht in den öffentlichen Wirtshäusern" lägen. Es wird sogar glaubhaft überliefert, „daß sie nach solchem Trinken und Rumoren, ohne zu schlafen oder ins Bett zu gehen, zum Altar gehen, um die göttlichen Ämter zu vollbringen."[1]

Aberglaube und 'Heidentum'- wirksamer als der Glaube?

Man kann also selbst in der Epoche der Reformation und der beginnenden Gegenreformation nur von ganz wenigen katholischen Dorfpfarrern und Mitgliedern der hohen Geistlichkeit behaupten, dass sie ein christliches Leben nach den Prinzipien des Neuen Testamentes und der paulinischen Briefe geführt hätten. Sündhaftes Verhalten wie auch intellektuelle Defizite waren also noch bis weit in die Neuzeit hinein – nicht nur im alten Baiern - einen unheiligen Bund eingegangen.

Die Kultur und religiöse Praxis des Mittelalters und selbst der Neuzeit waren demnach bis weit in die Neuzeit hinein nur in einem sehr begrenzten Maße christlich und noch stark von vorchristlichen hellenistischen und *heidnischen* Vorstellungen, wohl auch der keltischen und germanischen Kultur, geprägt, so dass Gurjewitsch die Widersprüchlichkeit der mittelalterlichen Kultur als „mittelalterliche Groteske"[2] tituliert. Sehr wahrscheinlich haben also vorchristliche europäische Mentalität und Glaubensvorstellungen das Christentum in Europa geprägt. Als Beispiel sei an die heilige Kümmernis erinnert, zu welcher an vielen heiligen Stätten Deutschlands, z.B. in Neufahrn nördlich von München, bis ins 19.

---

[1] Zit. nach Wilhelm Liebhart: Altbayerische Geschichte, Dachau 1998, S. 93.
[2] Aaron Gurjewitsch: Mittelalterliche Volkskultur, a.a.O., Kap. VI., S. 260-311.

Jahrhundert hinein zahlreiche Wallfahrten stattfanden. Diese Heilige hängt „bebartet, mit einer Krone auf dem Haupte, im blauen eng anschließenden Gewande" am Kreuz. Die bisher vorliegenden Erklärungen, wie z.b. die Rückführung der Kümmernis auf die Hl. Commaria oder Wilgefortis[1], die Tochter eines heidnischen Königs der Provence, entspricht nicht der historischen Wahrheit.

Diese vorchristliche geradezu magische Prägung des Mittelalters in Wort und Bild lässt sich nicht nur aus den erhaltenen kirchlichen Quellen (Predigten, Verkündbücher etc.), sondern auch aus den sakralen Gebäuden[2], vor allem in Spanien und Südfrankreich, erschließen. Gerhard Anwander bringt aus seinem Reisebericht von der Auvergne 2004 zahlreiche Abbildungen aus Sakralgebäuden der Auvergne, so z.B. Bewaffnete, (nicht christliche) Köpfe inmitten von Laubwerk, Fischmenschen und Sirenen, Kentauren, exotische Vögel und Tiere, gefiederte Fabelwesen, auf Panflöten spielende Tiere. Selbst Obszönitäten fehlen nicht in Gotteshäusern der Auvergne, welche für Anwander eine

---

[1] Vgl. Joachim Sighart: Von München nach Landshut. Ein Eisenbahnbüchlein, Landshut 1859, Nachdruck 1991, S. 40-42.

[2] Toppers diverse Werke quellen über von Abbildungen an mittelalterlichen Sakralgebäuden (vor allem in Frankreich und Spanien), welche man beim besten Willen nicht als christliche Ereignisse des Alten oder Neuen Testamentes deuten kann. Als Beispiel möge die dreifache Katzengottheit dienen, welche am Kapitell der Kirche Santa Maria de Bermés in Lalin, Potevedra, in Spanien als Trinität dargestellt ist (Uwe Topper: Es begann mit der Renaissance. Das neue Bild der Geschichte, München 2003, S. 231, Abb. 13). In vielen mittelalterlichen Kirchen der keltischen Regionen wie Irland und Bretagne „findet man die in Stein gemeißelte Symbolik" des keltischen Kultes, z.B. die Idee der Wiederverkörperung (Wladimir Lindenberg: Riten und Stufen der Einweihung. Schamanen, Druiden, Yogis, Mystiker, Starzen. Mittler zur Anderwelt, Freiburg im Breisgau 1978, S. 39).

34

„fremde Welt" ist.[1] Christliche Motive in romanischen Sakralgebäuden der Auvergne sind eine ausgesprochene Rarität. Darstellungen mit christlichem Inhalt fehlen übrigens auch in Anzy-le-Duc und anderen romanischen Kirchen von Burgund. Hamann stellt lapidar fest, dass in Anzy-le-Duc „keine [!] der Darstellungen einen religiösen Inhalt zu haben scheint, im Gegenteil: Die Fabelwesen, oder eine Konsole (*Südseite unten* 23), die möglicherweise eine sexuelle Konnotation besitzt, scheinen einer rein profanen Vorstellungswelt [auch der Antike] entsprungen zu sein, so wie andere – Winzer, Widderträger – aus der Beobachtung der Lebenswelt resultieren."[2] Besonders überrascht, dass selbst in den Steinmetzarbeiten der gotischen Kathedrale von Chartres (so genanntes) „heidnisches Symbolgut"[3] sogar im Tympanon zu finden ist. Auch der Davidstern[4] taucht in den französischen Kathedralen der Gotik, meist in versteckter Form, immer wieder auf. Bernard Robreau analysierte in seiner Dissertation *La mémoire chrétienne du paganisme carnute* "les héritages celtiques dans l'hagiographie des régions de Chartres et Orléans"[5] Dabei kommt er zu dem Ergebnis, dass „große Teile der keltisch-gallischen Theologie in der religiös-christlichen

---

[1] Gerhard Anwander: Auvergnatische Impressionen. Reiseeindrücke aus einer „karolingischen" Provinz, in: Zeitensprünge, Jahrg. 16, Heft 3, 2004, S. 595-624, hier vor allem S. 609-624.

[2] Matthias Hamann: Die burgundische Prioratskirche von Anzy-le-Duc und die romanische Plastik von Brionnais, Dissertation Würzburg 1998, S. 160f.

[3] Kurt R. Walchensteiner: Die Kathedrale von Chartres. Ein Tempel der Einweihung, Saarbrücken 2006, stellt die Kathedrale von Chartres als einen Tempel dar, der geheimes Wissen in codierter Form gespeichert hat. Vgl. auch Louis Charpentier: Les Mystères de la Cathédrale de Chartres, Paris 1998 und Sonja Ulrike Klug: Kathedrale des Kosmos. Ein Tempel der Einweihung, Saarbrücken 2006.

[4] Wilhelm Kaltenstadler: Der Davidstern im Umfeld der jüdisch-christlichen Symbolistik, in: Mitteilungen der Nicolas-Benzin-Stiftung, Nr. 1, Frankfurt, Oktober 2008, S. 4-19.

[5] Marc Déceneux: Bretagne Celtique. Mythes et croyances, Brest 2002, Übersetzung: „das keltische Erbe in der Hagiographie der Regionen von Chartres und Orléans", S. 6.

Literatur überlebt haben" und diese Erkenntnis auch auf die Bretagne zu übertragen ist. Dieser nahtlose Übergang von keltischen zu christlichen Traditionen lässt sich in der Bretagne auch im Bereich der Architektur nachweisen. Ein Beispiel: Die Kapelle von Langon ist ein altes gallo-römisches Denkmal, das der Göttin Venus geweiht war. In der merowingischen Epoche wurde aus diesem keltisch-römischen ein christliches Venus-Heiligtum (sanctuaire) und dem namensähnlichen heiligen Vernier, einem Mann, geweiht. In Langon und anderen zahlreichen Orten der Bretagne verwandelte man einfach „dieux et héros déchus en démons malfaisants ou en saints bonasses et pasteurisés."[1] Auch der heilige Samson, ein keltisch-gallischer Abt, ist dem keltischen „paganisme" (Heidentum) stärker verbunden als dem Christentum.[2] Auf „Gründerheilige" (saints fondateurs) wie Samson folgten noch eine Reihe von Heiligen wie z.B. Saint Hervé mit dem Wolf, welche Deveneux als „bien peu catholiques"[3], als wohl wenig katholisch, bezeichnet. Es gibt also auch in der Bretagne Symbole und Gestalten, die sich nicht ohne weiteres auf das Alte oder Neue Testament oder gar auf den römischen Katholizismus zurückführen lassen.

Nicht-christliche Relikte im alten Bayern

Diese heidnisch-christlichen Transformationsprozesse beschränken sich jedoch nicht auf die britischen Inseln, Spanien und Frankreich. Hans Guggemos bringt gute Argumente dafür, dass sakrale Gebäude auch im alten Baiern und in Tirol bis ins Hohe Mittelalter hinein Ausdruck eines

---

[1] Marc Déceneux: Bretagne Celtique, ebd., S. 6 Übersetzung: „verwandelte man Götter und versunkene Heroen in böse Dämonen oder in gutmütige oder pasteurisierte Heilige."
[2] Marc Déceneux: Bretagne Celtique, ebd., S. 26.
[3] Marc Déceneux: Bretagne Celtique, ebd., S. 31-33.

alten vorchristlichen geomantischen Weltbildes waren und keltische Traditionen wohl auch hier fortlebten.

„A much more intensive, different worldview must have underlain these buildings. It may be that the winds, the movement of sun and moon, and the vegetation cycles have been an integral ingredient of this alternative Christian worldview, which may probably have been influenced by Arianism. It is indeed only as late as about 1.000 AD (partly at Wessobrunn, as late as the 13th century) that we do find indications of a central Roman Catholic authority in the ground plans of churches and monasteries."[1] Guggemos, ein kritischer Regionalhistoriker des altbairischen Huosigaus, weist an anderer Stelle darauf hin, dass es im frühbaierischen Huosigau, der in etwa dem heutigen südlichen Lechrain in Altbayern entspricht, keine Anzeichen für die Existenz einer christlichen Religion gab. „Most probably the Huosi themselves had not been baptized at all, they may have been adherents of the ´old order´, of Arianism or Nestorianism."[2] Bei dieser alten Ordnung handelte es sich um eine alte geomantische Tradition[3], was sich auch aus der Anlage der frühmittelalterlichen Kirchen im Huosigau erschließen lässt. Es scheint, dass die mittelalterlichen Baiern überhaupt mehr mit den Awaren und Ungarn/Hunnen als mit den Franken verwandt waren.[4]

Die Aussagen von Guggemos zur Entstehung und Entwicklung des Christentums im alten Baiern machen deutlich, dass verschiedene Richtungen des Christentums wie auch

---

[1] Hans Guggemos: Andechs and the Huosi, in: Migration & Diffusion, an International Journal, vol. 4, Nr. 15, 2003, S. 32-59, hier S. 41.

[2] Hans Guggemos: Andechs and the Huosi, ebd. S. 33 und 36.

[3] Siehe dazu bei Guggemos die Kapitel "The role of ´geomancy´" und „Andechs and the ´3rd grid´", ebd., S. 36-41.

[4] Hans Guggemos: Andechs and the Huosi, ebd. S. 41 und S. 57: „The Avar element e.g. among the then Bavarians will surely have more affinities with the Magyars than with the Franks."

vorchristliche Glaubensvorstellungen noch lange miteinander konkurrierten und auch Einflüsse aus dem Osten, nicht nur im religiösen Bereich, wirksam geworden sind. Guggemos macht dabei auch auf die Prägung der bairischen Kultur durch die Awaren, Hunnen und Ungarn aufmerksam.[1] Auf die erstaunlich starke Präsenz von awarischem Namensgut in Bayern und Österreich weist auch Erich Zöllner, ehemaliger Ordinarius für österreichische Geschichte, hin.[2] Unerwähnt bleibt jedoch bei beiden die Prägung durch das jüdische Chasarenreich und überhaupt durch das aschkenasische Judentum[3], welches ja von Haus aus supranational war.[4]

Kosmopolitisches Judentum gegen Römisch-Katholischen Kulturtransfer?

Die Auffassung von Davidson, dass das ursprüngliche Judentum kosmopolitisch[5] gewesen sei, vor allem in

---

[1] Hans Guggemos: Andechs and the Huosi, ebd. S. 41-46.

[2] Erich Zöllner: Awarisches Namensgut in Bayern und Österreich, in: Mitteilungen des Instituts für österreichische Geschichtsforschung, Bd. LVIII, 1950.

[3] Vgl. dazu Horst Friedrich: Noch immer rätselhaft: Die Entstehung der Baiern, Wessobrunn 1995 und Die Entstehung der Baiern, Auf den Spuren eines geschichtlichen Rätsels, 2. vollständig überarbeitete und ergänzte Auflage, Greiz 2006, Kapitel „Das Jiddische und die Herkunft der Baiern", S. 45-52. Zur starken Nähe der Baiern zu den Aschkenasim vgl. Boris Altschüler: Die Aschkenasim – außergewöhnliche Geschichte der europäischen Juden, Band 1, Saarbrücken 2006.

[4] Boris Altschüler: Die Aschkenasim, Bd. I, ebd., vor allem S. 237f, 252f, 260-264, 276f, 279f, 286f, 326-334, 225f, 341-344, 416f.

[5] Theodor Mommsen: Das Weltreich der Cäsaren, Lizenzausgabe Frankfurt 1955, charakterisiert in seinem Kapitel XII „Judäa und die Juden" die Juden außerhalb von Judäa / Palästina, vor allem die von Alexandria und Mesopotamien, als äußerst weltoffen und kosmopolitisch. Der Widerstand gegen das global agierende Römische Reich kommt von den Juden Palästinas, welche in der Auslegung des Alten Testamentes und der jüdischen Lehre überhaupt wesentlich radikaler sind und *cum grano salis* einen von den Römern freien unabhängigen Staat anstreben. Die Juden in

Verbindung mit der Kultur des Zweistromlandes[1], ist somit durchaus akzeptabel, wenn man die Aussagen des Propheten Jesaja für historisch begründet hält. Solche Gedanken sind mir ein Leben lang bei der Lektüre des „Babylonischen Talmud"[2] gekommen, ohne dass ich diese Gedanken bisher in einer Publikation zum Ausdruck gebracht hatte. Es war für mich zu selbstverständlich, um darüber schreiben zu müssen. Man kommt eben nur zu einer anderen Sicht der Geschichte, wenn man mit der Kultur des Judentums, welche offensichtlich „eine gewisse Faszination auf die Europäer ausgeübt haben muß"[3], und der hebräischen Sprache vertraut ist. Mich hat zum Beispiel der amerikanische Jude und Querdenker Sitchin in meinem Glauben an die Bedeutung der jüdischen Kultur in Mesopotamien bestärkt. Die Einflüsse der mesopotamischen Kultur auf die jüdisch-alttestamentliche Kultur werden von neueren kirchlich nicht gebundenen Autoren nicht mehr in Frage gestellt.[4]

Judäa sind bei weitem nicht so wirtschaftlich erfolgreich und im Handel engagiert wie die Juden in der „Diaspora".

[1] Roman Landau: Anmerkungen zum Zivilisationsprozeß, Kapitel „Exkurs: Jüdische Poly-Ethnik", a.a.O., S. 87f.

[2] Der 1924 in deutscher Sprache von Jakob Fromer übertragene und erläuterte Babylonische Talmud ist vor kurzem im Weiss-Verlag, 6. Aufl., 2000, erschienen und in einer Lizenzausgabe im Fourier-Verlag Wiesbaden nachgedruckt worden. Die umfassendste Ausgabe des Babylonischen Talmuds in deutscher Sprache besorgte Lazarus Goldschmidt: Talmud Babli – Der Babylonische Talmud nach der 1. zensurfreien Ausgabe unter Berücksichtigung der neueren Ausgabe und handschriftlichen Materials, deutsche Ausgabe, Königstein/Taunus 1981.

[3] Hanna Eisler: Einführung in: Ralph Davidson / Christoph Luhmann, Evidenz und Konstruktion. Materialien zur Kritik der historischen Dogmatik, Hamburg 1998, S. 15. Das Judentum hat im Laufe einer langen Geschichte nicht nur religiös über das Alte Testament, sondern auch als kulturelle Institution auf Europa gewirkt.

[4] Paul Hengge: Auch Adam hatte eine Mutter. Spuren einer alten Überlieferung in den Fünf Büchern Moses, München 1999, vor allem die Kap. V. „Die Urgeschichte" und Kap. VI „Als die Götter Menschen waren".

Auch Davidson und Eisler sind davon überzeugt, dass sich das Judentum als kosmopolitische und supranationale Kultur, nicht zuletzt in Verbindung mit der aramäischen Sprache und Schrift, erst in Babylon in voller Ausprägung entwickelt hat.[1] Der babylonische Talmud lässt dies, wie bereits erwähnt, noch heute deutlich werden.

Davidsons Argumente zum frühen Christentum und zum Christentum in Europa[2] teile ich. Ich bin sicher, dass das katholische Christentum Vorgänger in Europa hatte (armenischer Bischof des frühen Mittelalters 1093 in *Kloster Nidernburg* bestattet, stark orientalische Züge des irischen Christentums, unverkennbar in der frühen irischen Kunst).[3] Guggemos weitet diesen Gedankengang auf die sakralen Gebäude des Mittelalters im alten Baiern aus. Er bringt gute Argumente dafür, dass der Symbolismus dieser mittelalterlichen Sakralgebäude im frühen Mittelalter „cannot possibly have been developed from the Roman-Christian basilicas"[4]. Ich lasse dazu Guggemos noch einmal zu Wort kommen:

„There are scarcely indications that the really old monasteries in the dukedom of Bavaria, e.g. the famous Benediktbeuern, have originally been Christian buildings. There are strange

---

[1] Hanna Eisler: Einführung, a.a.O.., S. 45-47.

[2] Lucas Brasi: Der große Schwindel. Bausteine für eine wahre Geschichte der Antike, Hamburg 1995, Kap. 11, S. 90-102 bringt unter Einbeziehung sozialgeschichtlicher Aspekte des alten Palästina einige kritische Argumente dafür, dass „der Siegeszug des Christentums [ist] eigentlich eine orientalische Erfolgsgeschichte" ist und „mit Rom vermutlich gar nichts zu tun" hat.

[3] Am Rande erwähnt sei hier auch, dass bis ins hohe Mittelalter hinein die byzantinische Kirche in weiten Teilen Böhmens und sogar im alten Herzogtum Baiern Fuß fassen konnte. Ich erinnere nur an die beiden Hauptfiguren Kyrill und Method und die noch heute vorkommenden zahlreichen griechisch-byzantinischen Taufnamen und kirchlichen Patrozinien, z.B. Georg, Dionys (Denis) etc.

[4] Guggemos: Andechs and the Huosi, a.a.O., S. 41.

deviations to be observed with respect to the orientation of their ground plans. Our historiographers seem to be hypnotized by the preconceived idea of a heavyweight Christian Church already during these early times in Bavaria. The deviations in the ground plans of those monasteries do, however, conform to the 'geomantic' situations there, i.e. with the 'Dragon lines' or 'Ley-lines' of the '3rd grid'. There can be no doubt that we have here affinities with the cultures of Asia. After the well-known raids of the Pannonian 'Magyars' and their final defeat, however, the victorious Western culture has obviously been able to eliminate more or less completely all these Slavic-Hunni-Hungarian affinities with the end result that the Church of Rome became the dominant cultural power also in the then rather impressive Bavarian dukedom, including also the territories of today's Austria."[1]

Wie auch die oben erwähnten Studien von Dr. Horst Friedrich zeigen, gibt es nicht zuletzt für Baiern immer mehr Argumente für eine Prägung der bairischen Kultur und Glaubensvorstellungen aus dem Osten Europas und sogar aus Asien. Man wird in Zukunft nicht darum herum kommen, auch die Epoche der Völkerwanderung aus der Sicht dieser neuen Erkenntnisse zu betrachten. Es galt lange Zeit als herrschende Meinung, dass die Grundlagen des Christentums in besonderem Maße in der Epoche der Völkerwanderung in den germanischen und romanischen Ländern gelegt worden waren. Diese These kommt aber nicht zuletzt auf Grund der zunehmend salonfähig gewordenen Phantomzeitthese nach Dr. Illig und der Studien der modernen russischen Historiker immer mehr ins Wanken. Es scheint, dass die nächsten Jahre uns eine neue Sicht der europäischen Geschichte bieten werden.

---

[1] Hans Guggemos: Andechs and the Huosi, ebd., S. 42.

Christlich-heidnische Ambivalenz des Mittelalters – das heidnische Erbe des alten Rom

Der russische Autor Zhabinsky, der sich mit den Wirkungsfaktoren des Judentums und Christentums in Europa intensiv befasst, sieht die christlich-heidnische Ambivalenz des Mittelalters noch kritischer als Gurjewitsch. Er beruft sich auf Quellen, welche zeigen, dass „as early as the 12th century A.D., all of Eurasia was pagan, and human sacrifice and slavery prospered in Europe" und „that Europe adopted Christianity in the 14th – 15th centuries A.D., not earlier, and Islam appeared at the end of the 15th century, already after the appearance of printing."[1] Aus dieser Sicht der Dinge besteht immer mehr Grund daran zu zweifeln, ob tatsächlich Konstantin der Große ein reines Christentum auf einer rein jüdisch-christlichen Basis zur Staatsreligion erhoben hat. Denn zu seiner Lebenszeit war der Sonnenkult des *sol invictus*, des unbesiegten Sonnengottes, offizielle römische Staatsreligion, und es scheint, dass Konstantin der Hohepriester dieser Religion war[2] und „dass er sich nicht als dreizehnter Jünger, sondern als Christus ebenbürtig erachtete."[3] Selbst nach der Erhebung des Christentums zur Staatsreligion unter Kaiser Konstantin wurden nach wie vor „selbst noch die christlichen Kaiser von Konstantin dem Großen (306-337) bis Theodosius I. (379-395)" nach ihrem Tod „durch den Akt der Konsekration (Consecratio) zum Gott (Divus) erhoben und kultisch verehrt."[4] Es sind noch weit bis ins Mittelalter hinein die heidnischen Aktivitäten römischer Kaiser ins Christliche

---

[1] A. Zhabinsky: The Medieval Empire of the Israelites, Buch in Vorbereitung, Internetauszug aus: www.new-tradition.de, S. 1 (Stand 2003).

[2] Dan Brown: Sakrileg. The Da Vinci Code, deutsche Ausgabe, Bergisch Gladbach 2005, S. 249.

[3] Rainer Pudill: Die Götter Roms und der Weg zum Christentum, in: Das Fenster, Kreissparkasse Köln, Thema 169, Oktober 2006, S. 29.

[4] Rainer Pudill: Die Götter Roms und der Weg zum Christentum, ebd. S. 8.

umgedeutet worden. Selbst wenn man sich dieser Auffassung nicht anschließen sollte, ist wohl nicht mehr zu leugnen, dass das aschkenasische und sephardische Judentum wohl noch viel länger, als wir bisher angenommen haben, die europäische Kultur geprägt hat und ein Wirkungsfaktor war, der dem Ideengut des Urchristentums näher stand als die von Konstantin d. Gr. eingeführte heidnisch-christliche „Mischreligion".[1]

Bei kritischer Lektüre von Gurjewitsch, Bachtin, Gabowitsch, Zhabinsky u. a. wird jedoch immer offensichtlicher, dass das Christentum selbst noch im Hohen Mittelalter in manchen Regionen Europas eine marginale Erscheinung war und die Glaubensvorstellungen und Weltanschauung der Masse nicht fundamental geändert hat. Es gibt nicht nur im 19. Jahrhundert, sondern auch heute eine Reihe von Autoren, welche aus der Tatsache der Grausamkeiten (z.B. Verbrennung von sog. Ketzern bei lebendigem Leib), welche sich die mittelalterliche Kirche gegen Abweichler wie Waldenser, Albigenser, Katharer, Templer etc. (welche ja im Grunde von der Machtkirche des Mittelalters weg zu den unverfälschten Ideen des Urchristentums zurückwollten) geleistet hat, den Schluss ziehen, dass das Christentum, zu welchem ja nicht zuletzt sich auch die sog. christlichen Häretiker rechneten, in Europa oft mit brutalem Zwang eingeführt worden sei.[2] Die folgenden durch Uwe Topper diesbezüglich getätigten Aussagen entbehren jedoch einer ausreichenden Quellenbasis:

„Nun ist ja vielfach dargestellt worden, wie fremdartig und wie freiheitsberaubend das junge Christentum sich über die europäische Bevölkerung geworfen hat, mit Inquisition,

---

[1] Vgl. Michael Wolffsohn: Juden und Christen – ungleiche Geschwister, a.a.O..

[2] Nach Wolfram Zarnack: Das europäische Heidentum als Mutter des Christentums, in: Efodon, 1999, wirkt im Rahmen des alten Weltbildes nicht primär das Christentum auf das Heidentum, sondern umgekehrt prägt das vorchristliche Weltbild das Christentum in signifikanter Weise.

Verteufelung der medizinischen Errungenschaften, Verachtung der Frau[1], Vernichtung der volkssprachlichen Bücher und Zerstörung aller hohen Werte der freien Heiden. Das kann man sich nur als einen langwierigen Religionskrieg vorstellen, von dem ja auch zahlreiche Beispiele überliefert sind (Sachsenschlächterei bei Verden an der Aller[2], Wendenkriege, Stedinger Kreuzzug usw.)."[3]

Die Bogumilen und die Bedeutung der Langobarden

Aus diesem Sachverhalt heraus stellt sich Topper die Frage, wie es überhaupt möglich war, „dass sich eine derart menschenfeindliche und kulturvernichtende religiöse Vorherrschaft durchsetzen konnte. Welche ´angenehmen´ Seiten hatte denn die neue Herrschaft, dass sie Anhänger finden konnte?"[4] Im Neuen Testament sieht Topper stark übertreibend eine nur langsam fortschreitende Überwindung des „jüdische[n] Blutrausch[es]". In der zwangsweisen Einführung des Christentums in Europa sieht er ein sublimes Weiterwirken des Judentums, welches eine geheimnisvolle Katastrophe am besten überstanden und die finanziell erfolgreiche Organisation der Templer abgelöst habe, und im Grunde einen kulturellen und humanen Rückschritt. Die vorchristliche Kultur Europas und dessen imaginäre „Lichtreligion" bewertet Topper extrem positiv. Diese

---

[1] Wilhelm Kaltenstadler: Frauen – die bessere Hälfte der Geschichte, Groß-Gerau 2008, stellt in drei umfassenden Beiträgen das System der Frauenfeindlichkeit im Rahmen des von der Antike ausgehenden Patriarchalismus dar.

[2] Die Abschlachtung der Sachsen bei Verden durch Karl den Großen (vorausgesetzt man hält diesen für eine historisch greifbare Figur) wurde bereits durch die kritische historische Forschung des 19. Jahrhunderts als Fälschung entlarvt und ist seit den 60er Jahren Gegenstand vieler mediävistischer Seminare.

[3] Uwe Topper: Zeitfälschung. Es begann mit der Renaissance. Das neue Bild der Geschichte, München 2003, S. 227.

[4] Topper: Zeitfälschung, ebd., S. 227.

Lichtreligion ist nach Topper iranischer bzw. persischer Herkunft.[1] Sie soll durch die bulgarischen Bogumilen auf dem Weg über den Balkan ins westliche Europa übertragen worden sein. Die etruskisch-langobardischen Städte, „die zu diesem Zeitpunkt keineswegs seit tausend oder mehr Jahren verschüttet liegen, sondern ganz lebendig in vorderster Linie in der europäischen Entwicklung stehen", sollen diese persische Kultur aufgenommen haben. Die Hauptrolle in der Weitergabe dieser Kultur sollen aber die Langobarden gespielt haben. Diese sollen gegen 568 Pannonien verlassen und Norditalien besiedelt haben. Zu diesem langobardischen Kulturtransfer schweigen aber die schriftlichen Quellen, und die nur spärlich vorhandene Überlieferung ist Tendenzgeschichtsschreibung. Ein solcher Transfer ist aber durchaus nicht auszuschließen, wenn man bedenkt, dass sich die Langobarden mit vielen Völkern, auch aus dem asiatischen Raum (z.B. Hunnen), vermischten und in regem Kontakt standen[2]. Für eine solche Auffassung spricht auch die von immer mehr Historikern vertretene Auffassung, dass auch die „Ethnogenese der Kroaten weit von der heutigen Heimat ihren Ursprung hat und zwar auf dem Gebiet von Persien, von wo aus die Kroaten ihren Weg westwärts angetreten haben".[3]

So reicht wohl auch die Abstammung der Langobarden viel weiter zurück, als die amtlich sanktionierte Geschichtsschreibung bislang akzeptierte. Papst Stefan III. ließ nämlich die vielfach rothaarigen Langobarden von einer „leprösen Nation" abstammen. Diese Aussage könnte nach Däppen darauf beruhen, dass „Rothaarige stärker zu

---

[1] Vgl. Thomas Ritter: Die Katharer. Kinder des Teufels oder wahre Christen? 2. Aufl., Groß-Gerau 2006., S. 19-22.

[2] Thomas Cerny: Die Langobarden. Ein geheimnisvolles Volk tritt aus dem Schatten der Geschichte, München 2003, vor allem Buch 1: Das Fest oder Die frühe Geschichte der Langobarden, S. 12-85.

[3] Georg Dattenböck: Die Kroaten: Volk mit sagenhafter Herkunft, in: Zeitensprünge, Jahrg. 19, Heft 2 (2007), S. 369-377, S. 370.

Sommersprossen neigen". Das mag beim Papst negative Assoziationen zur Lepra ausgelöst haben. Vielleicht hat der Papst mit der „leprösen Nation" auch die Juden gemeint, deren starke Anfälligkeit für die Lepra ja auch aus dem Alten Testament bekannt ist. Wie die Juden legten auch die Langobarden auf ihre langen Bärte und das lange Haupthaar größten Wert. Damit unterschieden sich die Juden von den anderen freien antiken Völkern.[1] Auch Einflüsse aus dem Islam auf die lange Zeit dem Arianismus anhängenden Langobarden muss man in Betracht ziehen. Es fehlen zwar dazu die schriftlichen Quellen, doch die Kunst spricht hier eine deutliche Sprache. Es fällt nämlich auf, dass die islamische Ornamentik der Moschee Ibn Tulun eine erstaunliche Ähnlichkeit mit der sog. langobardischen Ornamentik aufweist.[2]

Die zentrale Auffassung von Topper zur Übertragung von Elementen der persischen Kultur über die in Bulgarien und überhaupt auf dem Balkan wirkende, den Manichäern verwandte Sekte der Bogumilen[3] an die Langobarden Italiens findet man in der folgenden spektakulären Passage, welche aber nicht mit entsprechenden Quellen untermauert wird:

„Die Linie, die zum modernen Menschen führt, geht von den Langobarden aus – weil sie das ´innere Licht´ der Bogomilen

---

[1] Christoph Däppen: Nostradamus und das Rätsel der Weltzeitalter, a.a.O., S. 75.
[2] Autorenkollektiv: Antisemitismus in der Geschichtswissenschaft, a.a.O., S. 44.
[3] Die Bogumilen bzw. Bogomilen, die „Gottesfreunde", entstanden im 10. Jahrhundert auf dem Balkan als eine ursprünglich manichäisch orientierte Glaubensrichtung. Die Mehrzahl von ihnen trat Ende des 15. Jahrhunderts zum Islam über. Es ist nicht auszuschließen, dass die zahlreichen Bulgaren, welche der arianische Romoald, der Herzog von Benevent, im Frühmittelalter auf „Geheiß seines Vaters, des Langobardenkönigs Grimoald, in den Gebieten nördlich der Stadt Beneventum angesiedelt" hatte (Cerny: Die Langobarden, a.a.O., S. 209), bogumilisches Gedankengut nach Italien einschleusten.

46

absorbierten und es zur politischen Autonomie, zur Souveränität des ´popolo´ entwickelten. Das war der Schritt, der über alles entschied, der Schritt zur Freiheit des Geistes und der Forschung. Das war der Empfängnisakt der Renaissance."[1]

Topper erklärt sich also die Tatsache, dass sich die Langobarden nicht nur durch eine besonders progressive Wirtschaftsgesinnung und –praxis hervortaten, sich von den anderen Europäern abhoben und in dieser Mentalität mehr den Juden als den Christen nahe standen, sondern auch ein außergewöhnliches Freiheitsbewusstsein entwickelten, mit der These des bogumilischen Kulturtransfers. Diese Freiheit des Geistes, auch ein wichtiges Prinzip der sephardischen Kultur (nach Spinoza, der sephardischer Herkunft war, ist der Hauptzweck des Staates die Sicherung der Freiheit), soll, vor allem in der Frage des Zinses, die Langobarden schon früh in Konflikt mit Papst und christlichen Normen gebracht haben. Voll zustimmen kann man jedoch Toppers Auffassung, dass die Lombarden bereits im 13. Jahrhundert ein Wirtschaftssystem entwickelten, das sich nicht ausschließlich von den sozialen und wirtschaftlichen Prinzipien des Neuen Testamentes (Zinsverbot) leiten ließ, sondern vielmehr umgekehrt dazu beitrug, das dogmatische Christentum des Mittelalters an die wirtschaftlichen und sozialen Gegebenheiten der modernen Welt anzupassen.

Diese positive Entwicklung der „lombardisch-etrurischen Kultur"[2] seit der Renaissance sollte jedoch meines Ermessens nicht den Eindruck erwecken, dass es vor der endgültigen Etablierung des römischen Katholizismus und des lutherisch-protestantischen Christentums überall in Europa eine heile Welt gegeben hätte, welche dann erst durch Judentum und Christentum aus dem Gleichgewicht gebracht worden wäre. Es

---

[1] Topper: Zeitfälschung, a.a.O.., S. 176.
[2] Topper: Zeitfälschung, ebd., S. 175f.

gab auch sehr dunkle Seiten in dieser vorchristlichen Welt und überhaupt in den archaischen Gesellschaften. Reinhardt Sonnenschmidt zeigt in seinem wegweisenden Werk über die Initiationsriten in archaischen Gesellschaften, wie extrem als Folge der Katastrophenangst und der Angst vor den Strafen der Götter die ritualisierte Gewalt in allen Formen und Variationen das Leben der Menschen prägte. In fast allen Fällen, welche Sonnenschmidt vorführt, spielen die Frauen eine sehr untergeordnete Rolle und werden vielfach ihrer weiblichen Würde beraubt.[1] Gerade in archaisch-patriarchalischen Gesellschaften[2] sind Frauen Menschen zweiter Klasse. Gewaltanwendung in ritualisierter Form und Machtstrukturen bedingen dabei einander gegenseitig. Das Leben der Gemeinschaft wird zudem in sehr vielen archaischen Kulturen durch die mythischen Ahnen oder Toten belastet, die vielfach an die Stelle der Götter treten. „Sie gelten als Gründer, eifersüchtige Wächter, sogar als Zerstörer kultureller Ordnung. Als Geister suchen die Toten die Lebenden heim, nehmen von ihnen Besitz, verursachen Alpträume, Wahnsinnsanfälle, Krankheiten, Konflikte, Perversionen aller Art."[3] Nach der Lektüre des Buches von Sonnenschmidt und anderer Werke über die Kultur archaischer Gesellschaften stehe ich dem Gedanken, dass die vorchristlichen Kulturen Europas dem Judentum und Christentum in menschlicher Hinsicht überlegen gewesen wären, skeptisch gegenüber. Damit sollen jedoch die Rückfälle christlicher bzw. christianisierter Menschen in

---

[1] Reinhard Sonnenschmidt: Mythos, Trauma und Gewalt in archaischen Gesellschaften, Gräfelfing 1994.

[2] Grundlegend dazu Wilhelm Kaltenstadler: Haben Frauen eine Seele? Frauenverachtung und Frauenfeindlichkeit – eine kulturelle Konstante, in: W. Kaltenstadler: Frauen – die bessere Hälfte der Geschichte, Groß-Gerau 2008, S. 9-46.

[3] Sonnenschmidt: Mythos, Trauma und Gewalt, a.a.O., S. 99. Dazu spezieller René Girard: Das Heilige und die Gewalt, Zürich 1972, 2. Aufl. 1987, S. 373.

Mittelalter und Neuzeit in Verhaltensweisen der archaischen Gesellschaft nicht geleugnet oder beschönigt werden.

Europäische Kultur – aus der Sicht der orientalischen Völker

Das vor dem Christentum in primitiven und archaischen Gesellschaften in Europa und anderen Kontinenten herrschende Gewaltpotential und das wenig entwickelte Niveau der materiellen und geistigen Kultur, auf welches immer wieder Kaufleute und Reisende aus anderen Kulturkreisen (bei Davidson, Brasi usw. zitiert) hinwiesen, unterschlägt Topper in diesem Zusammenhang. Der orientalische Reisende Masudi, der im 10. Jahrhundert A.D. gelebt haben soll, bringt eine höchst glaubwürdige Beschreibung der Sitten, Gebräuche und Lebensgewohnheiten der Menschen, welche das Gebiet des Steinbocks im hohen Norden bewohnen. Dazu zählen neben den Franken, Slawen und Langobarden auch Völker wie die Türken, Chasaren, Bulgaren, Alanen und Galizier (Kelten). Diese Stelle bei Masudi soll nicht zuletzt deswegen hier wörtlich wiedergegeben werden, weil der Autor aus einem völlig anderen Kulturkreis stammt, somit mehr Distanz zur christlich-europäischen Kultur hat. Es ist daher anzunehmen, dass seine Schilderung objektiver ist als die meisten Quellen des europäischen Mittelalters, die ja häufig sehr subjektiv und, wie allgemein bekannt, ja auch gefälscht und sogar erfunden sein können. Ich zitiere Masudi:

„Kälte und Feuchtigkeit herrschen in ihren Gebieten, und Schnee und Eis reihen sich endlos aneinander. Der warme Humor fehlt ihnen; ihre Körper sind groß, ihr Charakter derb, ihre Sitten schroff, ihr Verständnis stumpf und ihre Zungen schwer. Ihre Farbe ist so extrem weiß, daß sie blau aussehen. Ihre Haut ist dünn und ihr Fleisch rauh. Auch ihre Augen sind blau und entsprechen ihrer Hautfarbe; ihr Haar ist der feuchten Nebel wegen glatt und rötlich. Ihren religiösen Überzeugungen fehlt Beständigkeit, und das liegt an der Art der Kälte und dem Fehlen von Wärme. Je weiter nördlich sie sich aufhalten, desto dümmer, derber und primitiver sind sie. Diese Eigenschaften verstärken sich in ihnen, wenn sie weiter nach Norden ziehen ... Diejenigen, die mehr als sechzig Meilen jenseits dieser Breite leben, sind Gog und Magog. Sie befinden sich im sechsten Klima und werden den Tieren zugerechnet."[1]

Falls man davon ausgehen sollte, dass diese Schilderung von Masudi, wohl ein Jude bzw. der jüdischen Kultur nahe Stehender, etwas überspitzt ist, so kann man doch nicht daran zweifeln, dass viele Regionen Europas im 10. Jahrhundert nicht in dem Maße kulturell und wirtschaftlich entwickelt waren wie der Vordere Orient, aus dem wohl Masudi stammt. Es ist also nicht auszuschließen, dass selbst dieses unterentwickelte nördliche und östliche Europa für die Aufnahme der höher entwickelten jüdisch-christlichen Kultur mit seiner besser entwickelten gesellschaftlichen und wirtschaftlichen Organisation, wie sich aus dem AT und NT ablesen lässt, bereit war und sich davon wohl auch Vorteile versprach. „Das Bild Gottes, das die Juden entwickelten und den Heiden gaben, um sie zu Christen zu machen, ermöglichte diesen Letzteren die Organisation ihrer Gesellschaft auf einem Niveau, das bis dahin unerreicht war." Die Übernahme des Christentums und damit indirekt jüdischer Vorstellungen in die europäische Zivilisation war der kühne „Versuch, die animalischen Kräfte des Menschen, die ihm von der Schöpfung mitgegeben wurden, zu bändigen". Dieses großartige Experiment ist aber bis heute nicht als gelungen zu bezeichnen, so dass man vielleicht zu der Feststellung kommen kann, „daß

---

[1] B. Lewis: Die Juden in der islamischen Welt, München 1987; zit. bei Lucas Brasi: Die erfundene Antike. Einführung in die Quellenkritik, Hamburg 2004, S. 118. Brasi, ebd., S. 119-121 weist noch auf weitere orientalische und spanische Reisende hin, welche sich nicht positiv zur europäischen Kultur des Früh- und Hochmittelalters äußerten.

das jüdisch-christliche zivilisatorische Konstrukt mit der Natur des Menschen eben nicht vereinbar ist."[1]

Christentum und Heidentum – ein permanenter Wettbewerb

Immer wieder überlagerten und verdrängten diese 'heidnischen' Kräfte die Wirkungsfaktoren der jüdischen und christlichen Religion und Kultur. Im Grunde war auch das im 19. Jahrhundert vor allem in Deutschland eingeführte Welt- und Menschenbild der griechisch-römischen Antike in Verbindung mit einem nebulosen Indogermanismus[2] ein Weg, der von den Errungenschaften der jüdisch-christlichen Kultur wegführte und zurück zu einem Denken der Verherrlichung von Gewalt und Krieg, wie ja die dann bald einsetzende Entwicklung zu einem extremen Nationalismus, Imperialismus und Antisemitismus hin offenbarte. Gerade die Entwicklung der kulturellen Wirkungsfaktoren seit der Aufklärung zeigt, dass das Judenchristentum nur mehr ein Element unter vielen war und auf keinen Fall mehr der primär prägende Faktor der kulturellen Entwicklung. Unbestreitbar bleibt aber die Tatsache, dass das Christentum im Mittelalter von den europäischen Eliten - in zeitlicher Verzögerung von Süd nach Nord und von West nach Ost - übernommen und von diesen als kultureller Fortschritt betrachtet wurde. Mit der Übernahme christlich-jüdischer Ideen durch christlich geprägte Staaten wie z.B. Deutschland („Heiliges Römisches Reich"), Italien, Frankreich, England u. a. wurde jedoch das alte vorchristliche Weltbild, von welchem auch die Astronomie geprägt war, keineswegs abgeschafft, sondern nur modifiziert und in das neue Weltbild mehr oder weniger stark integriert. Im Grunde muss man aber davon ausgehen, dass das neue jüdisch-

---

[1] Autorenkollektiv: Antisemitismus in der Geschichtswissenschaft, a.a.O., S. 22.
[2] Vgl. dazu Horst Friedrich: The "Indo-Europeans" and the Concept of "Language Families", in: Midwestern Epigraphical Journal, Vol. 17, Nr. 2, 2003, S. 73-75.

christliche dem alten vorchristlichen Weltbild per Saldo überlegen war, da die Einführung des Christentums in relativ kurzer Zeit erfolgte und von größeren Widerständen gegen die Einführung nicht die Rede sein kann, wenn man vom Widerstand der Friesen und Sachsen in karolingischer Zeit absieht.

Auch wenn wir mit Bezug auf die kulturelle Unterentwicklung der meisten europäischen Regionen davon ausgehen könnten, dass das Christentum im Mittelalter nicht von den Volksmassen, sondern von den romanischen, germanischen und slawischen Eliten – zugegebenermaßen erst so richtig im Hochmittelalter - übernommen und akzeptiert worden sein sollte, so ist doch die Frage berechtigt, ob die Übernahme einer aus Vorderasien stammenden Zivilisation und Religion wirklich gegen die Interessen des Volkes und mit Zwang erfolgte. Die Übernahme religiöser Glaubensvorstellungen ist, wie die Geschichte zeigt, fast immer in erster Linie ein zivilisatorischer[1] und im Grunde auch ein schriftsprachlicher Aspekt, bei welchem die Übernehmer die vorgefundenen religiösen Ideen in ihr gesellschaftliches und kulturelles Schema in pragmatischer Weise transformierten.

Das Zurückdrängen des alten *vorchristlichen* Weltbildes seit dem Spätmittelalter verwundert um so mehr, als neuere Studien von Topper[2] und Zarnack verdeutlichen, dass nicht nur das Christentum das alte primär magisch geprägte Weltbild beeinflusste und umformte, sondern auch umgekehrt die vorchristliche Weltsicht spürbar auf die Entstehung und

---

[1] Nach Auffassung des Germanisten Dr. Schweisthal ist *romanisieren* in der europäischen Kulturgeschichte gleichzusetzen mit *zivilisieren*. Romanisieren erlange die Bedeutung von *schriftsprachlich machen*. Aus psychologischer Sicht ist mit der Schriftsprachlichkeit ein Verlust an kindlicher Kreativität und Spontaneität unvermeidlich. Jede *moderne* Kultur müsse also für schriftliche Kodifizierung der Sprache einen hohen Preis zahlen.

[2] Vgl. Uwe Topper: Wiedergeburt. Das Wissen der Völker, 1988.

52

Entwicklung des Christentums in Europa eingewirkt haben muss. Diese gegenseitige Prägung war so stark, dass Zarnack überspitzt das Heidentum „als Mutter des Christentums"[1] zu bezeichnen wagte. Im Grunde fußten wohl nicht nur das Christentum, sondern teilweise auch das Judentum und der Islam „auf antik-heidnischen Grundlagen"[2]. Der jüdische Historiker Raphael Straus, welcher sehr sachlich den Wurzeln des Christentums nachgeht, bringt beachtliche Argumente für die Loslösung des Christentums „von seinen Ursprüngen unter dem Einfluß hellenistisch-heidnischer Ursprünge" bereits in der Antike. Dennoch sind die „Wechselwirkungen jüdischer und christlicher Religionsphilosophie während des Mittelalters" eine nicht zu leugnende Tatsache.[3] Sogar die Ideen des Islam fanden im Hochmittelalter Eingang in den Wissenschaftsbetrieb der europäischen Universitäten und selbst in die christliche Religion. In Wolfram von Eschenbachs frühem Epos *Willehalm* ist der fränkische Gaukönig Willehalm mit der gebildeten persisch-islamischen Prinzessin Arabel aus Bagdad in erster Ehe verheiratet. Die arabische Astronomie prägte über die iberische Schiene nicht nur die Werke von Wolfram, sondern überhaupt das naturwissenschaftliche Denken des frühen Mittelalters.

Die frühe europäische Kultur ist also ursprünglich nicht primitives Heidentum, wie die Studien von Werner Greub zu den Epen *Willehalm* und *Parsifal* von Wolfram von Eschenbach und die neuesten Forschungen des

---

[1] Wolfram Zarnack: Das alteuropäische Heidentum als Mutter des Christentums / Gorgo und die Drachentöter Sigurd und St. Georg, Hohenpeißenberg 1999.

[2] Christoph Pfister: Matrix der alten Geschichte, a.a.O., S. 367.

[3] Christian Wiese: Zwiespalt und Verantwortung der Nähe. Raphael Straus´ „friedvolle Betrachtung über Judentum und Christentum", in: Kalonymos, 7. Jahrg. 2004, Heft 3-4, S. 1-9, hier S. 2f.

Sprachwissenschaftlers Theo Vennemann[1] von der Universität München verdeutlichen.

Die beiden Thesen von Vennemann und die Bedeutung der iberischen Kultur

Vennemann hat seine jahrelangen Forschungen zu den sprachlichen und kulturellen Grundlagen des westlichen Europa in einem umfassenden Werk[2] zusammengefasst. Es handelt sich bei ihm um zwei fundamentale Thesen, die hier ganz kurz vorgestellt werden sollen. These A zeigt die Existenz „eines vor-indoeuropäischen, paneuropäischen, vaskonischen, ethnolinguistischen Substrats"[3] auf. Mit dem Vaskonischen nahe verwandt ist die Sprache der noch heute in Nordwest-Afrika lebenden Berber, welche über viele Jahrhunderte auch die Geschichte des iberischen Al Ándalus prägten. Der arabische Historiker Ibn Chaldun „beschreibt das Judentum vieler Berber Nordafrikas noch vor der Ankunft des Islam in der Region." In diversen Chroniken taucht sogar eine jüdische Berberkönigin namens Dahiya al-Kahina auf. Sie hatte im Jahre 694 „gegen den muslimischen Einfall" gekämpft. Schlomo Sand (Tel Aviv) leitet daraus die „Frage der späteren jüdischen Besiedlung Spaniens" ab und hält es für wahrscheinlich, dass viele Juden Spaniens Berber und „oftmals als Offiziere der muslimischen Armee an der Eroberung der iberischen Halbinsel beteiligt waren".[4] Die Mitwirkung von

---

[1] Wilhelm Kaltenstadler: Wie Europa wurde was es ist. Beiträge zu den Wurzeln der europäischen Kultur, Gross-Gerau 2006, S. 99f.
[2] Theo Vennemann: Europa Vasconica – Europa Semitica, Berlin / New York 2003.
[3] Theo Vennemann: Europa Vasconica – Europa Semitica, ebd., Kap. 17 "Zur Frage der vorindogermanischen Substrate in Mittel- und Westeuropa" (S. 517-590).
[4] Eik Dödtmann: Wann und wie wurde das jüdische Volk erfunden? Ein israelischer Historiker betreibt Grundlagenforschung, in: Jüdische Zeitung, 4.8.2008, S. 23.

jüdischstämmigen Berbern an der Eroberung Iberiens im frühen Mittelalter schließt aber nicht aus, dass schon weitaus früher Juden und überhaupt Semiten dort gelebt haben. Der rumänische Jude Valeriu Marcu weist nämlich, als es darum ging, ob die iberischen Juden nach der Eroberung von Granada (1492) durch die christlichen Könige Spaniens ausgewiesen werden sollen, auf die überlieferte Argumentation der jüdischen Rabbanen hin, welche aus phönikischen und babylonischen Texten den Vertreibern gegenüber zu beweisen suchten, dass „die Juden lange vor Christi Geburt in Spanien gewohnt hatten, daß also diese zur Zeit, als Jesus seinen Leidensweg ging, nicht in Palästina waren".[1] Das Judentum in Nordwestafrika und Iberien könnte also evtl. sogar älter sein als dasjenige in Palästina, wenn man zudem bedenkt, dass der weit gereiste Herodot, der Vater der europäischen Geschichtsschreibung, in seinen im 5. Jahrhundert vor Chr. verfassten *Historien* in Palästina nicht Juden oder Hebräer, sondern *Syrer* leben lässt.

In These B skizziert Horst Friedrich den „schon sehr früh existierenden Einfluss[es] einer überlegenen, maritim aktiven, kolonisierenden atlanto-semitischen Zivilisation"[2] auf Westeuropa. In diesen beiden Thesen beschränkt sich Vennemann auf drei Sprachfamilien im vorgeschichtlichen

---

[1] Valeriu Marcu: Die Vertreibung der Juden aus Spanien, München 1991 (Erstausgabe Amsterdam 1934), S. 173. Vgl. zur Ibererfrage auch Antonio Arribas: The Iberians, New York 1964, Pierson Dixon: The Iberians of Spain, London 1940, Wilhelm Kaltenstadler: Der zivilisatorische Faktor, Hamburg 2003, Kap. „Die Juden im mittelalterlichen Spanien", S. 17-22 und Wilhelm Kaltenstadler: Die jüdisch-islamische Kultur des alten Andalusien, in: Mitteilungen der Nicolas-Benzin-Stiftung. Beiträge zur Kulturgeschichte des Judentums und der Geschichte der Medizin, Nr. 1, Frankfurt, Oktober 2008, S. 36-75.
[2] Horst Friedrich: A Linguistic Breakthrough for the Reconstruction of Europe´s Prehistory. Vennemann´s Thesis of a Vasconic and Proto-Semitic Europe and its Ramifications, in: Migration & Diffusion, Bd. 5, Issue Number 17, 2004, S. 6-15, hier "Zusammenfassung", S. 15 mit einer Fülle weiterer Spezialliteratur von Vennemann und anderen relevanten Autoren.

Europa nördlich der Alpen: 1. Das alteuropäische Sprachsystem, vor allem das Baskische, 2. Die atlantischen Sprachen, welche nach Vennemann dem Semitischen nahe stehen und von ihm als „semitidisch" (Semitidic) bezeichnet werden, 3. Die indoeuropäische Sprachgruppe (von der konventionellen Forschung lange als indogermanisch klassifiziert).

Vor allem die Semitiden sind bei Vennemann die wahren Träger der hochentwickelten megalitithischen Kultur. Ihnen waren ein entwickelter Fernhandel und Bergbau nicht fremd. Weder für Vennemann noch für Friedrich gibt es in Europa und weltweit reine Sprachen und Rassen. In seinen umfassenden Sprach- und Kulturanalysen gelingt es Vennemann, „to demonstrate the most remarkable ethno-linguistic mixtures between Old Vasconians, Hamito-Semitic and Indo-European peoples with which we will have to reckon in the gradual 'nation building' of today's European peoples."[1] Die Semitiden hatten also in Iberien und wohl im gesamten Westeuropa eine sehr hohe Kulturstufe erreicht, soweit man das aus der sprachlichen Überlieferung ableiten kann. Trotzdem setzte sich in einem sehr langen Infiltrationsprozess nicht diese semitisch-vaskonische Megalithkultur, sondern das aus dem Orient stammende vor allem vom Judentum geprägte Christentum durch.

Was aber hatte nun die europäischen Völker bzw. die Eliten der europäischen Völker dazu gebracht, sich schließlich endgültig für das Christentum – trotz des teilweisen Beibehaltens der alten vorchristlichen Glaubens- und Lebensformen – zu entscheiden und nicht den Islam und das Judentum als ihre Religion anzunehmen oder gar die alte semitidische Megalithkultur beizubehalten?

---

[1] Horst Friedrich: A Linguistic Breakthrough, ebd., S. 10.

Christlicher Religionstransfer – eine Frage nicht der Religion, sondern der Zivilisation

Davidson und Brasi bringen brauchbare Argumente dafür, dass nicht zuletzt die germanischen Völker im Mittelalter das Christentum sowie die orientalisch geprägte christliche Kultur sicher nicht primär aus religiösen Gründen übernommen haben. Es ist sehr wahrscheinlich, dass diese Übernahme erfolgte, weil man sich eine Verbesserung der materiellen Kultur sowie der gesellschaftlichen und kulturellen Organisation versprach, die offensichtlich mit den alten vorjüdischen bzw. vorchristlichen Wertvorstellungen in diesem Maße nicht realisierbar gewesen wäre. Es war also für die germanischen, slawischen und romanischen Völker einfacher und praktikabler, die Kultur des Christentums in modifizierter Form zu übernehmen, als den Versuch zu riskieren, mühsam eine eigene soziale und kulturelle Organisation aufzubauen und zu entwickeln. Zudem ist es ja immer noch offen, ob die Germanen vor der Übernahme des Christentums überhaupt lesen und schreiben konnten.[1] Es spricht manches dafür, dass sie auf einer Kulturstufe standen, von welcher aus eine sinnvolle Weiterentwicklung in die Richtung einer höheren materiellen Kultur aus eigener Kraft nicht möglich gewesen wäre.[2]

Es ist eine heute immer mehr vernehmbare Redensart, dass das Christentum gesellschaftlich, wirtschaftlich und wissenschaftlich ein Rückschritt gegenüber dem angeblich bzw. wirklich höheren kulturellen Niveau der alten Griechen und Römer gewesen sei. Es gibt ja nicht nur im 19. Jahrhundert, sondern auch heute Historiker, welche den

---

[1] Vgl. dazu Lucas Brasi: Die erfundene Antike. Einführung in die Quellenkritik, Hamburg 2004, Kap. „Konnten die Germanen lesen und schreiben?", S. 116-123.

[2] Brasi: Der große Schwindel, a.a.O., Kap. 13, S. 108-114. Vgl. Allen A. Lund: Die ersten Germanen: Ethnizität und Ethnogramm, Heidelberg 1998.

Untergang des Römischen Reiches auf die angebliche Weltabgewandtheit des Christentums zurückführen. Längerfristig schuf die christliche Mentalität neue materielle und geistige Fundamente, welche einen neuen Weg der Sozialökonomie auf einem höheren Niveau begünstigten.

Materielles Fundament der christlichen Religion – die Klöster

Die Forschungen der vergangenen Jahrzehnte haben aber für fast alle Staaten Europas deutlich gemacht, dass nicht zuletzt die Klöster wirtschaftliche Pioniere in Ackerbau, Viehzucht und Forstwirtschaft waren und zunehmend bereits im Mittelalter sog. Grenzböden bewirtschafteten, deren Kultivierung für den einzelnen Bauern nicht realisierbar und rentabel gewesen wäre. Die Klöster verbesserten Agrarkulturen, welche bereits in der Antike existierten, so z.B. den Weinbau. Sie entwickelten aber auch völlig neue Kulturen wie Gemüse- und Obstanbau sowie neue Getreidesorten, wie auch bei Hildegard von Bingen nachzulesen ist. Noch größer ist aber ihr Verdienst, dass sie diese ihre Erkenntnisse und Errungenschaften nicht für sich behielten, sondern bereitwillig und kostengünstig die Bedürfnisse einfacher Menschen, vor allem der bäuerlichen Bevölkerung, befriedigten. Die klösterliche Bildung und Askese kam im Grunde in der Form der gesteigerten materiellen Bedürfnisbefriedigung den von ihnen betreuten und vielfach auch rechtlich und sozial abhängigen Bauern zugute. Es gab verschiedene Wege, den bäuerlichen Menschen zu helfen, so z.B. die Stellung von Saatgut, die Information über neue Getreidesorten, Nachlass und Erleichterung der Abgaben. Mönche und Geistliche wussten, dass sie die einfachen Menschen mit ihrer christlichen Botschaft nur erreichen konnten, wenn es ihnen gelang, dazu beizutragen, in erster Linie die materiellen und Basisbedürfnisse zu befriedigen. Bereits im frühen Mittelalter hatten Klöster und Kirche Schulen errichtet, in welche sogar

58

die Kinder von einfachen Leuten aufgenommen und ausgebildet wurden. Und an den Universitäten des Mittelalters waren nicht zuletzt die Mönche die Träger der wissenschaftlichen Forschung in Theologie, Philosophie, Rechtswissenschaft und Medizin. Hoch anzurechnen ist ihnen, dass sie vor allem in der Scholastik bereit waren, die wissenschaftlichen Erkenntnisse sarazenischer Gelehrter zu übernehmen und an den Universitäten zu lehren, so z.B. Abälard und Siger von Brabant.

Wissenschaft – der neue Weg des Christentums

Wissenschaftliche Forschung kann nicht gedeihen ohne eine materielle Basis. Die Klöster setzten die Tradition des Verfassens von wissenschaftlichen Werken nicht nur fort, sondern verbesserten diese noch quantitativ und qualitativ, indem sie die Ergebnisse ihres Forschens auf Buchrollen und in Codices festhielten. Selbst die meist von Klöstern praktizierten Fälschungen muss man als Spiegel ihrer hoch entwickelten Kultur akzeptieren. Dabei sind in klösterlich-kirchlichen Quellen nicht nur Informationen enthalten, sondern diese auch in Form der Buchmalerei[1] künstlerisch gestaltet. Die wissenschaftliche Arbeit in den klösterlichen Skriptorien blieb nicht stehen, sondern entwickelte sich permanent weiter. Es waren vor allem christliche Geistliche und Mönche, welche als erste auch im Bereich der materiellen Kultur die Buchrolle durch den Codex ersetzen. „Wir sehen also den Sieg des Kodex über die Rolle mit dem Sieg des Christentums eng verknüpft."[2] Die Mönche in den christlichen Skriptorien verwandten dann seit dem frühen Mittelalter in steigendem

---

[1] Vgl. Tamara Woronowa – Andrej Sterligov: Westeuropäische Buchmalerei des 8. bis 16. Jahrhunderts in der Russischen Nationalbibliothek, Sankt Petersburg, Lizenzausgabe Augsburg 2000.
[2] Herbert Hunger: Antikes und mittelalterliches Buch- und Schriftwesen, in: H. Hunger und andere (Hrsg.): Die Textüberlieferung, München 1975 (2. Auflage 1988), S. 49.

Maße neben den Papyrus- auch Pergamentcodices. Im Hochmittelalter kamen somit Buchrollen kaum mehr vor, der Pergamentkodex war die herrschende Form der Publikation geworden. Es sind also vor allem Pergamentcodices, in welchen nicht nur das Wissen des Mittelalters an uns tradiert, sondern auch das Leben der Menschen, auch des bäuerlichen Lebens, z.B. in den klösterlichen Chroniken, Jahrbüchern und den sog. Stundenbüchern, festgehalten wurde. Dieses Beispiel zeigt, dass Kirche und Klöster nicht nur in der Landwirtschaft, sondern auch in anderen Lebensbereichen progressiv waren. Diese Bücher waren nicht nur in Latein verfasst, wie z.B. die *Grandes Heures* der Anne von Bretagne (1503-1508), sondern manchmal auch in den frühen Nationalsprachen wie Kastilisch und Französisch.

Bedeutung der Juden für die europäische Bildung

Neben den Christen waren auch die Juden im Bereich der materiellen Kultur und Infrastruktur engagiert. So hielten auch jüdische Gelehrte in hebräischer und jiddischer Sprache ihr Wissen auf Pergament und stärker als die Klöster auch auf Papyrus fest und ließen diese vervielfachen und der gesamten Judenschaft zukommen, bei welcher Analphabeten kaum anzutreffen waren. Auch bei den Juden findet sich im Mittelalter schon der geschätzte Beruf des Buchschreibers. „In jüdischen Häusern und Synagogen gab es schon seit frühen Jahren neben der Bibel Handschriften verschiedener Art."[1] Ebenfalls schon im Mittelalter zogen jüdische Kaufleute und Krämer, welche mit Büchern und Handschriften auch für das einfache Volk handelten, durch Dörfer und Kleinstädte und „verkauften neben allen möglichen Waren" meist „Kalender,

---

[1] Eugen Gabowitsch: Bücher für Juden: wann und wo wurden sie zu allererst gedruckt? Quelle Internet: www.jesus1053.com/12-wahl//12-autoren/13-gabowitsch/buecher-juden.html mit einer Reihe von wichtigen neueren Werken zur jüdischen Buchkultur.

Traumbücher, Ratgeber und Gebetbücher für Glaubensgenossen, manchmal aber auch Meisterwerke der großen Literatur".[1] Juden waren seit der Erfindung der Buchdruckerkunst durch Gensfleisch („Gutenberg") mit Beginn des 16. Jahrhunderts als Drucker, Verleger und Händler von hebräischen Büchern aktiv.

Johannes Gutenberg, vor 1400 geboren, war der Sohn des Mainzer Patriziers Friele Gensfleisch zur Laden, hieß ursprünglich auch Gensfleisch und war wohl jüdischer Herkunft. Dies legt auch sein späterer Name Gutenberg nahe. Der Gutenberg wird von den Mainzern als Jutenberg (Judenberg) ausgesprochen. Dieser war bekanntlich das mittelalterliche Mainzer Judenviertel. Es ist sehr wahrscheinlich, dass seine Mainzer Vorfahren im Gutenbergviertel gelebt hatten. Das große Verdienst von Gutenberg besteht nicht nur darin, dass er den Buchdruck mit gegossenen beweglichen Lettern erfunden hat, sondern auch darin – und das blieb bisher weitestgehend unbeachtet –, dass er ursprünglich nicht mit den uns heute geläufigen 29 Buchstaben (mit Umlauten, aber ohne sog. scharfes sz) gedruckt hat. Seine im Grunde *phonetische Schrift* basierte auf nur 18 Buchstaben.[2] Für Gutenberg gab es ursprünglich also nicht die uns heute geläufige und für die Schüler so belastende Trennung in gesprochene Sprechsprache und Schriftsprache. Sprache und Schrift bildeten eine harmonische Einheit. Der Lesevorgang erfolgte nicht still, wie ein deutsches Buch aus dem Jahre 1581 verdeutlicht, sondern es war ein Prozess mit allen Sinnen, bei welchem das Gehör nicht zu kurz kam: „Seind nicht die Buchläden vol schändtlicher Bücher und Tractätlein, in welchen die jungen Knaben, Maidlein, Weiber,

[1] Marian Fuks: Polnische Juden, Geschichte und Kultur, ohne Ort und Jahr, S.45.
[2] Günther Schweisthal: Sprachschrift Europa. Rekonstruktion einer voreinzelsprachlichen offenen Schriftform der alteuropäisch mündlichen Kultur. Ein Versuch, Manuskript 2004., S. 5ff.

auch gar die Closterfrawen, allerley spitzbübische sprüch, Gailheit unnd büberey, mit dem mund lesen, im gemüt lernen, mit augen schepffen, im werck vollbringen? ...".[1]

Die im Folgenden genannten Drucker bzw. Druckereien druckten bereits mit Typen, die im Grunde weitgehend mit unserer heute noch praktizierten Schriftsprache, der sog. hochdeutschen Sprache, übereinstimmen. Die erste jüdische Druckerei im deutschen Kulturbereich betrieb ein Gerson Kohen seit 1503 in Prag.[2] Um 1444 soll ein Jude namens David de Caderousse in Avignon die Buchdruckerkunst studiert und mit dem Goldschmied Waldvogel aus Prag in Verbindung gestanden haben. Eugen Gabowitsch († 2009) erwähnt auf seiner eben genannten Website noch weitere Juden, welche in der frühen Neuzeit im hebräischen Buchdruck führend waren. Hebräische Bücher wurden auch in Italien und Spanien, sogar im Osmanischen Reich gedruckt und publiziert, übrigens auch von christlichen Verlegern. Seit dem 18. Jahrhundert gibt es auch jüdische Drucker und Verleger, welche Bücher in der jeweiligen Landessprache, vor allem in deutscher Sprache, druckten und verlegten. Aus der Sprache des religiösen Kultus wurde im 18. und 19. Jahrhundert zunehmend eine säkulare hebräische Sprache, welche seit dem 19. Jahrhundert dann zunehmend von aramäischen Elementen gereinigt wurde. An die Stelle des Jiddischen trat bei vielen Juden zur gleichen Zeit in Deutschland immer mehr die hochdeutsche Sprache. Jiddisch galt seit dem Ende des 18. Jahrhunderts in Deutschland zunehmend als vulgär und unfein selbst in Ostmitteleuropa, wie der Entwicklungsroman von Emil Franzos „Der Bajazz" in einer sehr feinsinnigen Weise veranschaulicht.

---

[1] Winfried Schulze: Deutsche Geschichte im 16. Jahrhundert 1500-1618, Frankfurt a. M. 1992, S. 234.

[2] Vgl. Heinrich Graetz: Volkstümliche Geschichte der Juden in 6 Bänden, Bd. 5, München 1985, S. 156.

Aus jüdisch-orthodoxer Sicht bedeutet diese sprachlich-kulturelle Integration der Juden einen Verlust an religiöser Substanz und einen Bruch mit der alttestamentarisch-jüdischen Religion. Der Preis einer von jüdischer Seite positiv eingestuften Assimilation war das Aufgeben jahrhundertealter jüdischer Traditionen. Jenes Erbe der jüdischen Aufklärung wirkt bis heute fort in dem immer wieder aufflammenden Streit zwischen jüdischer Orthodoxie und jüdischem Liberalismus. Diesen Konflikt trachtete die vom jüdischen Philo-Verlag vertretene Idee des *Mehrheitsjudentums* nach dem 1. Weltkrieg zu überwinden.[1]

Ein höchst interessanter Aspekt der deutsch-hebräischen Symbiose ist die Tatsache, dass schon seit vielen Jahrhunderten deutsche Bücher in hebräischen Lettern gesetzt wurden. In Bayern war Sulzbach (heute Sulzbach-Rosenberg) ein bedeutendes Zentrum für Drucke von deutschsprachigen Büchern in hebräischen Schriftzeichen.[2] Am Steinheim-Institut, das in die Universität Duisburg-Essen integriert ist, arbeiten Mitarbeiter an der Geschichte der hebräisch-deutschen Literatur. Thomas Kolatz, der „deutsche Literatur in hebräischen Lettern" untersucht, befasst sich im Rahmen seiner Studien auch mit „Periodika wie *Ha-Meassef* oder *Bikkure ha'ittim*, deren Herausgeber und Autoren sich seit der Mitte des achtzehnten Jahrhunderts auf Hebräisch und Hochdeutsch an ein jüdisches Publikum wandten – jeweils geschrieben in hebräischen Buchstaben."[3] Neben der deutsch-hebräischen Literatur, welche sich an das aufgeklärte liberale jüdische Bildungsbürgertum wandte, sind auch jüdische

---

[1] Volker Dahm: Ein Plädoyer für das historische deutsche Mehrheitsjudentum. Susanne Urban-Fahr: Der Philo-Verlag 1919-1938. Abwehr und Selbstbehauptung (Haskala 21), Hildesheim 2001.

[2] Vgl. Magnus Weinberg: Die hebräischen Druckereien in Sulzbach (1669-1851), Frankfurt am Main 1904.

[3] Holger Elfes: Raus aus der Opferperspektive. Das Steinheim-Institut in Duisburg erforscht die deutsch-jüdische Geschichte, in: Jüdische Allgemeine, Nr.16/04, 22.04.2004, S. 13.

Grabinschriften, übrigens nicht nur in hebräischen, sondern auch in lateinischen Lettern gesetzt, ein bisher wenig ausgewerteter Spiegel jüdischer Sprache, Religion, Gesellschaft und Kultur sowie des jüdischen Selbstverständnisses vor allem in Deutschland. In diesem Bereich der „hebräischen Epigraphik"[1] leistet das Steinheim-Institut in Duisburg hervorragende Arbeit.

Es wäre verfehlt, aus diesen Zeilen über das hebräisch-deutsche Druckwesen seit dem 18. Jahrhundert den Schluss zu ziehen, dass es nicht auch im Mittelalter eine ausgeprägte deutsch-hebräische Symbiose gegeben hätte. Wir finden also nicht nur in der Neuzeit, sondern auch im Mittelalter und bereits in der Antike die Bereitschaft der Juden, kulturell mit den Völkern und Nationen ihres Wohngebietes zusammenzuarbeiten und mit ihnen in einer kulturellen Symbiose zu leben und zu wirken. Das ist einer der Gründe, warum die Ideen des Alten und Neuen Testamentes weitaus wirksamer waren als die Werte des griechischen und römischen Altertums, welche nicht wirklich durch die germanischen Eroberer des Römischen Reiches angenommen und verinnerlicht wurden. Die Ideale des klassischen Altertums waren im Prinzip erst im 19. Jahrhundert durch die westeuropäische Gesellschaft übernommen worden. Vor allem die Begeisterung für das antike Griechenland war grenzenlos. Das deutsche humanistische Gymnasium ist eine der Folgen dieser Glorifizierung der alten Griechen. Allerdings waren die meisten Griechen zu Beginn des 19. Jahrhunderts, als die „Befreiung" der Griechen von den Osmanen erfolgte, nicht in der Lage, Griechisch zu sprechen, geschweige denn Altgriechisch zu schreiben und zu verstehen. Seit der Antike waren also die Ideen des Alten und des Neuen Testamentes weitaus wirksamer als die Werte der griechischen und römischen Antike, welche, wie eben am Fall Griechenlands

---

[1] Elfes, ebd., S. 13. Siehe auch die Website www.steinheim-institut.de/publikationen/epigra-phik/index.xml.

dargelegt, erst so richtig im 19. Jahrhundert Fuß fassten und wissenschaftlich Beachtung fanden. Dabei ist stets zu beachten, dass die religiös-kulturellen Ideen des Alten und Neuen Testamentes nicht revolutionär, sondern eher evolutionär, vielfach mit großen Rückschlägen, in die europäische Kultur hineinwirkten und nicht immer deutlich und offen sichtbar, sondern auf verschlungenen Pfaden zur Entstehung und Entwicklung des europäischen Werteprozesses[1] beitrugen.

Europäische Kultur – eine neue kritische Sicht

Dieser Gedanke der Prägung der europäischen Kultur durch die jüdisch-christliche Tradition liegt auch insofern nahe, wenn man bedenkt, dass die Überlieferung der die hebräische Kultur betreffenden Quellen wie Altes Testament, Neues Testament, Talmud, Kabbala etc. den tatsächlichen Ereignissen und Geschehnissen wesentlich näher steht als die literarischen Quellen der Griechen und Römer. So reichen z.B. die Originalhandschriften des Neuen Testamentes „bis an den Anfang des 2. Jh. [Jahrhunderts], also bis in die unmittelbare Nähe der letzten Autoren zurück. Für kein Werk der klassischen griechischen und lateinischen Literatur liegen die Verhältnisse so günstig." Wahrscheinlich sind die Handschriften von Qumran sogar noch älter. Den Unterschied zwischen der Überlieferung der hebräisch-christlichen und der klassisch römisch-lateinischen Quellen macht Stegmüller am krassen Fall von Homer deutlich: „Die älteste vollständige Handschrift des viel gelesenen Homer gehört ins 13. Jh. n. Chr., hält also vom Autor einen Abstand von mindestens 2000

---

[1] Wilhelm Kaltenstadler: Wie Europa wurde was es ist, Kap. „Kritische Betrachtungen zur europäischen Kultur. Europas Werte und Wurzeln" (Critical considerations to European Civilization. Europe´s values and roots), l.c., S. 9-13

Jahren."[1] Dieser Zeitunterschied ist nicht bei allen klassischen literarischen Handschriften so exorbitant. Man geht aber nicht fehl zu sagen, dass die Zeitdifferenz zwischen der Entstehung eines Werkes und der ersten erhaltenen Handschrift bei den meisten klassischen Autoren mindestens tausend Jahre, bei den Griechen 1.500 Jahre überschreitet.

Diese geradezu ungeheuerliche Tatsache, welche von den meisten Historikern weder wirklich wahrgenommen noch verinnerlicht wurde, legt den Gedanken nahe, dass Handschriften nach 1000 bzw. 1500 Jahren (und mehr) zerfallen, erheblich verändert und wohl auch verfälscht worden sind. Bei solchen gigantischen Zeitdifferenzen ist auch die Vorstellung nicht auszuschließen, dass die Originale solcher zeitversetzter Handschriften gar nicht aus der Antike stammen, sondern erst im Mittelalter angefertigt wurden. Diese für die antike Geschichte zentrale Frage sollte nicht mehr weiter eine *quantité negligeable* sein, sondern vielmehr die Forschung dazu anregen, nicht nur mit rein systemimmanenter Quellenkritik an diese heikle Materie heranzugehen, sondern (wie in der Vor- und Frühgeschichte bereits erprobt[2]) die Quellenkritik zusätzlich mit den Methoden der Genanalyse, Logistik, mathematischer Wahrscheinlichkeitsrechnung etc. zu konfrontieren. Vor allem ist es unerlässlich, die Entwicklung der europäischen Kulturgeschichte von der Antike bis zur Neuzeit mit derjenigen anderer Kontinente und Kultursysteme, z.B. Indien und China, zu vergleichen und zu konfrontieren.

---

[1] Otto Stegmüller: Überlieferungsgeschichte der Bibel, in: Die Textüberlieferung der antiken Literatur und der Bibel, München 1975, S. 167 und Kap. II. „Die Heilige Schrift der Christen", 2. Aufl. 1988, S. 165ff. Die Epen von Homer sollen nach Pfister: Die Matrix der alten Geschichte, a.a.O., S. 292f erstmals im Jahre 1488 in Florenz gedruckt worden sein. Er hält jedoch einen noch späteren Druckzeitpunkt für wahrscheinlich. Kritisch zur Homerüberlieferung äußert sich auch Alexander Zhabinsky: Legends of „Ancient Greece", Quelle: http://revisedhistory.org/greeks.htm, S. 5.
[2] Ich verweise auf eine Sendung von 3sat im Januar 2004. Diese geht wiederum auf einen Film der BBC zurück.

Ich bin überzeugt, dass eine solche Methodenvielfalt völlig neue Erkenntnisse über die Entstehung und Entwicklung von kulturellen Wertesystemen erbringt. Die bis heute extrem auf Europa ausgerichtete europäische Geschichtsforschung mit ihrem sublimierten eurozentrischen Überlegenheitsdenken[1] hat in Verbindung mit einer einseitigen historischen Methodik und der mangelhaften Quellensituation die bislang kaum beachtete Tatsache verdeckt, dass Idee und Realität antiker Ereignisse und Erscheinungen in fast allen Lebensbereichen weit auseinander klaffen.[2] Vieles, was uns sog. antike Autoren in allen Lebensbereichen überliefern, auch im Bereich der Menschenführung (was ich in meinem Werk zur antiken Menschenführung auch herausgestellt habe), ist mehr Theorie als Praxis und vielfach nur die Wiedergabe aus der Sicht eines einzigen antiken Autors und somit oft sehr subjektiv. Nicht zuletzt wirken sich auch die Ideologien des 19. und 20. Jahrhunderts, vor allem Nationalismus und Imperialismus, mehr oder weniger bewusst auf die Bewertung von antiken Quellen aus, die wohl manchmal gar nicht aus der Antike stammen, sondern erst im Hoch- oder Spätmittelalter oder noch später das Licht der Öffentlichkeit erblickt haben.

Die Rolle der alten Griechen für die europäische Kultur

Aus dieser zeitbezogenen Sicht der Dinge wird die attische Demokratie mit den Augen unserer Zeit und aus der humanistischen Ideologie des 19. Jahrhunderts heraus vielfach

---

[1] Diese europazentrische Einstellung der europäischen Geschichtsschreibung beklagt in seinen verschiedenen Werken immer wieder Dr. Horst Friedrich, so z.B. auch in seiner Besprechung des Werkes von Gavin Menzies: 1421 – Als China die Welt entdeckte, München 2003, in: Zeitschr. für Anomalistik, Bd. 3, Nr. 3, 2003, S. 271f.

[2] Wilhelm Kaltenstadler: Arbeitsorganisation und Führungssystem bei den römischen Agrarschriftstellern, Quellen und Forschungen zur Agrargeschichte, Bd. 30, Stuttgart – New York 1978, vor allem S. 46ff.

verzerrt und idealistisch überhöht dargestellt.[1] Es ist eine bis heute in Europa aufrechterhaltene Ideologie, dass die attischen Griechen ein Bollwerk von Freiheit und Demokratie gegen den persischen Despotismus gewesen seien. Wenig Beachtung findet dabei jedoch die Tatsache, dass die griechische Kultur - vor der relativ kurzen Blüte der attischen Demokratie im 5. Jahrhundert v. Chr. - in den ionischen Städten Kleinasiens an der türkischen Westküste und den vorgelagerten Inseln in der Ägäis eine bedeutende Rolle gespielt hatte und dort bedeutende Philosophen und Wissenschaftler (Thales, Demokrit, Parmenides etc.) gelebt und gewirkt hatten. Sie wurden wohl genauso wie der Mathematiker Pythagoras von der iranisch-chaldäischen Wissenschaft geprägt und beeinflusst. Selbst der große Dichter Homer war der asiatischen Kultur mehr verbunden, als die klassischen Humanisten von heute das wahr haben wollen. Raoul Schrott beschreibt ihn in seinem neuen Buch von 2008[2] „als Schreiber und Funktionär der neuassyrischen Weltmacht"[3], der wohl in Kilikien im Südosten der heutigen Türkei gelebt und gewirkt hat. Auch Herodot, der Vater der europäischen Geschichtsschreibung, dessen Interesse mehr den asiatischen Kulturen als den europäischen Griechen gilt, ist ein Grieche aus Kleinasien. Und der attische Grieche Xenophon schildert in seiner sieben Bücher umfassenden *Kyropaideaia*, der Erziehung des (jüngeren) Kyros, Leben und Wirken des vorbildlichen Herrschers nicht an der Gestalt eines Griechen oder sonstigen Europäers, sondern am Modell eines persischen Königs. „Ausserdem war es ein wichtiges Anliegen Xenophons, bei seinen Landsleuten das herrschende Vorurteil gegen alles Persische, das als Inbegriff des Barbarischen galt, zu beseitigen,, womit er zum Wegbereiter des Hellenismus

---

[1] Vgl. dazu Christian Meier: Die Welt der Geschichte und die Provinz des Historikers. Drei Überlegungen, Berlin 1989, S. 70-97.

[2] Raoul Schrott: Homer und das Abendland. Warum wir wurden, was wir sind, 2008.

[3] Berthold Seewald: Leitartikel Raoul Schrott, Homer und das Abendland, in: Die Welt, 22.03.2008, S. 7.

wurde, in dem sich griechische und östliche Kultur verschmolzen."[1] Xenophon zeigt in seiner Kyrupaideia (vor allem Kyrup. 1,6), dass die persische Kultur sowohl im Bereich der militärischen Strategie und Taktik wie auch der Menschenführung[2] den attischen Griechen mindestens ebenbürtig war, wie das von Xenophon beschriebene Gespräch zwischen dem Kronprinzen Kyros und seinem Vater veranschaulicht.[3] Das Vorurteil vom asiatisch-persischen Despotismus wird also nicht nur durch die positive Bewertung der persischen Herrschaft durch den jüdischen Propheten Jesaja (Kapitel 41) erschüttert, sondern auch durch das anerkannte Werk eines attischen Griechen, welcher nach konventioneller Auffassung der griechischen Elite angehörte.[4] Asien wirkte also, wie oben die Ausführungen von Wille zeigen, nicht nur (besonders intensiv) über die jüdisch-christliche Religion, sondern auch über die griechische Kultur auf Europa ein, was eben auch durch klassische griechische Autoren wie Herodot und Xenophon bezeugt wird. Fernsehautoren sehen hier oft klarer als eingefleischte Wissenschaftler.[5]

---

[1] Fritz Wille: Führungsgrundsätze in der Antike. Texte von Xenophon Plutarch Arrian Sallust Tacitus, Zürich 1992, S. 28.

[2] Fritz Wille: Führungsgrundsätze, ebd., S. 27ff bezieht sich ausdrücklich auf die „Führungsgrundsätze des Kambyses", wiedergegeben in der *Kyropaideia* des Xenophon. Es ist wahrscheinlich, dass die in anderen Werken von Xenophon, z. B. dem Oikonomikós, beschriebenen Führungsprinzipien wohl auf persische Erfahrungen hindeuten und von seinem langen Aufenthalt am persischen Königshof geprägt sind.

[3] Wille: Führungsgrundsätze, ebd., S. 28-41.

[4] Vgl. Marguerite Del Giudice (Text): Persien. Die geheime Seele des Iran, in National Geographic, September 2008, S. 38-71.

[5] ZDF-Expedition. Das Delphi-Syndikat. Die geheime Macht des Orakels, ausgestrahlt im ZDF, Sonntag, 15. August 2004.

Guillaume Postel (um 1510 – 1581) - Orientalist, Kabbalist und Mediziner[1]

von Nicolas Benzin

Jugend und Studium

Guillaume Postel, der zu seiner Zeit in ganz Europa bekannte französische Linguist, Orientalist, Theologe, Mathematiker und Mediziner wird um 1510 in dem Dorf Dolerie bei Barenton (Normandie) geboren. Über das Geburtsjahr herrscht keine Klarheit und die Angaben in der Literatur fallen bisweilen um Jahrzehnte (!) auseinander.

Um 1523 ist der entweder frühreife oder bereits erwachsene Postel Lehrer in Sagy (Departement Seine-et-Oise). Mit dem im Lehramt verdienten Geld versucht Postel in Paris ein Studium aufzunehmen. Er wird jedoch ausgeraubt und erkrankt schwer. 18 Monate lang muss er in einem Hospital gepflegt werden. Nach seiner Genesung ist Postel Landarbeiter in der Gegend von Chartres. Anschließend nimmt er ein Studium am Collège de Sainte-Barbe in Paris auf, an dem bereits Jacques Amyot und Petrus Ramus studiert haben. Als Postel erfährt, dass Juden in der Nähe des Collège wohnen, nimmt er Kontakt zu ihnen auf, um von ihnen das hebräische Alphabet zu erlernen. Er erhält von seinen jüdischen Nachbarn auch eine hebräische Grammatik und eine hebräisch-lateinische Ausgabe der Psalmen. Mit diesen Hilfsmitteln erlernt Postel selbständig die hebräische Sprache, die er später für die erste Sprache der Welt hält. Postel erlernt neben Latein, Altgriechisch und Hebräisch auch Spanisch und Portugiesisch. Er trifft am

---

[1] Der Beitrag ist eine leicht veränderte Fassung meines Artikels „Guillaume Postel", der im Jahr 2010 im Band XXXI des *Biographisch-Bibliographischen Kirchenlexikons* im Verlag Traugott Bautz, Nordhausen, erschienen ist. Die jeweils aktuellste Fassung ist hier einsehbar: www.kirchenlexikon.de/p/postel_g.shtml

Collège de Saint-Barbe mit Ignatius von Loyola und den weiteren Gründungsmitgliedern der Gesellschaft Jesu zusammen. 1530 erwirbt Postel den akademischen Grad *Magister Artium* sowie zu einem unbekannten Zeitpunkt auch den *Baccalaureus Artium* in Medizin.

Reise in den Orient

1535/36 kann Postel auf Grund seiner bereits zu dieser Zeit gerühmten Sprachkenntnisse im Gefolge von Jean de la Forest an einer ersten diplomatischen Mission an den Hof des türkischen Sultans Suleiman dem Prächtigen teilnehmen. Bereits vor der Reise beginnt er Arabisch zu lernen. In Konstantinopel erlernt Postel das Türkische und erhält von dem jüdischen Arzt Mose Almuli Bücher der Kabbala in aramäischer Sprache. Er kauft für den französischen König Franz I. wertvolle Bücher und wird von Sultan Suleiman mit weiteren Büchern und Geschenken für den König ausgestattet. 1537 trifft Postel in Venedig mit dem Verleger Daniel Bomberg zusammen und freundet sich mit ihm an. Er macht auch die Bekanntschaft von Elias Levita und anderen jüdischen Gelehrten und Druckern in Venedig. Seine Rückkehr nach Paris ist für den 9.8.1537 belegt.

Begründer der Orientalistik

Zurück in Paris veröffentlicht Postel die erste arabische Grammatik des christlichen Europa. Postel wird 1538 königlicher Lektor für Mathematik und Missionssprachen (Griechisch, Arabisch und Hebräisch). Protegiert wird er durch den französischen Kanzler Guillaume Poyet. 1541 fällt dieser in Ungnade. Damit in Zusammenhang steht vermutlich die Aufgabe der besoldeten Lehrtätigkeit im Winter 1542/43, um sich ganz der Mission zu widmen. 1543 schreibt Postel in nur zwei Monaten sein Hauptwerk „De orbis terrae concordia", ein umfangreiches Missionshandbuch. Die theologische Fakultät der Sorbonne verweigert das Imprimatur, jedoch findet Postel in dem Basler Humanisten Oporinus einen langjährigen Verleger.

Erste Visionen

Kurz nach Fertigstellung seines Werkes hat Postel Visionen davon, dass der französische König zum Führer der universellen Reformation und Wiederherstellung der göttlichen Ordnung bestimmt sei, zunächst aber sein eigenes Haus, seinen Hof, die französische Kirche und sein ganzes Reich zu reformieren habe. Seine Visionen kann er in einer einstündigen Privataudienz König Franz I. vortragen. Dieser scheint zunächst beunruhigt zu sein, akzeptiert dann aber die Erklärung seiner Mätresse Diane de Poitiers, die Postel für verrückt hält. Nach dieser Episode und nachdem sich Postel bereits vorher für den in Ungnade gefallenen Kanzler Poyet eingesetzt hat, ist er sich der Gefahr für sein Leben sehr wohl bewusst.

Beitritt zum Jesuitenorden

Im März 1544 reist Postel nach Rom und tritt dem Jesuitenorden bei, mit dessen Hilfe er sein Missions- und Reformprogramm umzusetzen gedenkt. Es erfolgt die Ordination zum Priester. Doch bald gibt es Streit zwischen Postel und dem Orden, da er seine Vorstellung vom Vorrang des französischen Königs als Sachwalter einer universellen Monarchie, unter der die Einheit aller Völker hergestellt werden soll, nicht aufgibt. Zudem vertritt Postel den Vorrang eines allgemeinen Konzils vor dem Papst. Im gegenseitigen Einverständnis darf Postel den Orden verlassen. Sein Leben lang wird er sich jedoch als ordinierter Priester in apostolischer Nachfolge betrachten.

Die „venezianische Jungfrau"

In Venedig trifft Postel 1547 im Hospital San Giovanni e Paolo auf die Analphabetin Johanna, die als „Mutter Johanna" seine spirituelle Führerin wird. Postel beginnt das hebräische Sefer-ha-Sohar zu übersetzen. Johanna hilft ihm dabei, in die Geheimnisse dieser und anderer kabbalistischer Schrift einzudringen. Für das Jahr 1547 erwartet Postel daraufhin den Beginn eines tausendjährigen Reiches und die Rückkehr Elias, der alle Dinge in ihrer göttlichen Ordnung wieder herstellen wird. Mit finanzieller Unterstützung von Bomberg begibt sich Postel in das Heilige Land und kehrt 1551 mit wertvollen Manuskripten nach Frankreich zurück. Gegenüber dem französischen König Karl IX. äußerst Postel später einmal, dass er alle Länder bis China durchreist habe und auch die Sprachen der auf dem Weg liegenden Völker studiert habe. Seine „Mutter Johanna" ist unterdessen in Venedig verstorben. Postel vertritt wieder öffentlich die Auffassung, dass der französische König zum Herrscher einer universellen Monarchie bestimmt sei. 1552 sieht Postel für sich als das Jahr der Wandlung an. „Mutter Johanna" habe ihm die Unsterblichkeit verliehen. Er erklärt sich öffentlich zum Erstgeborenen der Mutter Johanna und ihres Gemahls Jesus. Er sei nun Kain, der Sohn des neuen Adam und der neuen Eva. Im gleichen Jahr erfolgt in Paris die Veröffentlichung der ersten lateinischen Übersetzung der kabbalistischen Schrift Sefer-ha-Jezira unter dem Namen „G. Postellus Restitutus". Sein Auftreten ruft in Frankreich einen Skandal hervor.

Professor in Wien

Postel wendet sich nun nach Wien, wo er zusammen mit dem Kanzler der österreichischen Erblande, Johann Albrecht Widmannstetter, bei der Herausgabe des ersten Neuen Testamentes in syrischer Sprache mitwirkt. Im gleichen Jahr wird Widmannstetter Superintendent der Universität Wien, an der Postel einen Lehrstuhl für Mathematik und Fremdsprachen erhält. Postel erfährt hier, dass seine Schriften auf den Index der verbotenen Bücher gesetzt worden sind. Er reist umgehend nach Venedig, um bei der dortigen Inquisitionsbehörde dagegen zu protestieren.

Inquisitionsprozess in Venedig und Gefangenschaft in Rom

Diese eröffnet einen Prozess gegen ihn. 1555 wird Postel von der venezianischen Inquisition als geistesschwach verurteilt und nach Rom überstellt, wo er in der Engelsburg eingekerkert wird. Der Flammentod bleibt ihm erspart. Während der Unruhen nach dem Tod Papst Paul IV. im August 1559 kann Postel aus dem Gefängnis fliehen. In Anspielung auf seine Verurteilung als Geistesschwacher tragen Manuskripte aus dieser Zeit die Signatur „Petrus Anusius Venetus". Postel vertritt den Anspruch als Sohn der venezianischen Jungfrau unter dem Namen Peter II. der wahre Papst zu sein und wie Christus und Paulus als geistesschwach („amens", „anusius") verspottet zu werden.

Unstetes Wanderleben und Klosterhaft

Aufenthalt in Basel. Sein Verleger Oporinus veröffentlicht keine theologischen Abhandlungen mehr von ihm, sondern nur noch eine Schrift zur Kosmologie. Nach der Rückkehr nach Frankreich kurze Haft in Lyon. Da er umstürzlerischer und häretischer Umtriebe verdächtigt wird, verurteilt man Postel zu lebenslanger Schutzhaft im Kloster Saint-Martin-des-Champs in Paris. Hier beeindruckt er die Mönche durch seine große Gelehrsamkeit. 1564 richtet er eine Verteidigungsschrift an die Königinmutter Katharina von Medici („Retractiones"), die jedoch nicht zu seiner Rehabilitierung führt. Dennoch genießt Postel im Kloster relative Freiheit. Er kann gelegentlich auf den Markt gehen und seine Manuskripte zirkulieren in Abschriften und werden teilweise auch gedruckt. 1573

74

verkündet Postel, dass das Erscheinen eines neuen „Sterns" im vorangegangenen Jahr eine Hauptkonjunktion der Planeten und damit das zweite Kommen Christi ankündige.

Postel ist sich jederzeit bewusst, wie seine Schriften und sein Auftreten auf die Zeitgenossen wirken müssen. In mehreren Briefen bringt er seine Hoffnung zum Ausdruck, dass die Nachwelt ihn und seine Mission besser verstehen werde. Im Jahr 1581 stirbt Guillaume Postel im Kloster Saint-Martin-des-Champs in Paris. An seinem Todestag ist auch ein unbekannter Jesuit bei ihm.

Wirkung

Postel setzt sich in seinen Schriften für die Einführung des Arabischen als Unterrichtsfach an den Schulen und Universitäten ein, damit der lateinische Westen in der Lage sei, das Evangelium zurück in den Osten zu tragen. Neben einem starken Missionsgedanken, vermitteln Postels Werke aber auch einen weitgefassten Toleranzgedanken und die Lehre einer Vergebung der Sünden für alle Menschen, gleich welchen Glaubens. Ab 1544 nimmt Postel für sich in Anspruch ein Prophet zu sein, was sich in allen seinen Schriften ab 1547 niederschlägt. Das häufige Zurücknehmen oder den Widerruf einzelner Thesen nutzt Postel regelmäßig dazu, seine ursprünglichen Gründe noch ausführlicher und dezidierter zu begründen, so dass er zwar formal etwas zurückgenommen hatte, es aber tatsächlich noch einmal nachdrücklicher veröffentlichen konnte. Er schrieb und publizierte auch unter den Pseudonymen Elias Pandocheus und Jehan Boulaese. Viele Manuskripte blieben ungedruckt und finden sich als Unikate oder in teils voneinander abweichenden Abschriften in den Bibliotheken ganz Europas. Mithin kann die Erschließung seiner zahlreichen Schriften nicht als abgeschlossen gelten und bleibt ein Desiderat der Forschung.

Werke:

Linguarum duodecim characteribus differentium alphabetum, introductio, ac legendi modus longe facilimus. Linguarum nomina sequens proxime pagella offered, Paris 1538

De originibus seu de hebraicae linguae et gentis antiquitate, de que variarum linguarum affinitate, liber. In quo ab Hebraeorum Chaldaeorumve gente traductas in toto orbe colonias vocabuli hebraici argumento, humanitatisque authorum testimonio videbis: literas, leges, disciplinasque omnes inde ortas cognosces: communitatemque notiorum idiomatum aliquam cum Hebraismo esse, Paris 1538

Grammatica Arabica, Paris 1538

Syriae descriptio, Paris 1540

De magistratibus Atheniensium liber, Paris 1541

Quatuor librorum de orbis terrae concordia primus, Paris 1543

Alcorani seu legis Mahometi et Evangelistarum concordiae liber, in quo de calamitatibus orbi christiano imminentibus tractatur, Paris 1543

De rationibus Spiritus sancti lib. II, Paris 1543

Sacrarum apodixeon, seu Euclidis christiani lib. II, Paris 1543

De orbis terrae concordia libri quatuor, multiiuga eruditione ac pietate referti, quibus nihil hoc tam perturbato rerum statu vel utilius, vel accomodatius potuisse in publicum edi, quivis aequus lector iudicabit, Basel 1544

76

Absconditorum a constitutione mundi clavis, qua mens humana tam in divinis, quam in humanis pertinget ad interiora velaminis aeternae veritatis, Basel 1547

Παν☐ευωσια: compositio omnium dissidiorum circa aeternam veritatem aut verisimilitudinem versantium, quae non solum inter eos qui hodie infidelium, Iudaeorum, haereticorum, et catholicorum nomine vocantur, orta sunt et vigent, sed iam ab admissis per peccatum circa nostrum intellectum tenebris fuere inter ecclesiae peculiaris et communis membra, Basel 1547

De nativitate mediatoris ultima, nunc futura, et toti orbi terrarum in singulis ratione praeditis manifestanda, opus: in quo totius naturae obscuritas, origo et creatio, ita cum sua causa illustratur, exponiturque, ut vel pueris sint manifesta, quae in theosofiae et filosofiae arcanis hactenus fuere, autore spiritu Christi, Basel 1547

Candelabri typici in Mosis tabernaculo jussu divino expressi brevis ac dilucida interpretatio qua priscorum Hebraeorum patrum de divina humanaque philosophia sententia explicatur, ipsaquae luce clarius demonstratur, eos mirum in modum cum nostris theologis de individuae Trinitatis et caeterorum fidei arcanorum mysterio consentire. Opus valde utile, et omnino evangelicae doctrinae conforme, a Zohare et Behir caeterisque multis antiquissimis cabalae monumentis ad nos emanatum, nuperrimeque in lucem editum, Venedig 1548

De Etruriae regionis quae prima in orbe europaeo habitata est, originibus, institutis, religione et moribus, et imprimis de Aurei Saeculi doctrina et vita praestantissima quae in divinationis sacrae usu posita est, Florenz 1551

Les raisons de la monarchie, et quelz moyens sont necessaires pour y parvenir, la ou sont comprins en brief les tresadmirables, et de nul iusques a auiordhuy tout ensemble considerez privileges et droictz, taut divins, celestes, comme humains de la gent gallicque, et des princes par icelle esleuz, et approvez, Paris 1551

Abrahami patriarchae liber Jezirah, sive formationis mundi, patribus quidem Abrahami tempora praecedentibus revelatus, sed ab ipso etiam Abrahamo expositus Isaaco, et per profetarum manus posteritati conservatus, ipsis autem 72. Mosis auditoribus in secundo divinae veritatis loco, hoc est in ratione, quae est posterior authoritate, habitus, Paris 1552

Restitutio rerum omnium conditarum, per manum Eliae profetae terribilis, ut fiat in toto mundo conversio perfecta, et maxime inter Iudaeos, Paris 1552

Liber de causis seu de principiis et originibus naturae utriusque, in quo ita de aeterna rerum veritate agitur, ut et authoritate et ratione non tantum ubivis particularis Dei providentia, sed et animorum et corporum immortalitas ex ipsius Aristotelis verbis recte intellectis et non detortis demonstretur clarissime, Paris 1552

Vinculum mundi, compendio expositum, in quo basis earum rationum exponitur, quibus veritas placitorum primorum sive articulorum fidei christianae aut probatur aut oppresso quovis adversario defenditur, Paris 1552

Eversio falsorum Aristotelis dogmatum, authore D. Iustino martyre, qui Helii Hadriani Caesaris temporibus et vixit, et ad eum pro Christianis doctissime scripsit, Paris 1552

L' histoire memorable des expeditions depuys le deluge faictes par les Gauloys ou Françoys depuis la France iusques en Asie, ou en Thrace et en l'orientale partie de l' Europe, et des commodités ou incommodités des divers chemins pour y parvenir et retourner. Le tout en brief ou epitome, pour monstrer parquelz moyens l'empire des infideles peut et doibt par eulx estre deffaict, Paris 1552

De Foenicum literis, seu de prisco latinae et graecae linguae charactere, eiusque antiquissima origine et usu, Paris 1552

De universitate liber, in quo astronomiae doctrinaeve coelestis compendium terrae aptatum, et secundum coelestis influxus ordinem praecipuarumque originum rationem totus orbis terrae quatenus innotuit, cum regnorum temporibus exponitur. Sed ante omneis alias orbis parteis Terra Sancta summo, hoc est, amplissimo compendio describitur cui Gallia ob primarium orbis nomen et ius substituitur, eo quod ambae toti orbi legem sunt daturae, Paris 1552

La loy salique, livret de la première humaine verité. La ou sont en brief les origines et auctoritez de la loy gallicque nommée communement salique, pour monstrer a quel poinct fauldra necessairement en la Gallique Republique venir: et que de ladicte Republique sortira ung monarche temporel, Paris 1552

De originibus, seu, de varia et potissimum orbi latino ad hanc diem incognita, aut inconsyderata historia, quum totius Orientis, tum maximè Tartarorum, Persarum, Turcarum, et omnium Abrahami et Noachi alumnorum origines, et mysteria Brachmanum retegente: quod ad gentium, literarumque quib. utuntur, rationes attinet, Basel 1553

Sibyllinorum versuum a Virgilio in quarta bucolicorum versuum ecloga transcriptorum ecfrasis commentarii instar, Paris 1553

Signorum coelestium vera configuratio, aut asterismus, stellarumve per suas imagines aut configurationes dispositio, et in eum ordinem, quam illis Deus praefixerat, restitutio, et significationum expositio; sive coelum repurgatum et

79

apotelesmate summo determinatum. Nam per significationem stellarum videbitur quid sit in totius mundi imperiis futurum, Paris 1553

Les très merveilleuses victoires des femmes du nouveau-monde, et comme elles doibvent à tout le monde par raison commander, et mesme à ceulx qui auront la monarchie du monde vieil, Paris 1553
La doctrine du Siècle Doré ou de l' evangelike regne de Jesus Roy des Roys, Paris 1553

Description et charte de la Terre Saincte, qui est la propriété de Iesus Christ, pour y veoir sa peregrination, et pour inciter ses tres chrestiens ministres a la recouvrer pour y replanter son empire, Paris 1553

Des merveilles du monde, et principalement des admirables choses des Indes et du nouveau monde. Histoire extraicte des escriptz tresdignes de foy, tant de ceulx qui encores sont a present audict pays, comme de ceulx qui encores vivantz peu paravant en sont retournez, Paris 1553

De linguae phoenicis, sive hebraicae excellentia, et de necessario illius et arabicae penes latinos usu, praefatio, aut potius loquutionis, humanaeve perfectionis panegyris, Wien 1554

Le prime nove del altro mondo, cioe, l' admirabile historia et non meno necessaria et utile da esser letta et intesa da ogni uno, che stupenda intitulata La Vergine Venetiana, Venedig 1555

Il libro della divina ordinatione dove si tratta delle cose miracololose, lequali sono state et sino al fine hanno da essere in Venetia, et principallmente, la causa per laquale iddio fin qui habbi havuto piu cura di Venetia, che di tutto quanto il mondo insieme, Padua 1555

De la republique des Turcs, et là ou l' occasion s' offrera, des meurs et loy de tous Muhamedistes, Poitiers 1560

Histoire et consideration de l' origine, loy, et coustume des Tartares, Persiens, Arabes, Turcs, et tous autres Ismaelites ou Muhamediques, dits par nous Mahometains, ou Sarrazins, Poitiers 1560

La tierce partie des orientales histoires, ou est exposée la condition, puissance et revenu de l' Empire Turquesque: avec toutes les provinces et pais generalement depuis 950 ans en ça partous Ismaelites conquis. Pour donner, avec telle connoissance, vouloir et moyen de tels pais et richesses conquerir aus princes et peuples treschrestiens, et aisnés au droict du monde, Poitiers 1560

Cosmographicae disciplinae compendium, in suum finem, hoc est ad divinae providentiae certissimam demonstrationem conductum, Basel 1561

Divinationis sive divinae summae-que veritatis discussio, qua constat quid sit de clarissima inter Christianos et Ismaelitas victoria futurum, atque ubi-nam gentium et locorum contingere debeat, et quamobrem, Paris 1571

De nova stella quae iam a XII. die Novembris anni MDLXXII. ad XXVI. Iunii, anni 1573. sine parallaxi ulla in eodem statu, excepta magnitudine durat, signumque crucis, cum tribus Cassiopeae stellis rhombi instar exprimit: Gul. Postelli iudicium, Antwerpen 1573

Les premiers elements d' Euclide chrestien, pour la raison de la divine et ethernelle verité demonstrer, Paris 1579

81

Apologia pro Serveto Villanovano, de anima mundi, sive de ea natura, quae omnino necessaria est, et habenda est media inter aeternam immobilemque, et creatam mobilemque, est-que consubstantialiter in ipso Christo sicuti est etiam habenda contra aspergines et praecipitatum Calvini in hanc causam iudicium. Sive, ut titulus sit clarior, de Dei et naturae vel de animae et animi mundi, seu de divinae naturae et inseparabilium ab ea virtutum eius summo conatu et effectu. Hrsg. von Johann Lorenz von Mosheim in: Versuch einer unparteiischen und gründlichen Ketzergeschichte, II, 466-499, Helmstaedt 1748

Apologies et rétractions, Ms. inédits publ. avec une introd. et notes par François Secret, Nieukoop 1972

Le Thresor des propheties de l'univers, Ms. publ. avec une introd. et des notes par François Secret, Den Haag 1969

De ce qui est premier pour reformer le monde, in: Claude Gilbert Dubois: Celtes et Gaulois au XVIe siècle, le développement littéraire d'un mythe nationaliste, Paris 1972

Literatur:

William James Bouwsma: *Concordia Mundi – The Career and Thought of Guillaume Postel (1510-1581)*, Cambridge, Mass. 1957

Claude-Gilbert Dubois: *Celtes et Gaulois au XVIe siècle, le développement littéraire d'un mythe nationaliste, avec l'édition critique d'un traité inédit de Guillaume Postel: De ce qui est premier pour reformer le monde*, Paris 1972

Claude-Gilbert Dubois: *La mythologie des origines chez Guillaume Postel - de la naissance à la nation*, Orléans 1994

Wolf Peter Klein: *Guillaume Postel – Sefer jezirah*, Neudr. der Ausg. Paris 1552 / hrsg., eingeleitet und erl. von Wolf Peter Klein, Stuttgart-Bad Cannstatt 1994

Marion Leathers Kuntz: *A new link in the correspondence of Guillaume Postel*, Genf 1979

Marion Leathers Kuntz: *Guillaume Postel – Prophet of the Restitution of all Things, His Life and Thought*, Den Haag 1981

Marion Leathers Kuntz: *The myth of Venice in the thought of Guillaume Postel*, Tempe 1987

Marion Leathers Kuntz: *Postello, Venezia e il suo mondo - atti del convegno di studi promosso dalla Fondazione Giorgio Cini e della Georgia State Univ. in occasione del 4. centenario della morte di Guillaume Postel*, Florenz 1988

Marion Leathers Kuntz: *Guillaume Postel e l'idea di Venezia come la magistratura più perfetta*, Venedig 1988
Marion Leathers Kuntz: *Lodovico Domenichi, Guillaume Postel and the biography of Giovanna Veronese*, Pisa 1988

Marion Leathers Kuntz: *Marcantonio Giustiniani, Venetian Patrician and printer of hebrew books, and his gift to Guillaume Postel - Quid pro Quo?*, Pisa 1989

Marion Leathers Kuntz: *Venice, Myth and Utopian Thought in the Sixteenth Century – Bodin, Postel and the Virgin of Venice*, Aldershot 1999

Frank Lestringant: *Écrire le monde à la Renaissance - quinze études sur Rabelais, Postel, Bodin et la littérature géographique*, Caen 1994

Sylvain Matton: *Documents oubliés sur l'alchimie, la kabbale et Guillaume Postel - offerts, à l'occasion de son 90e anniversaire, à François Secret par ses élèves et amis*, Genf 2001

Yvonne Petry: *Gender, Kabbalah, and the Reformation - the mystical theology of Guillaume Postel, (1510-1581)*, Leiden 2004

Claude Postel: Les écrits de Guillaume Postel publiés en France et leurs éditeurs 1538-1579, Genf 1992

Claude Postel: *L'homme prophétique: science et magie à la Renaissance*, Paris 1999

Guillaume Postel: 1581 – 1981 - actes du colloque international d'Avranches, 5 - 9 sept. 1981, Paris 1985

François Secret: *Guillaume Postel (1510-1581) et son interprétation du candélabre du Moyse en hébreu, latin, italien et francais*, Nieukoop 1966

François Secret: *Bibliographie des manuscrits de Guillaume Postel*, Genf 1970

François Secret: *Postelliana*, Nieukoop 1981
François Secret: *Postel revisité - nouvelles recherches sur Guillaume Postel et son milieu*, Mailand 1998

Georges Weill: *Vie et caractère de Guillaume Postel*, Mailand 1987

Paolo Simoncelli: *La lingua di Adamo – Guillaume Postel tra accademici e fuoriusciti fiorentini*, Florenz 1984

Sigrid Stahlmann: *Guillaume Postel (1510-1581) - ein Beitr. zur Geistesgeschichte des 16. Jahrhunderts*, Diss., Göttingen 1956

Korrespondenzadresse:

Nicolas Benzin, Elsterstraße 30, 65933 Frankfurt am Main
E-Mail: Benzin@Nicolas-Benzin-Stiftung.de

Gesundheit, Hygiene und Krankheit bei Maimonides

von Prof. Dr. Wilhelm Kaltenstadler

Leben und medizinische Werke von Maimonides

Mūsā ibn Ubayd Allāh der Israelit von Cordova, hebräisch Rabbi Mose Ben Maimon, häufig auch als RaMBaM verschlüsselt, allgemein bekannt als Moses Maimonides, kam im Jahre 1135[1] in Cordova in Andalusien auf die Welt. Wegen der Verfolgung der Juden durch die fundamentalistischen Almohaden[2] verließ er mit seiner Familie 1148 Spanien und kam nach einer längeren Wanderung 1165 nach Ägypten. Eine wichtige Station auf dem Weg nach Ägypten war die marokkanische Stadt Fez. Hier vervollständigte er seine schon in Andalusien begonnene philosophische, medizinische und talmudische Ausbildung, ohne jedoch, wie immer wieder behauptet wird, zum Islam zu konvertieren. „Schon 1165 verliess die Familie Fez und gelangte per Schiff nach Akko. Noch 1165 zog man nach Alexandrien (Ägypten) um. Nach dem Tod des Vaters und des Bruders liess sich Maimonides in Fostat (Alt-Kairo) nieder. Hier heiratete er und übte den Beruf des Arztes aus (wobei er bis zur Position des Leibarztes am ägyptischen Hof aufstieg). Von 1176/77 an war Maimonides geistliches Oberhaupt der Juden Ägyptens. Er starb 1204 in

---

[1] Es gibt einige neuere Werke, die von einem Geburtsjahr 1238 von Maimonides ausgehen. Allerdings behält der beste Kenner der arabischen Geschichte von Andalusien Emilio Gonzales Ferrín: Historia General de Al Ándalus. Europa entre Oriente y Occidente, 2. Auflage, Cordova 2007, S. 467 das konventionelle Geburtsjahr 1135 bei.

[2] E. G. Ferrín: Historia General de Al Ándalus, ebd., Kap. VII. El orden periférico, S. 431-473.

Fostat. Nach einigen Jahren wurden seine sterblichen Überreste nach Tiberias übergeführt."[1]

Moses Maimonides. Briefmarke des Staates Israel aus dem Jahr 1953

Am Hofe des Sultans Saladin wurde er schließlich Leibarzt des Wezirs von Kairo. Als Arzt[2] beschränkte er sich nicht auf die Behandlung und Beschreibung von Krankheiten aller Arten. Es lag ihm mindestens genauso am Herzen, in verschiedenen Werken immer wieder Mittel und Wege aufzuzeigen, wie man Krankheiten vermeiden und die Gesundheit aufrechterhalten kann. Dabei deutet er Gesundheit nicht als rein physische

---

[1] Quelle: http://astore.amazon.de/buchundjudenhaga/detail/3406452698 (Stand 19.01.2010). Dieser Text beruht auf einer Besprechung des Buches von Hayoun (siehe unten Anm. 3) in der „Neuen Zürcher Zeitung" (Das historische Buch). In der Frankfurter Allgemeinen Zeitung vom 01.07.2000 äußert sich allerdings Friedrich Niewöhner empört über diese Biographie von Hayoun über Maimonides. Er ordnet das Werk eher unter „Märchen" als unter Wissenschaft ein. Zu Maimonides aus spanischer Sicht vgl. E.G. Ferrín: Historia General de Al Ándalus, ebd., S. 467-471.
[2] Maurice-Ruben Hayoun: Maimonides. Arzt und Philosoph im Mittelalter (Übersetzung), 1999.

Angelegenheit.[1] Immer wieder weist er auf die Notwendigkeit der Gesundheit der Seele und den religiösen Einklang der drei *pneumata*[2] (siehe unten) mit Gott hin. Dieser war für Maimonides ein unkörperliches, also ein reines Geistwesen.

Für die Juden schrieb er einen Kommentar zur Mischna und kodifizierte in *Mischne Tora* (Wiederholung des Gesetzes) die jüdischen Religionsgesetze. Als sein Hauptwerk gilt allgemein *More Nevuchim*, meist als „Lehrer der Unschlüssigen", ins Englische meist als *Guide of the Perplexed*[3] übersetzt. In diesem Buch profilierte er sich als Verfechter eines an der Offenbarung orientierten Rationalismus.[4] Die Heiligen Schriften der Juden und die rationalistische Philosophie waren für ihn kein Widerspruch. Er war nicht nur Theologe und Philosoph, sondern beides in einem, nämlich Religionsphilosoph, der schon im 12. Jahrhundert mit der dialektischen Methode[5] vertraut war. Seine Lehre wurde von der christlichen Scholastik des hohen Mittelalters, ohne antijüdische Ressentiments, positiv aufgenommen. Vor allem der Scholastiker Thomas von Aquin, der größte katholische Theologe des Mittelalters, baute große Teile des Werkes von Maimonides vor allem in seine Schöpfungs- und Gotteslehre ein.

Maimonides hat nicht nur zahlreiche theologische, philosophische und religionsphilosophische, sondern auch medizinische Abhandlungen hinterlassen. Das „Institute for the

---

[1] Heinrich Schipperges: Krankheit und Gesundheit bei Maimonides (1138-1204), Berlin 1996.

[2] Die meisten Übersetzer geben *pneuma* als *spirit* bzw. *Geist* wieder.

[3] José Costa: Some Notes on the Talmudic Quotations in the Guide of the Perplexed, III, 8-24, in: Studia Judaica XVII, Editor: Prof. Dr. Ladislau Gyémánt, Cluj-Napoca 2009, S. 169-180.

[4] Eveline Goodman-Thau: On Revelation of Reason in the Work of Maimonides and Hermann Cohen, in: Studia Judaica XVII, ebd., S. 145-168.

[5] Şlomo Leibovici-Laiş: Maimonides Dialectic as a Jewish Law-Maker and Philosopher, in: Studia Judaica XVII, ebd., S. 64-87.

Study and Preservation of Ancient Religious Texts" der amerikanischen Brigham Young University und „The Maimonides Research Institute" in Haifa (unter Leitung von Fred Rosner) brachten in jüngster Zeit das medizinische Gesamtwerk von Maimonides heraus. Zu beachten ist, dass die neuere Gesamtausgabe der Brigham Young University auch in den Bibliotheken als „The Complete Medical Works of Maimonides" und die Haifa-Ausgabe als „Maimonides´ Medical Writings" bezeichnet werden. Aus europäischer Sicht ist erstaunlich, dass die Brigham Young University eine Einrichtung der „Kirche Jesu Christi der Heiligen der letzten Tage" (Vorwort, Bd. 1) ist.

Es ist wichtig zu wissen, dass Maimonides als Jude 1135 (1138?) im muslimischen Andalus geboren wurde und nach einer langen Wanderung durch Nordafrika schließlich als Leibarzt des Wezirs am Hof des Sultans Saladin von Kairo wirkte und somit in muslimisch-arabischen Diensten stand. Seine meisten Werke publizierte er - wie auch viele andere jüdische Gelehrte im Mittelalter[1] - in arabischer Sprache, gelegentlich auch in hebräischen Lettern. Wie so viele Muslime und dem Islam nahe stehende Juden leistete auch Maimonides einen überwältigenden Beitrag dazu, das Wissen der alten Ägypter und Griechen, nicht zuletzt von Aristoteles, Hippokrates und Galen, ins Arabische, Hebräische und Lateinische zu übertragen. Dabei sollte man sich vor Augen halten, dass das Arabische nicht nur die führende Sprache an den muslimischen (z.B. Bagdad und Kairo), sondern auch den christlichen Höfen Iberiens, vor allem der kastilischen Könige (Toledo) war. Im arabisch-muslimischen Wissenschaftssystem

---

[1] Vgl. dazu Moritz Steinschneider: Die arabische Literatur der Juden. Ein Beitrag zur Literaturgeschichte der Araber, großenteils aus handschriftlichen Quellen, Frankfurt 1902, ders.: Die hebräischen Übersetzungen des Mittelalters und die Juden als Dolmetscher. Ein Beitrag zur Literaturgeschichte des Mittelalters, meist nach handschriftlichen Quellen, Berlin 1893 und ders.: Die arabischen Übersetzungen aus dem Griechischen, 1889-1896, Nachdruck Graz 1960.

gehörte die Medizin nicht zur sog. traditionellen, sondern intellektuellen Wissenschaft. In diesem System, in welchem auch arianische Christen ihren Platz hatten, ordnete man die Medizin dem Bereich der „applied or derivative physics"[1] zu. Die muslimisch-arabische Kultur gab das umfassende antike Wissen nicht nur an die byzantinisch-oströmische, sondern auch an die lateinisch-katholische Kultur des Westens weiter. Dimitri Gutas, Chairman der renommierten Yale University bringt in seiner *Series Introduction* zu Band I von „The complete medical works" (On Asthma) die große Bedeutung der arabisch-islamischen Kultur in geradezu klassischen Worten auf den Punkt: „In a very real sense, the sciences and philosophy that were produced in Islamic civilization form the foundation of Western civilization."[2] Ein besonderer Lichtblick dieser arabisch-moslemischen Kultur war allerdings der Universalwissenschaftler Maimonides, der als in Ägypten lebender Jude meist in arabischer Sprache publiziert hatte. Seine Synthese von islamischer und jüdischer Kultur mit ihrer Ausstrahlung auf das christliche Europa des Mittelalters ist gerade für das immer mehr sich integrierende moderne Europa aktueller denn je.[3] Neuere Forschungen zur Kultur des Islam lassen keinen Zweifel mehr daran, dass auch die arabisch-

---

[1] Bd. 1 der „Complete Medical Works" von Moses Maimonides, Brigham Young University Press, Provo/Utah 2002, Series Introduction, S. XIV.
[2] Vgl. auch Dimitri Gutas: Greek Thought, Arabic Culture: The Graeco-Arabic Translation Movement in Baghdad and Early Abbāsid Society, London 1998, Franz Rosenthal: The Classical Heritage in Islam, translated from German, Berkeley 1975, Nachdruck London 1992 und W. Montgomery Watt: The Influence of Islam on Medieval Europe, Edinburgh 1983. Eine Fundgrube für die Einwirkung der arabisch-muslimischen Kultur auf Europa ist auch die "Encyclopedia of the History of Arabic Science", hrsg. durch Roshdi Rashed, London 1996.
[3] Andrei Marga: European Consequences of Moses Maimonides´ Thinking, in: Studia Judaica XVII, a.a.O., S. 19-35 und Gérard Nahon: Maimonides and Europe (1138-1204): A Historical Perspective, ebd., S. 88-117.

ägyptische Medizin über die iberisch-muslimische Pforte die Medizin in Europa ganz erheblich geprägt hat.[1] In dieser Abhandlung kann ich unmöglich auf die gesamte umfassende medizinische Lehre von Maimonides eingehen, ich will mich aus verständlichen Gründen auf wenige allgemeine Aspekte der Gesundheits- und Krankheitslehre von Maimonides beschränken. Wie die meisten großen Denker des Mittelalters ist Maimonides als Philosoph stark von Aristoteles, als Theologe von den heiligen Schriften der Juden und als Arzt von Hippokrates und Galen, den großen Ärzten der Antike, abhängig. Er bleibt ihnen gegenüber aber durchaus selbständig und kritisch.[2] Die Prägung der medizinischen Lehre von Maimonides durch Hippokrates und Galen äußert sich in besonderem Maße in der antiken Lehre von den Körpersäften.

Die Lehre von den vier Körpersäften

In der antiken Homeostasie, dem Gleichgewicht der Körperfunktionen, spielt die Lehre von den vier Körperflüssigkeiten bzw. Körpersäften, eine zentrale Rolle. Diese antike Lehre baut vor allem auf der Theorie der guten und schlechten Körpersäfte bei dem griechischen Arzt Galen auf.[3] Diese bei Galen beschriebenen Säfte stehen auch in unmittelbarem Zusammenhang mit der Lehre von den vier Temperamenten. Es handelt sich um folgend Flüssigkeiten: Flüssigkeit der *schwarzen Galle* (black bile), Flüssigkeit der *weißen Galle* bzw. Gallenschleim (phlegm), Flüssigkeit der

---

[1] Vgl. Manfred Ullmann: Islamic Medicine. Islamic Surveys 2, Edinburgh 1978 und ders.: Die Medizin im Islam. Handbuch der Orientalistik, 1. Ergänzungsband 6.1, Leiden 1970.
[2] Max Meyerhof: Maimonides criticises Galen, in: Medical Leaves 3 (1940) S. 141-146.
[3] Galen: De bonis malisque sucis, hrsg. durch G. Helmreich, Corpus Medicorum Graecorum, 5.4.2., Leipzig 1923.

gelben Galle bzw. der hepatobiliären Galle (hepatobiliary bile) und *rote Galle* bzw. Blut.[1] Sigerist bezeichnet diese vier Säfte als Blut, Schleim, gelbe Galle und schwarze Galle.[2] Im Folgenden beschreibt er ganz anschaulich das gleichgewichtige Funktionieren dieser vier Säfte einer - wie man heute sagen würde – Humoralpathologie:

Diese vier Flüssigkeiten sind in erster Linie „für Gesundheit und Krankheit verantwortlich. Die Gesundheit ist vollkommen, wenn sich diese Substanzen hinsichtlich Zusammensetzung, Wirkung und Quantität im richtigen Gleichgewicht befinden und wenn sie richtig gemischt sind. Krank ist der Mensch, wenn es von einem dieser Säfte in seinem Körper zuviel oder zuwenig gibt oder wenn einer von ihnen sich aus dem Körper ausscheidet oder sich nicht mit den anderen vermischt. Wenn sich ein Saft von den anderen trennt, seine eigenen Wege geht und nicht länger mit den andern zusammenarbeitet, dann leidet nicht nur die Stelle, die er verlassen hat, ´sondern auch die Stellen, wo er zum Stehen kommt und wohin er sich ergießt, müssen durch die übergroße Anschoppung Schmerz und Krankheit verursachen.´ Ebenso wird die anomale Absonderung eines Saftes außerhalb oder innerhalb des Körpers Schmerz verursachen.“[3]

Sigerist lehnt wie manche Vertreter der modernen Medizin diese Säftelehre nicht von vornherein ab, sondern versucht, von den Normen und Gegebenheiten einer vorkapitalistischen Gesellschaft ausgehend, eine plausible nicht an der modernen medizinischen Theorie orientierte empirische Erklärung:

„Diese Körpersäfte sind keine Funktionen, keine bloßen Prinzipien, sondern eine Realität. Wenn man den Körper irgendwie verwundet, sieht man Blut; wenn man eine Arznei

---

[1] Maimonides´ Treatise on Hemorrhoids, in: Fred Rosner (Hrsg.): Maimonides Medical Writings, Vol. 1, Haifa 1988 (2nd printing), Chapter 2, S. 131-136, hier S. 131, Fußnote 31.
[2] Henry A. Sigerist: Anfänge der Medizin, Zürich 1963, S. 738.
[3] Henry A. Sigerist: Anfänge der Medizin, ebd., S. 738.

gibt, die auf Schleim einwirkt, erbricht der Betreffende Schleim, und wenn es ein galletreibendes Mittel ist, Galle. Ebenso wird er als Reaktion auf gewisse Medikamente schwarze Galle ausscheiden. Das geschieht, unabhängig vom Alter des einzelnen, immer zu einer bestimmten Jahreszeit. Der Arzt muß daher immer die Jahreszeit berücksichtigen, denn sie beeinflußt die Körpersäfte. Schleim, der kälteste Saft, nimmt im Winter zu. Darum herrschen im Winter Schleimkrankheiten vor, und man sieht die Leute niesen und sich schnäuzen. Im Frühjahr ist der Schleim im Körper noch stark, aber das Blut nimmt zu; denn es ist feucht und warm wie der Frühling. Darmkatarrhe und Nasenbluten treten in dieser Zeit nicht selten auf. Der heiße und trockene Sommer regt die Gallenabsonderung an, und die Galle beherrscht den Körper bis zum Herbst. Die Menschen erbrechen Galle, ihr Stuhlgang enthält gallige Bestandteile, und die Haut färbt sich oft gelb. Der Herbst ist eine trockene Jahreszeit, es wird kälter, und die schwarze Galle[1] gewinnt die Oberhand. So sind also die vier Körpersäfte im Menschen immer vorhanden, genau wie die Eigenschaften heiß, kalt, trocken und feucht in der Natur, aber nicht immer in der gleichen Mischung, und das erklärt die ungleiche Empfänglichkeit des Menschen für Krankheiten, je nach der Jahreszeit."[2]

Nach Sigerist korrespondieren die Qualitäten dieser vier Eigenschaften nicht nur mit den Jahreszeiten, sondern entsprechen auch „den Elementen, aus denen nach der Lehre des griechischen Philosophen Empedokles das Weltall bestand,

---

[1] Melancholie ist nichts anderes als wörtlich „schwarze Galle".
[2] Henry A. Sigerist: Anfänge der Medizin, a.a.O., S. 738.

nämlich Erde, Wasser, Feuer und Luft.[1] So wurde es möglich, eine direkte Beziehung zwischen dem Makrokosmos des Weltalls und dem Mikrokosmos des Organismus herzustellen und diese mit den atmosphärischen Veränderungen, die mit den Jahreszeiten zusammenhängen, in Verbindung zu bringen. Man entdeckte in der Natur und im Menschen die gleichen Elementareigenschaften, so daß der Mensch als integrierender Bestandteil der Natur erschien. Diese Beziehung ebnete auch einem weiteren Systematisieren den Weg. Nicht nur die Elemente, die Körpersäfte und die Jahreszeiten besaßen Elementareigenschaften, sondern auch die Organe, Krankheiten und die Arzneien. Stand das Prinzip, daß *Gegensätze durch Gegensätze geheilt werden*[2] müssen, einmal fest und besaß man einmal den Schlüssel zu den Qualitäten der verschiedenen Naturgegenstände, so wurde die Behandlung Sache der mathematischen Berechnung, und die Heilkunst schien ihren spekulativen Charakter abgestreift zu haben."[3]

Medizinisches Konzept und allgemeine Gesundheitsregeln in den Aphorismen

Wie ungeheuer modern das medizinische Konzept des Maimonides im 12. Jahrhundert bereits war und in vielerlei

---

[1] Diese vier Grundelemente spielen bis heute in der jüdischen und christlichen Kabbalistik eine zentrale Rolle. Die Stellung dieser kabbalistischen Elemente im Rahmen der Alchimie findet sich gut verständlich behandelt bei Dieter Vogl / Nicolas Benzin: Die Entdeckung der Urmatrix. Die genetische Rekonstruktion menschlicher Organe, Bd. II: Die Ureinheit aller Dinge, Greiz 2003, Kap. „Feuer, Luft, Erde und Wasser" (S. 40f) und noch umfassender bei Horst Friedrich: Alchimie – Was ist das? Peiting 2002, vor allem S. 41-45.

[2] Diese von Sigerist der antiken Medizin zugeschriebene Maxime entspricht eher den Grundsätzen der Allopathie. In der klassischen Homöopathie gilt nach wie vor der Grundsatz *similia similibus curentur*, nämlich dass Ähnliches durch Ähnliches geheilt werde.

[3] Henry A. Sigerist: Anfänge der Medizin, a.a.O., S. 738f.

Hinsicht der Medizin, den Patienten, den Krankenkassen von heute als Anregung und Vorbild dienen könnte, zeigt bereits der auf Hippokrates zurückgeführte erste Aphorismus, der nicht nur von Medizinern bis heute immer wieder – meist unvollständig - zitiert wird, ohne dass die meisten Zitierenden eine Ahnung haben, von wem er stammt. Hier das wörtliche vollständige Zitat aus dem „Kommentar des Maimonides zu den Aphorismen des Hippokrates":

„Said Hippocrates: Life is short, and the art is long, and time is limited, and experience is dangerous, and judgment is difficult. You should not be content to alone do that which is appropriate without the patient and his attendants also doing the same; and the external matters also."[1]

Maimondes interpretiert das kurze Leben und die lange Kunst in dem Sinne, dass selbst ein langes Leben für einen Wissenschaftler nicht ausreicht, um eine Perfektion in seiner Wissenschaft, z.B. in der Medizin, zu erlangen. Hippokrates soll mit seiner Aussage der langen Kunst gemeint haben, „that the art of medicine is long relative to the other arts, then repetition is helpful, as if to say that the achievement of perfection specifically in this art is extremely remote for a person; all this is to forewarn someone who undertakes it."[2] Aus diesem 1. hippokratischen Aphorismus kann man die höchst moderne Erkenntnis ziehen, dass der Arzt nicht im Alleingang handeln, sondern mit seinen Patienten und Bediensteten kooperieren soll. Denn Alleingänge sind riskant in einem Beruf, in welchem die berufliche Erfahrung leicht in die Irre führen kann und die Diagnose schwierig ist. Auch „external matters", die sog. exogenen Faktoren der

---

[1] „Maimonides´ Commentary on the Aphorisms of Hippocrates", publiziert durch „The Maimonides Research Institute" in Haifa unter maßgebender Mitwirkung von Fred Rosner als Vol. 2 von „Maimondies´ Medical Writings" im Jahre 1987, Section 1, Part 1, S. 14.
[2] „Maimonides´ Commentary on the Aphorisms of Hippocrates", ebd., S. 14.

Wissenschaft, wie z.B. Sprechzimmer, soziale Umgebung des Patienten etc. hat der Arzt zu beachten.

Maimonides bleibt aber nicht bei der eher dunklen generellen Aussage zur langen Kunst stehen, sondern wird im folgenden Absatz konkreter. Die Kunst der Medizin – für ihn ist also die Medizin eine Kunst und nicht eine Wissenschaft – ist für ihn „longer than the other theoretical practical arts". Als Arzt könne man diese Kunst nur dann beherrschen und darin Perfektion erlangen, wenn man sich spezialisiert. Maimonides bringt das im folgenden Satz, der sich übrigens ganz allgemein auf jede Wissenschaft anwenden lässt, auf den Punkt: „The life of an individual is not sufficient to completely master all these divisions"[1] [of medicine].

Nach Auffassung des in Turkestan geborenen arabischen Philosophen Abu Nasr Al-Farabi (870-950 u.Z.) gibt es „seven divisions of knowledge necessary for an understanding of the art of medicine".[2] Diese „divisions", welche man ins Deutsche besser nicht als „Abteilungen", sondern als Stufen der medizinischen Aneignung übersetzen sollte, sind aber auf keinen Fall identisch mit den Spezialisierungsbereichen des alten ägyptischen und modernen Facharztsystems (Gynäkologie, Zahnmedizin, Chirurgie etc.). Diese bisher wenig beachtete Stufenlehre des medizinischen Wissenserwerbs erscheint mir so ausgereift, dass sie auch in der Ausbildung der heutigen Ärzte als Modell dienen könnte. Ich will darum etwas ausführlicher darauf eingehen:

- First division: Der Arzt muss zuerst mit dem Aufbau (*Anatomie*) und den Organen vertraut sein. Dazu gehört auch die Kenntnis der Lehre von den Säften, die Funktion und Lage der Organe, sowohl der inneren als auch der

---

[1] „Maimonides´ Commentary on the Aphorisms of Hippocrates", ebd., S. 14f.

[2] „Maimonides´ Commentary on the Aphorisms of Hippocrates", ebd., S. 15.

äußeren. Wichtig ist auch für den medizinischen Anfänger, die Zusammenhänge und das Zusammenspiel zwischen den verschiedenen Organen zu erlernen.

- Second division: Regeln der *Hygiene*, Kenntnis der Gesundheitsarten für den gesamten Körper im allgemeinen, Arten der Gesundheit für jedes einzelne Organ.

- Third division: Kenntnis der Krankheitsarten und ihrer *Ursachen*, der sich daraus ergebenden Folgen im gesamten Körper und jedem Organ des Körpers. In der heutigen Medizin bezeichnet man das heute als allgemeine und spezielle *Pathologie*.[1]

- Fourth division: Einstieg in die Symptomatologie, der Arzt lernt zu unterscheiden die Symptome, welche das Subjekt betreffen, von den Symptomen, welche die einzelnen Arten von Gesundheit und Krankheit betreffen, entweder im gesamten Körper oder in einzelnen Organen. Er wird auch damit vertraut, zwischen der einen und anderen Krankheit zu differenzieren, denn „many symptoms resemble each other."[2] Gleiche Symptome bei verschiedenen Patienten lassen nicht immer auf die gleiche Krankheit schließen. Sie könnten bei verschiedenen Patienten verschiedene Ursachen haben.

- Fifth division: bezieht sich auf die *Regeln* der Gesundheitstherapie für den *Körper als Ganzes* und die Gesundheit von jedem seiner Organe. Dabei differenziert Maimonides auch nach Jahreszeiten, nach verschiedenen Standorten (Städten). In dieser division erwirbt der Arzt noch mehr als bisher die *Kunst der Differenzierung* und auch die *Methode des ganzheitlichen Denkens* („Körper als

---

[1] „Maimonides´ Commentary on the Aphorisms of Hippocrates", ebd., S. 15.
[2] „Maimonides´ Commentary on the Aphorisms of Hippocrates", ebd., S. 16.

Ganzes"), wie es noch heute von den meisten Homöopathen gepflegt wird.

• Sixth division: ist im Grunde die Stufe, in welcher der Arzt in besonderem Maße lernt, das in den Stufen 1 bis 5 erlernte Wissen auf die Patienten anzuwenden, und zwar sowohl auf den gesamten Körper oder das betroffene Glied bzw. Organ des Körpers. Der fortgeschrittene Arzt muss also sowohl ganzheitlich als auch partiell anwenden können.

• Seventh division: Erst in dieser letzten Stufe lernt der Arzt die *Werkzeuge* (Instrumente) kennen, mit welchen der Arzt die Gesundheit seiner Patienten erhält bzw. die verlorene Gesundheit wiederherstellt. Dazu gehören auch die Kenntnis der Nahrungsmittel sowie deren Verabreichungen in Form von einfachen und kombinierten Rezepten und die Tätigkeiten, welche heutzutage auch die Sanitäter und zum Teil auch die Sprechstundenhilfen beherrschen müssen, nämlich Verbinden (von Wunden), Bandagieren, Baden und Anlegen von Umschlägen. Maimonides geht noch einmal im Datail auf einige Instrumente ein, welche ein Arzt in dieser Stufe 7 bedienen muss: Vorrichtungen zum Stechen und Schneiden von Fleisch (in der Chirurgie), Haken zum Aufhängen des Fleisches, Geräte für Wundbehandlung und Augenkrankheiten. Ausdrücklich hält Maimonides hier fest, dass der Arzt auch über Pflanzen sowie Mineralien und deren Anwendung Bescheid wissen muss. Dieses Wissen geht weit über die Kenntnis der Namen und Standorte hinaus.[1]

Maimonides ist sich mit Bezug auf Abu Nasr Al-Farabi darüber im Klaren, dass sich diese Lernstufen über lange Zeit hinziehen können und nicht bei allen Kandidaten die gleiche

---

[1] „Maimonides´ Commentary on the Aphorisms of Hippocrates", ebd., S. 16f.

Zeitdauer umfassen. In diesem Sinne kann die Lebensdauer des Menschen oft viel zu kurz sein, im Vergleich zur Zeitdauer die nötig wäre, um die ärztliche Kunst richtig zu erlernen. Man lernt in der ärztlichen Kunst nie aus, wenn man bedenkt, dass jeder Fall, mit dem der Arzt zu tun hat, anders gelagert ist.

Neben dem Kommentar zu den Aphorismen des Hippokrates, in welchem Maimonides jedoch sehr viele eigene Vorstellungen zum ärztlichen Beruf einbringt, gibt es „The Medical Aphorisms of Moses Maimonides"[1], also Aphorismen, welche weniger als der Kommentar zu den Aphorismen des Hippokrates von antiken Vorgängern abhängig und als weitgehende Eigenschöpfung von Maimonides aufzufassen sind.

Unter Beachtung der oben dargestellten Prinzipien und Ideen im Kommentar zu den Aphorismen des Hippokrates gelingt es Maimonides in seinen eigenen Aphorismen, die „General Rules of Health"[2], ein schwieriges geradezu uferloses Gebiet der allgemeinen Medizin, in einer lockeren Art und Weise zu behandeln und dem Leser, ohne dass er medizinisch vorgebildet sein muss, zu vermitteln. Die Aphorismen des Maimonides wenden sich – anders als die hippokratischen Aphorismen – mindestens genauso eindringlich an die Patienten wie an die Ärzte. Die folgenden Regeln, welche auch Absätzen entsprechen, beziehen sich durchgehend auf die 17. Abhandlung der ´Medical Aphorisms´ des Moses Maimondides´:

Regel 1: Körperliche Bewegung dient der Erhaltung der Gesundheit. Diese darf aber nach einem reichen Essen nicht übertrieben werden, das würde der Verdauung schaden.

---

[1] The Medical Aphorisms of Moses Maimonides, in: Medical Writings, hrsg. durch *The Maimonides Research Institute* (Fred Rosner), Vol. 4, Haifa 1989.
[2] General Rules of Health (The seventeenth Treatise) in: The Medical Aphorisms of Moses Maimonides, ebd., S. 271-280.

Körperliche Bewegung ist in der Regel vor dem Esser weniger schädlich.

Regel 2: Mit Berufung auf das 6. Buch der „Epidemiae" von Hippokrates führt Maimonides die Gesundheit vor allem zurück auf die Vermeidung von Übersättigung und auf „the abandonment of laziness for exertion".[1]

Regel 3: Gesundheit ist ein hohes Gut. Doch nicht jeder ist in der Lage, die Regeln zur Erhaltung der Gesundheit zu befolgen. Gründe dieser Missachtung dafür können sein: Fresssucht, Völlerei, exzessive Beschäftigung (mit anderen Dingen) oder Unwissen über die richtige Ernährung.

Regel 4: Körperliche Bewegung nicht vernachlässigen! Solche Vernachlässigung findet man häufig bei Leuten „who diligently study the entire day and night (without any gymnastic)", für Stubenhocker und sitzende Berufe. Alle Organe, sowohl innerlich als auch äußerlich, sind maßvoll zu betätigen, mahnt Maimonides.

Regel 5: Die Erhaltung der Gesundheit geht in zweierlei Richtung: Ersetze das, was sich aufgelöst hat und vom Körper weggegangen ist, mit einem Material, das ihm ähnlich und gemäß seiner Konstitution ihm nützlich ist. An 2. Stelle steht die Reinigung von überflüssigen Säften (superfluities), die sich unvermeidlich im Körper entwickeln. An 3. Stelle soll man dafür Sorge tragen, dass die Schwäche des Alters nicht schnell eintreten solle. Dieser Alterungsprozess ist natürlich auch eine Folge der Missachtung der beiden anderen Bedingungen.

Regel 6: Richte zuerst Deine Aufmerksamkeit ganz besonders auf die Erhaltung der natürlichen (Körper-)Wärme und bedenke, dass die *Durchführung von mäßigen körperlichen Übungen* am meisten zur Gesunderhaltung für Leib und Seele beiträgt.

---

[1] General Rules of Health (The seventeenth Treatise), Vol. 4, ebd., S. 271.

Regel 7: Um gesund zu bleiben, beginne (den Tag) mit Gymnastik. Lass der Gymnastik Essen und Trinken folgen, danach sind „coitus and sleep"[1] empfehlenswert. Fröne diesen fünf auf maßvolle Art!

Regel 8: Sex dient der Erhaltung der Gesundheit[2], wenn dieser mäßig erfolgt und adäquate Abstände „zwischen den Perioden der Hingabe" eingehalten werden, und zwar so, dass keine Schwäche oder Entkräftung eintritt. Bei der Ausübung des *coitus* sollte der Körper weder komplett leer noch mit Nahrung überfüllt, weder warm noch kalt, weder trocken noch feucht sein. Wärme und Feuchtigkeit des Körpers ist jedoch im Zweifelsfalle besser als Kälte und Trockenheit.

Regel 9: Koitus erzeugt immer Trockenheit. Eine Person mit einer „vaporous superfluity" im Körper, wobei eine schlechte, warme Konstitution vorherrscht, zieht Nutzen daraus. Nur bei diesem Typ ist mäßige Hingabe beim Koitus gesundheitsförderlich.

Regel 10: Wie in Regel 7 rät Maimonides zuerst zu körperlicher Übung (Gymnastik). Dann erst sollten Nahrung und Getränke folgen. Danach sollte man sich schlafen legen. Auf die Sexempfehlung nach Essen und Trinken verzichtet Maimonides hier.

Regel 11: Nimm Nahrung nur ein nach der Verdauung des vorausgehenden Mahles, nach mäßiger körperlicher Übung oder nach der Blähung, die von dem entsteht, was man abgeführt hat. Achte darauf, keine Nahrung früher als diese aufzunehmen, solange diese nicht zu den Organen, bevor die Verdauung erfolgte, transportiert wurde. Wenn einer Nahrung aufnimmt, während die Eingeweide mit Gasen gefüllt sind, kann der Kopf damit gefüllt werden und, in den meisten Fällen,

---

[1] General Rules of Health (The seventeenth Treatise), Vol. 4, ebd., S. 272.

[2] W. Zev Harvey: Sex and Health in Maimonides, in: Moses Maimonides: Physician, Scientist, and Philosopher, hrsg. durch Fred Rosner und Samuel S. Kottek, Northvale 1993, S. 33-39.

wird beim Magenpförtner (Pylorus) eine Blasenbildung (Luftblasen) erzeugt.

Regel 12: Nachdem eine Person in angemessener Weise geübt, sich in der vorgeschriebenen Weise gewaschen (geduscht), sich gut ernährt und dann geschlafen hat, kann sie, wenn sie Lust verspürt, sich danach dem Sex hingeben.

Regel 13: Vom Coitus trägt niemand Schaden davon, ausgenommen einer, dessen Körper warm und feucht ist, oder einer, dessen Natur warmen Samen erzeugt. Der größte Schaden tritt auf bei einem, dessen Konstitution zu Trockenheit und Alter (old age) neigt.

Regel 14: Es gibt schlechte Bewegungen unter den körperlichen Aktivitäten. Bei vielen Leuten wird ein extrem warmer, beißender, scharfer und irritierender Samen erzeugt. Dieser stimuliert die Betroffenen, ihn auszustoßen. Wenn diese ihn während des Coitus ausstoßen, dann wird der Magenpförtner geschwächt, ihr ganzer Körper wird entkräftet [Coitus interruptus]. Sie trocknen aus, werden entkräftet, ihr Erscheinen ändert sich, und ihre Augen sinken ein. Wenn sie sich dem *coitus* nicht häufig (selten) hingeben, dann werden ihre Köpfe schwer und ihr Magen gepeinigt. Sie werden geschädigt durch die Abstinenz vom Coitus, genauso wie sie Schaden haben dadurch, dass sie sich diesem (zu intensiv) hingeben. Maimonides rät solchen Personen, dass sie sich von allem enthalten, welches Samen erzeugt. „They should consume foods and medications that suppress semen formation and they should do gymnastics with the upper parts of their body such as ball playing with either a small or large (ball) or lifting stones. They should rub the lower part of their spine [Rücken] with cooling oils after bathing. If they desire to eliminate the semen, feed them favorable nourishment during the day and also at the time of the evening meal. If they wish to sleep, they should indulge in coitus and then sleep. Just prior to awakening, they should cool the body and rub it with towels until the skin reddens. Then they should rub it to a moderate degree with oil, then move a little and eat some toast dipped in diluted wine and then go about their normal business." (Regimen Sanitatis VI).

Regel 15: Maimonides rät von allen Nahrungsmitteln ab, welche zu schlechten Körperflüssigkeiten führen. Das gilt auch für Personen, welche das Essen leicht und schnell verdauen. Diese tragen aber keinen so großen Schaden davon, weil die schlechten Säfte sich ohne Zweifel in ihren Arterien[1] anhäufen, ohne dass sie es merken. Doch diese Säfte verfaulen bei dem geringsten Anlass, wobei sie *ungünstiges Fieber* erzeugen.

Regel 16: Es passt, dass beim Nahrungstrakt die Durchgänge des Patienten von der Leber her offen liegend und rein sind. Das findet man nicht nur bei Kranken, sondern auch bei gesunden Personen.

Regel 17: Eine gute Gesundheitspflege befördert ausgezeichnete Eigenschaften für die *Seele* und den *Körper.* Das trifft besonders für Leute zu, welche sich vom Tag ihrer Geburt an daran gehalten haben.

Regel 18: Schlechte Gewohnheiten sind die Ursachen von Krankheiten.

Regel 19: Es ist sehr wichtig, dass man die Esszeiten (wann und wie oft, z.B. einmal oder zweimal) je nach Konstitution festlegt. Es gibt Fälle, wo es Personen zuträglich ist, dreimal am Tag –aber nicht jedes Mal im Übermaß – zu essen. Dabei ist aber stets für regelmäßige Verdauung und Stuhlgang zu sorgen. Letzterer sollte möglichst lind sein.

Regel 20: Jeder sollte aus Erfahrung lernen, welche Nahrungsmittel und Getränke und welche Aktivitäten ihm

---

[1] Galen hat eine eigene Abhandlung über "Nerves, Veins, and Arteries" verfasst. Eine gute Übersetzung dieses Werkes ins Englische besorgte Emilie Savage-Smith in ihrer Dissertation an der University of Wisconsin 1969.

schaden und von welchen er sich enthalten sollte. Auch sollte jeder herausfinden, ob der Coitus schadet, und (falls ja), nach wie langer Zeit er nicht mehr schädlich ist. Wer so vorgeht und lebt, „rarely needs a physician and always remains healthy."[1]

Regel 21: Wer glaubt, auf zusätzliche Nahrung nicht verzichten zu können, sollte am Morgen feuchte Nahrung konsumieren wie z.B. Gerstenbrei (barley gruel) und am Abend trockene Nahrung wie Brot und Fleisch. Zur trockenen Nahrung gehören: Gewürze, Teile von Früchten und Gemüse (growths) und Teile von Tieren. In der 22. Abhandlung der Aphorismen (S. 342ff) werden die tierischen Bestandteile, welche in der Regel als Medikamente und teilweise auch als Nahrung empfohlen werden, detailliert beschrieben und für unterschiedliche Krankheiten angewendet, so z.B. die Hornwurzel eines Ochsen und von Wild gegen Zahnweh, zu Asche verbrannte und mit Honig geknetete Mausköpfe zur Stimulation des Haarwachstums, die pulverisierte Lunge von Füchsen gegen spastischen Husten. In dieser 22. Abhandlung finden sich auch die Exkremente von verschiedenen Tieren, in verschiedenen Verarbeitungsformen, z.B. die Exkremente der Maus, des Hundes, des Wolfes, des Schafes, der Taube, des Huhns, gegen alle möglichen Arten von Krankheiten.[2]

Regel 22: Gut gekochter Gerstenbrei (gruel of barley) ist das beste Nahrungsmittel für die Produktion von gutem Speisebrei und für die *Bewahrung der Gesundheit.* Es nährt nicht weniger gut als gutes Brot.

Regel 23: Regelmäßiges schlechtes Essen und Trinken ist besser für die Gesundheit als ein plötzlicher (permanenter)

---

[1] The Medical Aphorisms of Moses Maimonides, in: Maimonides´ Medical Writings, hrsg. durch *The Maimonides Research Institute* (Fred Rosner), Vol. 3, Haifa 1989, General Rules of Health (17. Abhandlung), S. 271-280, hier S. 275.

[2] The Medical Aphorisms of Moses Maimonides, Vol. 3, ebd., 22. Abhandlung, S. 342-355, hier S. 342-345.

Wechsel von einer Gewohnheit zur andern, selbst zu einer besseren. Bei der Auswahl der Nahrungsmittel ist unbedingt der Konstitutionstyp (im Sinne der Viersäftelehre) zu beachten.

Regel 24: Maimonides kennt Leute mit schlechten Essgewohnheiten, die trotzdem gesund blieben durch die Aufnahme von *Zwiebelessig* und *Zwiebelsaft.* Diese sind auch erotisch stimulierend.

Regel 25: Der „rock fish" (Steinbutt?) wird schnell verdaut. Er schmeckt ausgezeichnet und ist gesund. Denn er erzeugt Blut „of an intermediate consistency, neither too thin and dlilute nor too thick and heavy."[1]

Regel 26: Niemand sollte mehr trinken als eine mäßige Menge Wein, denn der Genuss größerer Weinrationen bringt eine Person in Rage, „corrupts the thoughts of his psyche and undermines the sharpness and clarity of his intellect."[2]

Regel 27: Bei den *Älteren* besteht die Pflege der Gesundheit aus folgenden Komponenten: nach dem Schlaf am Morgen Massage mit Öl, dann folgt Gehen (walking) oder langsames Reiten, anschließend Waschen in angenehm-warmem Wasser und dann Trinken von Wein, zum Schluss Konsum von wärmenden und befeuchtenden Nahrungsmitteln (Regimen Sanitatis V).[3]

Regel 28: Wein ist für junge Leute extrem schädigend, doch für die *Älteren* ist er „extremely beneficial". Empfehlenswert sind die Weine, die in besonderem Maße wärmen (im Sinne der Säftelehre der Antike) und ausgesprochen verdünnt (thin, dilute) sind. Das sind Weine, „which have a red or yellowish appearence", nach Hippokrates *vinum rucham.* (Regimen Sanitatis V). Diese gesundheitsfördernde Wirkung des

---

[1] General Rules of Health (The seventeenth Treatise), Vol. 4, a.a.O., S. 275.
[2] General Rules of Health (The seventeenth Treatise), Vol. 4, ebd., S. 276.
[3] Vgl. Fred Rosner: Geriatrics in the *Medical Aphorisms of Moses Maimonides,* in: Postgraduate Medicine 55, Nr. 1 (Jan. 1974), S. 229, 232.

Rotweines und Roséweines gehört heute zum festen Bestandteil der modernen Ernährungslehre und findet auch im OPC-System des französischen Parmakologen *Masquelier* eine besondere Würdigung. Er hat in langjähriger Forschung das Präparat Anthogenol, in welchem auch Extrakte von Traubenkernen enthalten sind, entwickelt.

Regel 29: Schwache *ältere* Personen sollten dreimal täglich Nahrung zu sich nehmen, sie sollten sich „in small amounts at frequent intervals" ernähren. Starke Ältere „can be nourished with large meals at infrequent intervals." (Regimen Sanitatis V).

Regel 30: Ältere sollten *Röst- bzw Toastbrot* („bread which is toasted") zu sich nehmen. Milch ist nicht gut für alle alten Leute, und gut nur für diejenigen, die sie gut verdauen können und bei denen sich unter den Lenden (below the loins) kein blähendes Gas entwickelt. (Regimen Sanitatis V).

Regel 31: Im Sommer sollten Ältere unbedingt *frische reife Feigen*, im Winter *trockene Feigen* zu sich nehmen. (Regimen Sanitatis V).

Regel 32: Wässerige Absonderungen von weißer Galle häufen sich gewöhnlich an and werden mächtig in den Körpern *älterer* Personen. Es ist darum wichtig, dass bei ihnen regelmäßige Harnausscheidung (diuresis) täglich erfolgt, aber nicht mit Arzneimittelanwendung, sondern mit Petersilie, Honig und passendem [wohl rotem] Wein, also auf dem Wege der passenden Ernährung. Maimonides spricht im folgenden Satz den Arzt direkt an: „Soften their stools, in particular with oil, and give them a confection of prunes cooked in honey to enjoy, prior to meals." (Regimen Sanitatis V).

Regel 33: Vor dem eigentlichen Essen oder Trinken sollte man den *Älteren* etwas verabreichen, was ihren Stuhl weicher macht, also enthärtet, entweder süße Weine oder weich machendes Gemüse, das man mit Öl und Fischsuppe einnimmt.

Nach dem Mahl sollten diese scharfe Speisen konsumieren, um den Magenmund zu stärken. (Regimen Sanitatis VI).

Regel 34: Für *Ältere* mit schwacher Konstitution eignet sich Fleisch, das einen Tag und eine Nacht abgelagert ist, bevor man es kocht. Für kräftige junge Leute, Arbeiter und Schwerarbeiter eignet sich besser ganz frisches gebratenes und geröstetes nicht gekochtes Fleisch. (Comment. de Alimentorum Virtutibus IV).

Regel 35: Bei der Ernährung der *Älteren* ist zu beachten, dass das Alter in drei Stadien verläuft. Im ersten Stadium herrscht noch volle Aktivität, im zweiten Stadium können Einschränkungen auftreten, im dritten Stadium sollte die ältere Person so handeln, dass sie ihre Kraft aufrechterhalten kann. Hier kann der Körper des Älteren nicht mehr das aufnehmen, was wärmend und reizend ist. (Regimen Sanitatis V).

Regel 36: Das Altern kann man nicht aufhalten, aber doch hinausschieben mit Diät, vielem Baden, angemessenem Schlaf, angenehmen (aber nicht anstrengenden) Spaziergängen und Vermeidung von allem, was austrocknet oder kühlt. (De Marasmo)

Regel 37: Es gibt Personen, welche zu bestimmten Zeiten an Nasenbluten leiden. Andere leeren sich periodisch durch Erbrechen oder durch Durchfall (Diarrhea). Wieder andere leeren bzw. erleichtern sich durch Aderlass (Phlebotomie) oder durch Skarifizierung oder sie leeren ihre Körper mit abführenden Medikationen (Abführmitteln). Bei manchen dieser hier geschilderten Arten kann eine Unterbrechung dieser Vorgänge zu Krankheiten führen und evtl. einen Wechsel in der Behandlung nötig machen. (Peri Ethon VI)

Regel 38: Galen rät älteren Leuten mit Verdauungsproblemen von der Einnahme von *Aloe* und von *hiera picra* ab. "If they suffer from constipation for one or two days, it suffices to soften their stool with (the roots of) a small bindweed plant [Winde, Ackerwinde] or with oil or with safflower hearts

[Färberdistelherzen] together with barley gruel [Gerstenbrei] or with the hearts of dried figs and safflower in the amount of one shekel or two (shekels) of the resin of oak (trees)."[1]. Gemeint ist hier das Harz der *quercus lusitanica*, der portugiesischen Eiche, wohl Korkeiche. Das Harz dieser Eiche macht den Stuhl ohne Nebenwirkungen weicher und reinigt die Eingeweide, verflüssigt das, was in der Leber ist, die Milz (spleen), die Nieren, die Urin-Harnblase und die Lunge. (Regimen Sanitatis VI).

Regel 39: Kopfweh, das sich von der Überempfindlichkeit des Nervs, der am Magenmund (nervus vagus) wächst, herleitet, sollte mit *strenger Diät* behandelt werden. Der betroffene Patient sollte seine Lebensweise anpassen an kühlende und feucht machende (moistening) Nahrungsmittel. Sollten bittere Flüssigkeiten in den Magen gelangen, sollte er diese eliminieren durch Erbrechen und Reinigung des Magens („dissolution of the abdomen"). Von Zeit zu Zeit sollte er auch Medikamente einnehmen wie Absynth oder Rosenöl (oder auch Nardenöl) oder ähnliche mild adstringierende Öle (Regimen Sanitatis VI).

Regel 40: Verstopfungen lassen sich erfolgreich behandeln mit Granatäpfeln, getrockneten Feigen, Färberdistelherzen und anderen Heilmitteln, welche mit Färberdistel und Teufelszwirn (cuscuta) zubereitet sind. Auch sollte evtl. der Patient die (im Magen) schlecht gewordene und nicht ausgeschiedene Nahrung erbrechen. (Regimen Sanitatis VI)

Regel 41: Galen empfiehlt zur Erhaltung der Gesundheit die Einnahme des Theriak, allerdings nicht im Sommer, nach der Verdauung und nachdem die Nahrung den Magen verlassen hat. Der Theriak wurde wie kaum eine andere Arznei in Antike und Mittelalter als ein universales Heilmittel betrachtet und gegen vielerlei Krankheiten angewendet. Quacksalber verkauften es in großen Mengen während der Pestzeit.

---

[1] General Rules of Health (The seventeenth Treatise), Vol. 4, a.a.O., S. 278.

Maimonides empfiehlt die Einnahme des Theriak mit Wasser. Junge Leute und Personen mit warmer Konstitution sollten jedoch den Theriak meiden. Ältere Personen sollten ihn nicht mit Wasser, sondern mit Wein vermischt einnehmen (*De Theriake Pros Pisonem*). Der Theriak findet sich auch erwähnt im zweiten Kapitel des „Treatise on the Regimen of Health".[1] Maimonides empfiehlt dort ohne nähere Begründung die Einnahme des Theriak jeden zehnten Tag.[2] Maimonides nennt verschiedene Arten des Theriak, z.B. den „Großen Theriak", den „Schlangentheriak" oder das „Electuarium des Mithridates". Maimonides setzt den Theriak nicht nur beim Asthma und beim Erbrechen, sondern auch bei Vergiftungen ein.[3] Ein sachkundiger Arzt teilte Maimonides mit, dass er einst bei einer Pest in Italien den Kranken empfohlen habe, Theriak einzunehmen. Er begründete diese Maßnahme damit, dass „no [other] medicine was effective against this illness." Leute, welche den Theriak nicht regelmäßig eingenommen hätten, seien gestorben. Der Theriak, der übrigens in Italien in flüssiger Form verabreicht wurde, erhielt auch die, welche ihn vorbeugend (vor dem Einsetzen der Krankheit) zu sich nahmen, am Leben. Maimonides bietet dafür eine interessante Begründung: „This is not surprising because this medication is an antidote [Gegengift] against all (types of animal) poisons. In general, in any illnesses where other medicines lose their effectiveness this medication is still of exceptional value."[4] Leider teilt uns Maimonides nicht mit, um welche Art von Theriak es sich hier handelte und aus welchen Bestandteilen er

---

[1] Vgl. Jacob I. Dienstag: Bibliography of Maimonides' *Regimen of Health*, in: Moses Maimonides' Three Treatises on Health, translated and annotated by Fred Rosner, Vol. 4, Haifa 1990, S. 98-116.

[2] Moses Maimonides' three Treatises on Health, in: Maimonides' Medical Writings, Vol. 4, ebd., S. 45, 50 und 51.

[3] Treatise on Poisons, in: Maimonides' Medical Writings (Fred Rosner), Haifa 1988, Vol. 1, S. 35 und 40.

[4] Moses Maimonides' Medical Aphorisms (Fred Rosner), Haifa 1989, Vol. 3, Twenty-First Treatise (Pharmacology), Abs. 52, S. 322.

sich zusammensetzte. Dieser italienische Heilungserfolg mag durchaus nicht aus der Luft gegriffen sein, doch muss man wie auch bei heutigen über das Internet verkauften Medikamenten damit rechnen, dass man mit dem Theriak und auch anderen Mitteln nicht zuletzt in Pestzeiten Missbrauch trieb und diese Arznei damit immer mehr in Verruf kam, wie die folgende auf Regensburger Quellen fußende Beschreibung von Manfred Dinnes zeigt:

„Theriak – aus dem griechischen Wort *therion* (Wildes Tier) abgeleitet, galt als wertvolles Allheilmittel bei allen möglichen Gebrechen. Selbst als Viagra des Mittelalters wurde es eingenommen und bereits lange zuvor galt es bei dem römischen Kaiser Marc Aurel, bekanntlich dem Gründer von Regensburg, als tägliche Ration zum Selbstverständnis. Zur Zeit der Pest blühte der Handel dieses obskuren Mittels, das aus bis zu dreihundert Einzelzutaten bestehen konnte. Der Effekt dürfte ein ähnlicher wie bei Tamiflu unserer Tage gewesen sein, aber der Glaube versetzt Berge und in diesem Falle Berge von Geld aus den Taschen der Einen in die Taschen der Anderen. Partizipieren wollte jeder und wenn's ums Geld geht, dann war man schnell bei der Hand und die Konkurrenz verschrien und der Hexerei bezichtigt. In Regensburg braute man den Theriak im Regensburger Kloster St. Emmeram."[1]

Diese negative Charakterisierung des Theriak im spätmittelalterlichen Regensburg spricht jedoch nicht dagegen, dass in Regionen, in denen es eine strenge Lebensmittel- und Gesundheitspolizei gab, ein korrekt hergestellter Theriak nicht nur gegen die Pest, sondern auch gegen andere Krankheiten erfolgreich zum Einsatz kam. Im Falle von Maimonides kann man davon ausgehen, dass er den Theriak selbst herstellte oder

---

[1] Text aus dem Theaterstück „Pesthauch über der Stadt" von Prof. Manfred Dinnes, Quelle: Website http://www.theatercompanie.eu unter „Pesthauch". Mit Erstaunen stellte ich fest, dass in dem hier bereits zitierten Standardwerk von Sigerist der Theriak im Register keine Erwähnung findet.

aus einer zuverlässigen Quelle bezog. Er hätte es sich nicht leisten können, seinem Wezir und seiner wohlhabenden Klientel ein wirkungsloses oder schädliches Präparat zu verabreichen.

Wenn in den Aphorismen des Maimonides die allgemeinen Gesundheits- in enger Verbindung mit den Lebensregeln mehr in einer für den medizinischen Laien verständlichen Form präsentiert werden, so arbeitete Maimonides in seiner Abhandlung über die „Laws of Human Temperaments"[1] die allgemeinen Gesundheitsregeln vor allem in Kap. 3 „Rules of Normal Daily Living"[2], Kap 4. „Rules of Hygiene and Health"[3] und Kap. 5 „Proper Daily Conduct" in einer anspruchsvolleren wissenschaftlichen Terminologie und Argumentation heraus.

Maimonides' Lebens- und Gesundheitsregeln im Rahmen seiner „Gesetze der menschlichen Temperamente"

Regeln für das Leben im Alltag

Maimonides leitet die Regeln für den täglichen Konsum aus der Tora (Bücher Moses) und dem Talmud ab und warnt eindringlich davor, z.B. beim Fasten, in Extreme zu verfallen. Die Verbote der Tora und des Talmud reichen aus, man müsse – so Maimonides sinngemäß – nicht talmudischer leben, als es die Tora gebietet. Man könne den Vorschriften der heiligen Schriften also auch genügen, ohne dass man permanent fastet, sich kasteit und geißelt. Der fromme Mensch, also nicht nur der Jude, darf die Freuden des Lebens genießen, er muss nicht

---

[1] Maimonides „Laws of Human Temperaments", in: Moses Maimonides' three Treatises on Health, in: Maimonides' Medical Writings, hrsg. durch "The Maimonides Research Institute", Vol. 4, Haifa 1990, S. 175-245.

[2] Maimonides „Laws of Human Temperaments", Chapter Three, ebd., S. 190-192.

[3] Maimonides „Laws of Human Temperaments", Chapter Four, ebd., S. 192-200.

einmal auf den Genuss des Weines und des Fleisches verzichten, wenn es seine humorale Konstitution erlaubt. Der Konsum nach Maimonides reicht jedoch über den rein materiellen Bereich weit hinaus, er hat eine psychisch-religiöse Dimension. Denn alle Taten des Menschen, auch im Bereich der materiellen Bedürfnisbefriedigung, richten sich auf den „Lord, blessed He be, alone." Diese Orientierung des frommen Menschen an Gottes Geboten geht also weit über das engere Konsumverhalten hinaus, sie bezieht sich auf die gesamte Lebensführung, selbst „his sitting down and his getting up and his conversation should all be directed to the attainment of this goal."[1]

Maimonides zeigt in Abs. 2 von Kap. 3 „Rules of Normal Daily Living" konkrete Wege auf, wie der Mensch seinen Konsum und sein tägliches Verhalten in religiöser Sicht auszurichten hat. Bei allen Tätigkeiten, auch im Geschäftsleben („When he is engaged in business ..."), sollte sich jeder Mensch – das gilt auch für moderne Bankmanager - immer bewusst sein, dass „he should not intend solely to accumalate wealth". Wohlstand ist für Maimonides kein Selbstzweck, Wirtschaften dient dazu, „to obtain the things which his body requires: food, drink, a house to live in, and marriage to a woman." Auch Essen, Trinken und *cohabitatio* sind kein Selbstzweck. Der mit Gott im Einklang lebende Mensch hat stets im Auge, dass diese schönen Dinge des Lebens nicht absolut zu setzen sind, sondern dazu dienen, "only to maintain the health of his body and limbs." In diesem Sinne isst ein solcher Mensch nur Speisen, „that are beneficial to the body, whether they are bitter or sweet". Was der einzelne Mensch ohne Schaden nun konsumieren darf, das hängt auch von seinem humoralen Konstitutionstyp ab. Maimonides erläutert das mit Berufung auf Salomon (Prov.

---

[1] Maimonides „Laws of Human Temperaments", Chapter Three, ebd., S. 190.

25,27) an einem Beispiel: „He whose flesh is hot[1] should not eat meat or honey, and he should not drink wine". Auch die cohabitatio sollte in erster Linie der Aufrechterhaltung der Gesundheit seines Körpers dienen und auch dem Zweck, "to preserve his race."[2] Auch hier kann wie beim Essen und Trinken Maßlosigkeit zu Krankheiten und zur Verkürzung des Lebens führen. Hier soll nicht verschwiegen werden, dass im Judentum sowohl die Maßlosigkeit im Konsumverhalten als auch die Vernachlässigung der eigenen Gesundheit als Sünden betrachtet werden. Die tägliche Sorge für das körperliche Wohlbefinden gilt nach wie vor als „religious command". Der babylonische Talmud verweist an mehreren Stellen auf diese religiöse Dimension des menschlichen Verhaltens hin. Wer also in sinnvollem Maße sich um die Aufrechterhaltung seiner körperlichen Gesundheit und Vitalität kümmert, mit der Absicht, „that his soul may be upright"[3], der dient auch fortwährend Gott.

In Abs. 3 von Kap. 3 vertieft und veranschaulicht Maimonides seine Ausführungen von Abs. 1 und 2 noch einmal. Er hält noch einmal ausdrücklich fest, dass es nicht genügt, wenn einer sich an die Gesundheitsregeln hält, „but sets his heart solely that his entire body and limbs should be healthy and that he have children who perform his work and toil for his benefit – this is not a good path to follow."[4] Seine Sorge für die Gesundheit des Körpers sollte dem Ziel untergeordnet sein,

---

[1] Es kann sich hier sowohl um Menschen mit heißen Körperflüssigkeiten als auch um Fieberkranke handeln.

[2] Maimonides „Laws of Human Temperaments", Chapter Three, a.a.O., Abs. 2, S. 191.

[3] Maimonides „Laws of Human Temperaments", Bibliography of Maimonides´ Hygiene Principles by Jacob I. Dienstag, S. 223-242, hier S. 222.

[4] Maimonides „Laws of Human Temperaments", Chapter Three, a.a.O., Abs. 3, S. 191 unten.

"that his soul be upright to know the Lord."[1] Das oberste Ziel des gesundheitsbewusst lebenden Menschen ist also die seelische Harmonie mit Gott. Wer so denkt, für den ist nicht mehr die Befriedigung materieller Bedürfnisse wichtig, sondern das Streben nach Weisheit[2], welche ein Abglanz Gottes ist. Wer die Weisheit sucht, sollte sein Herz darauf richten, „to have a son who might become a Sage and great man in Israel." Wer so wandelt, wird ohne Unterlass Gott anbeten, „even at the time that he conducts his business and even when he is engaged in sexual intercourse." Der Dienst an der Gesundheit ist für den Weisen somit auch ein Dienst für Gott und "for the sake of Heaven."

Hygiene- und Gesundheitsregeln

Für Maimonides muss der Mensch, um gesund zu bleiben, bestimmte Gesundheitsregeln beachten und – im Falle von Krankheiten – sich an die Methoden halten, welche in der gesamten antiken und mittelalterlichen Medizin kanonisiert sind. Dazu gehört neben der richtigen Ernährung, der geistigen Haltung, der körperlichen Bewegung in frischer Luft und der Einnahme von Medikamenten auch die Pflege der körperlichen

---

[1] Maimonides „Laws of Human Temperaments", Chapter Three, ebd., Abs. 3, S. 191f.

[2] Vgl. Joshua O. Leibowitz: Verschiedene Arten der Weisheit II: Maimondes in der Geschichte der Medizin, in: Ariel, Nr. 41, (1976) S. 37-52.

Hygiene.[1] In bestimmten Fällen kann die Gesundheit nur wieder hergestellt werden mit einer strengen Diät[2], vor allem wenn der Kranke Probleme mit Verdauung und Stuhlgang hat. Sie muss allerdings in strenger Korrelation stehen mit dem Maßhalten in allen Lebensbereichen, vor allem in der Sexualität und im Konsum.

Man kann nach Maimonides Gott nicht wirklich dienen, wenn man unmäßig ist im Konsum. Das bedeutet konkret, dass einer nur essen sollte, wenn er hungrig, und nur trinken sollte, wenn er durstig ist. Dazu gehört auch, dass nicht einer aus irgendwelchen Gründen seinen Stuhlgang hinausschiebt. Natürlich sollte man auch keine Nahrung zu sich nehmen, solange der Magen übersättigt ist. Vielleicht hatte Maimoindes bei dieser Aussage die Hemmungslosigkeit der Reichen und Neureichen bei den römischen Gastmählern im Auge. Ein mäßiger Esser hört nach Maimonides mit dem Essen auf, bevor die endgültige Sättigung oder Übersättigung eintritt. Er empfiehlt, dass man nur drei Viertel des Sättigungsgrades anstreben solle. Während des Essens sollte man nur wenig Wasser mit Wein vermischt trinken. Sobald die Nahrung in den Gedärmen anfängt verdaut zu werden, „one may drink as much

---

[1] Vgl. dazu Max Meyerhof : Zwei hygienisch-diaetetische Abhandlungen des Maimonides, in: Morgen 4 (1928) S. 620-624, Louis Joseph Bragman: Maimonides on Physical Hygiene, in: Annals of Medical History 7 (1925) S. 140-143, Fred Rosner: The Hygienic Principles of Moses Maimonides, in: Journal of American Medical Association 194, Nr. 13 (Dez. 1965) S. 1352-1354, Hygiène Israelite. Principes de la Santé Physique et Morale de l'Homme par Arab Mouchi Ben Maimoun (Maimonide), trad. française par M. Carcousse et une introduction par M. Honel, Algier 1887, S. 20-36, Samuel Bieder : Sur un Traité d'Hygiène H. Deoth, Übers., Paris 1962 und Hermann Kroner: Die Elemente der Hygiene des Maimonides in seiner Hilchot Deot, in: Ose-Rundschau 1, Nr. 2 (Aug. 1926) S. 10-15.
[2] Louis Gershenfeld: The Medical Works of Maimonides and his Treatise on Personal Hygiene and Dietetics, in: American Journal of Pharmacy 107 (Jan. 1935) S. 14-28.

water as one finds neceessary."[1] Doch sollte man auch nach der Verdauung des Essens Wasser nicht im Übermaß zu sich nehmen. Vor dem Essen sollte man unbedingt spazieren gehen, womit der Körper aufgewärmt wird, man sollte eine körperliche Arbeit durchführen oder auch sich durch eine andere Tätigkeit müde arbeiten. Damit erreicht man, dass die *Seele* zur Ruhe kommt, dann ist der Körper auch aufnahmebereit für Nahrung.

Während des Essens sollte man immer auf seinem angestammten Platz sitzen oder sich nach links hinlegen. Solange das Essen in den Därmen nicht voll verdaut ist, sollte man nicht gehen, reiten oder sonst den Körper bewegen. Eine permanente Verletzung dieser eindringlichen Regel kann zu schwerer Krankheit führen.[2] Den meisten Menschen sollten acht Stunden Schlaf reichen. Aufstehen sollte man vor Sonnenaufgang.[3]

Man sollte auf keinen Fall auf seinem Gesicht oder auf dem Rücken, sondern auf der Seite schlafen, am besten „at the beginning of the night on the left side, and at the end of the night on the right side."[4] Auf keinen Fall sollte man kurz nach dem Mahl sich schlafen legen, sondern etwa drei oder vier Stunden warten. Während des Tages sollte man überhaupt nicht schlafen.[5]

Es gibt Nahrungsmittel, welche bekömmlich und auch der Gesundheit förderlich sind. Dazu gehören z.B. die ʹMagenreinigerʹ Weintrauben, Feigen, Maulbeeren, Erbsen,

---

[1] Maimonides „Laws of Human Temperaments", Chapter Four, a.a.O., Abs. 1 und 2, S. 192f.

[2] Maimonides „Laws of Human Temperaments", Chapter Four, ebd., Abs. 3, S. 193.

[3] Maimonides „Laws of Human Temperaments", Chapter Four, ebd., Abs. 4, S. 193.

[4] Maimonides „Laws of Human Temperaments", Chapter Four, ebd., Abs. 5, S. 193.

[5] Maimonides „Laws of Human Temperaments", Chapter Four, ebd., Abs. 5, S. 193f.

Melonen, einige Arten von Gurken und Kürbis. Doch sollte man sie vor dem eigentlichen Mahl konsumieren und mit dem Essen warten, bis sie im Magen verdaut sind. Nahrungsmittel, welche die Därme binden und verstopfen, wie z.B. Granatäpfel, Quitten, Äpfel und kleine Birnen, sollte man dagegen unmittelbar *nach* dem Mahl, aber nicht im Übermaß zu sich nehmen.[1]

Auch beim Fleisch gibt es Vorschriften, die man beachten muss. Grundsätzlich kann man zwar Geflügel- und Rindfleisch gemeinsam speisen, doch nicht durcheinander, sondern zuerst das Geflügel und dann das Rindfleisch. Das gilt auch für andere Speisen, z.B. Eier und Geflügel. Auch hier isst man zuerst die Eier und dann das Geflügelfleisch. Fleisch von kleinen Rindern sollte man vor demjenigen von großen Rindern zu sich nehmen. Leichtere sollte also immer vor der schwereren Nahrung kommen.[2]

In den warmen Monaten (Sommer) sind kühlende Nahrungsmittel mit Essig zu bevorzugen. Gewürzt werden sollte nicht im Übermaß. Für die Regenmonate (Winter) eignen sich besser wärmende Speisen mit reicher Würzung. Auch die Einnahme von ein wenig Senf und Teufelsdreck bzw. Asant (Asa foetida) empfiehlt Maimonides.[3] Asa foetida wird noch heute in der Homöopathie gegen Gastritis, Blähungen und Reizmagen verschrieben.

Es gibt Nahrungsmittel, welche man auf gar keinen Fall zu sich nehmen sollte wie z.B. gesalzenen alten Fisch, alten gesalzenen Käse, Trüffel, Pilze, altes gesalzenes Fleisch [wohl Geräuchertes], Weinmost „and a cooked dish which has been kept until it acquired a foul odor." Nahrungsmittel, die extrem

---

[1] Maimonides „Laws of Human Temperaments", Chapter Four, ebd., Abs. 6, S. 194.
[2] Maimonides „Laws of Human Temperaments", Chapter Four, ebd., Abs. 7, S. 194.
[3] Maimonides „Laws of Human Temperaments", Chapter Four, ebd., Abs. 8, S. 194.

bitter sind oder einen schlechten Geruch ausstrahlen, sollte man unbedingt meiden. Sie wirken auf den Körper wie Gift. Es gibt auch Nahrungsmittel, welche nicht so schädlich sind, aber doch nur in geringen Mengen und in größeren zeitlichen Intervallen genossen werden sollten, z.b. Großfisch, Käse, und Milch, welche mehr als 24 Stunden nach dem Melken aufbewahrt wurde. Auch das Fleisch von großen Ochsen und großen Ziegenböcken, Bohnen, Linsen, Erbsen [Erbsen sind oben Kap. 4, Abs. 6 positiv bewertet], Gerstenbrot, angesäuertes Brot, Kohl, *Lauch*, *Zwiebeln* [auch die Zwiebeln hat Maimonides für eine andere Krankheit an anderer Stelle positiver bewertet], *Knoblauch*, *Senf* und *Radieschen* sind für ihn „detrimental foods." Man sollte von ihnen nur kleine Mengen konsumieren und das auch nur in der kalten Jahreszeit. Bohnen und Linsen sollte man überhaupt nicht zu sich nehmen. Gurken nur im Sommer.[1]

Es gibt noch weitere Lebensmittel, die schädlich sind, aber nicht die eben oben erwähnten, so z.B. Wassergeflügel, kleine junge Tauben, Datteln [auch für Asthmatiker sind frische Datteln nach M. nicht geeignet], Brot in Öl geröstet [in den ´Aphorismen´ Kap. 17 Nr. 30, S. 276 empfiehlt Maimonides allerdings geröstetes Brot für ältere Leute], oder Brot, das mit Öl geknetet wurde. Nicht empfehlenswert ist auch feines (kleiefreies) Mehl, das völlig gesiebt wurde, „so that not a trace of bran remains". Die moderne Ernährungslehre rät immer mehr von der Verwendung der weitgehend kleiefreien Mehltype 405 ab.[2] Auch Bratensoße und Pökel (Salzlauge) von gesalzenem Fisch sind sehr schädlich. Man sollte also die hier

---

[1] Maimonides „Laws of Human Temperaments", Chapter Four, ebd., Abs. 9, S. 194f. Pythagoras verbot seinen Schülern den Genuss von Bohnen und anderen blähenden Lebensmitteln.
[2] Vgl. dazu M. O. Bruker (Dr. med.): Unsere Nahrung – unser Schicksal, 38. Auflage, Lahnstein 2004, vor allem S. 157-161, S. 173f, S. 189-197, S. 200-207.

genannten Nahrungsmittel nur in kleineren Mengen konsumieren.[1]

Von Früchten von Bäumen soll man sich fernhalten und sie nicht im Übermaß konsumieren, das gilt auch für Trockenfrüchte. Besonders schädlich sind unreife Früchte. Auch das Johannisbrot ist mit Vorsicht zu genießen. Alle sauren Früchte sind schädlich, auch hier gilt, dass man nur im Sommer und in einem warmen Klima nur kleine Mengen zu sich nimmt. Feigen, Weintrauben und Mandeln jedoch sind gesundheitsfördernd, sowohl frisch als getrocknet. Doch auch diese Früchte sollte man nicht am laufenden Bande verzehren.[2]

Honig und Wein sind nichts für Kinder, doch heilsam für die Älteren, vor allem in der Regenperiode. Im Sommer sollte man nur zwei Drittel des Winterverbrauchs zu sich nehmen.[3]

Die Därme sollten immer entspannt sein. Ein nicht oder nur schwer funktionierender Stuhlgang führt zu Krankheiten. Bei Verstopfungen von Knaben empfiehlt Maimonides salzige Früchte, „cooked and spiced with olive oil", Fischlake und Salz ohne Brot immer am Morgen. Der Patient sollte evtl. auch die Flüssigkeit von gekochtem Spinat oder Kohl in Olivenöl, Fischlake und Salz trinken. Älteren Leuten, die Stuhlgangprobleme haben, rät er dazu, mit warmem Wasser vermischten Honig am Morgen zu sich zu nehmen. Nach einer Wartezeit von vier Stunden kann er dann zum Mahl übergehen. Diese Kur sollte er mindestens drei oder vier Tage lang durchführen.[4]

---

[1] Maimonides „Laws of Human Temperaments", Vol. 4, Chapter Four, a.a.O., Abs. 10, S. 195.
[2] Maimonides „Laws of Human Temperaments", Chapter Four, ebd., Abs. 11, S. 195f.
[3] Maimonides „Laws of Human Temperaments", Chapter Four, ebd., Abs. 12, S. 196.
[4] Maimonides „Laws of Human Temperaments", Chapter Four, ebd., Abs. 13, S. 196.

Bei intensiver körperlicher Arbeit entfallen Krankheiten auch bei nicht so gesunder Ernährung, wenn der Arbeitende einen guten Stuhlgang hat.[1]

Menschen, die eine sitzende Tätigkeit haben, sich körperlich kaum bewegen, dann jene, die ihren Stuhlgang hinausschieben oder deren Gedärme verstopft sind, werden auch bei gesunder Ernährung eher krank und verlieren ihre Vitalität. „Most illnesses that man is afflicted with are due to bad foods or because he fills his abdomen and eats excessively".[2]

Ein wichtiger Aspekt der Hygiene in Antike und Mittelalter war auch das regelmäßige Baden. Öffentliche Bäder – meist mit Hypokaustenheizung – gab es in der Antike nicht nur in Großstädten wie Rom und Alexandria, sondern sogar in kleineren römischen Siedlungen sogar an den Grenzen des Reiches. Diese antike Badekultur übernahmen die Muslime und brachten sie auch nach Iberien. Der in Cordova aufgewachsene Maimonides weiß wohl darüber Bescheid, spricht jedoch darüber nicht in seinem medizinischen Werk. In seiner Darstellung des Badewesens will er nicht geschichtliche Fakten überliefern, sondern Menschen helfen, ihre Gesundheit zu erhalten und wiederherzustellen. Eine wichtige Quelle der Gesundheit ist für ihn neben der optimalen Ernährung, der körperlichen und seelischen Bewegung – möglichst in frischer Luft -, der Einnahme von Medikamenten, einem maßvollen Sexualleben und nicht zuletzt wahrer Frömmigkeit die Beachtung von Hygieneregeln. Auch hier beruft sich Maimonides nicht nur auf die antiken Vorbilder wie Hippokrates und Galen, sondern auch auf die heiligen Bücher der Juden wie Genesis, Talmud und Mischna. Maimonides hat zudem mehr indirekt als direkt die Ergebnisse der altägyptischen Medizin, die durch die arabische Medizin auch

---

[1] Maimonides „Laws of Human Temperaments", Chapter Four, ebd., Abs. 14, S. 196.
[2] Maimonides „Laws of Human Temperaments", Chapter Four, ebd., Abs. 15, S. 196f.

in Iberien übernommen wurden, in seinem Werk verwertet, ohne dass er dafür immer die Quellen nennt. Eine tragende Säule der Hygiene von Maimonides stellt das Badewesen dar.

Maimonides rät dazu, einmal in der Woche zu baden. Der Gang ins Badhaus sollte aber nicht unmittelbar nach dem Essen oder mit hungrigem Magen erfolgen, sondern erst dann, „when the food begins to be digested." Die Ganzkörperwaschung erfolge zuerst mit heißem Wasser, ohne dass man sich verbrüht. Danach sollte mit warmem, mit lauwarmem und abschließend mit kaltem Wasser gebadet werden. Über den Kopf sollte man kein kaltes oder lauwarmes Wasser gießen. In der kalten regnerischen Jahreszeit sollte man nicht in kaltem Wasser baden, die eben angegebene 3. Stufe des Badens entfällt hier. Maimonides warnt eindringlich vor einem zu langen Aufenthalt im Bad. Man solle das Bad verlassen, bevor man zu schwitzen beginnt und der Körper weich (verweichlicht) wird. Zur allgemeinen Hygiene gehört auch, dass der gesundheitsbewusste Mensch sich beim Betreten und Verlassen des Bades, vor und nach einem Mahl sowie vor und nach dem Schlafengehen prüft, „lest excretion of wastes be necessary." Ein ordentlicher Mensch sollte also immer auf die „excretion of wastes" achten.[1]

Nach dem Verlassen des Bades zieht der Gebadete wieder seine Kleider an und bedeckt seinen Kopf in der äußeren Kammer (outer chamber), um sich keine Erkältung zuzuziehen. Essen sollte man erst nach einer angemessenen Ruhepause und der Entwärmung des Körpers. Ein kurzer Schlaf nach dem Bad ist „ausgezeichnet". Kaltes Wasser sollte man weder im Bad noch beim Verlassen des Bades (und wohl einige Zeit danach) trinken. Wer unbedingt beim Verlassen des Bades etwas trinken will, sollte Wasser mit Wein oder Honig mischen und trinken. Maimonides hat nichts dagegen, dass sich der

---

[1] Maimonides „Laws of Human Temperaments", Chapter Four, ebd., Abs. 16, S. 197.

Gebadete nach dem Waschen im Bad mit Öl salbt.[1] Man darf davon ausgehen, dass Maimonides auch mit der Herstellung und Anwendung von Salben vertraut war. Vermutlich ist hier mit dem Öl nach dem Bad nicht unbedingt Olivenöl gemeint, sondern, wie der Ausdruck „salbt" andeutet, gab es wie auch heute spezielle Salben, z.B. aus Nardenöl, für den Badebetrieb.[2]

Ein fester Bestand der europäischen Medizin war – vor dem Einsetzen der modernen klassischen Medizin - bis weit in die Neuzeit hinein das *Aderlassen*. Dieses wurde oft im Übermaß von den Badern und „Chirurgen" praktiziert und schadete manchen Patienten mehr, als es nützte. Maimonides gehört zu den Ärzten, welche Übertreibungen auch in der Medizin ablehnend gegenüberstehen. Er vertritt darum auch beim Aderlass die Auffassung, dass sich ein Patient nicht an ein „constant blood-letting" gewöhnen solle. Er empfiehlt darum den Aderlass nur für den Fall of „extraordinary need", also wenn keine andere Methode Abhilfe verspricht. Optimale Zeiten für Aderlässe sind nach Maimonides die Monate Nissan (in etwa April) und Tishri (in etwa Oktober, also im Herbst). Bei Personen über 50 sollte der Aderlass ganz wegfallen. Am Tage des Aderlasses sollte sich der Patient Schonung auferlegen, also z.B. kein Bad machen und keine Reise beginnen. Auch sollte er an einem solchen Tag weniger essen und trinken als sonst und sich vor körperlicher Bewegung hüten. Ruhe ist hier das oberste Gebot![3]

---

[1] Maimonides „Laws of Human Temperaments", Chapter Four, ebd., Abs. 17, S. 197f.

[2] Vgl. Dieter Vogl / Nicolas Benzin: Die Entdeckung der Urmatrix. Die genetische Rekonstruktion menschlicher Organe, Bd. II, a.a.O., Kap. „Kosmetik und Medizin", S. 255-257, Kap. „Die Verwendung von Duftstoffen", S. 258f, Kap. „Die Herstellung von Düften und Heilsalben", S. 260-262.

[3] Maimonides „Laws of Human Temperaments", Chapter Four, Vol. 4, a.a.O., Abs. 18, S. 198.

Maimonides betrachtet auch die Sexualität und den Samenerguss des Mannes als Ausdruck der physischen Vitalität und sogar als „the light of the eyes." Doch er vertritt auch hier, ohne sich über die Maßlosigkeit der sexuellen Betätigung seiner reichen Klientel in den Harems zu äußern, den goldenen Mittelweg. Exzessiver Samenerguss führt zu körperlichem Verschleiß und – auf Dauer praktiziert – zu frühzeitigem Altern und damit zur Verkürzung des Lebens. Sexuelle Übertreibungen bringen nicht nur gesundheitliche Schädigung mit sich, z.b. Schwächung der Augen, sondern führen auch zu Mundgeruch und Schweißgeruch der Achselhöhlen. Im Folgenden malt Maimonides noch weitere Folgeerscheinungen sexueller Exzesse aus, z.b. Haarausfall nicht nur am Kopf, starkes Haarwachstum an Bart, Achseln und Beinen. Selbst die Zähne können ausfallen, wohl primär die Folge von Kalziumverlust. Ein vernünftiger gesundheitsbewusster Mann sollte sich aber nicht nur vor sexuellem Übermaß hüten, sondern auch auf die *cohabitatio* verzichten, wenn er körperlich angeschlagen oder gar krank ist. Krankheit führe zudem eher zu unfreiwilligen Erektionen. Der *coitus* kann jedoch notwendig sein für einen Mann, der ein Gefühl der Schwere von den Lenden abwärts spürt, „as if the testicular cords were being tightened" (als ob die Hodenstränge gespannt wären), und dem sein Fleisch warm vorkommt. Hier ist also „sexual intercourse" gesundheitlich geboten.[1] Maimonides wiederholt hier seine bereits früher gemachten Gründe für die Einschränkung des Geschlechtsverkehrs: Kein Sex, wenn jemand (mit Nahrung gesättigt) oder hungrig ist! Der richtige Zeitpunkt dafür ist, wenn die Nahrung bereits in den Därmen verdaut ist. Wer Sex will, sollte sich vor und nach dem *coitus* prüfen, ob eine Ausscheidung (Urin oder faeces) nötig ist. Trotz seiner grundsätzlich positiven Einstellung zu einem sinnvollen Geschlechtsverkehr rät Maimonides

---

[1] Maimonides „Laws of Human Temperaments", Chapter Four, ebd., Abs. 19, S. 198f.

zusammenfassend von seiner Ausübung zu bestimmten Zeiten, Orten und Gelegenheiten ab: „One should not have sexual intercourse standing or sitting and not in a bathhouse nor on the day when he takes a bath nor on the day of phlebotomy [Aderlass] nor on the day when setting out on a journey or returning from a journey nor on the previous or following days of such occurrences."[1] Natürlich gehört zu diesen Einschränkungen des Geschlechtsverkehrs auch die weibliche Periode, in welcher die jüdische Frau unrein ist und sich während der Menstruation[2] häufig in der Mikwa, dem rituellen Reinigungsbad für jüdische Frauen, aufhält.[3]

Am Schlusse dieses 4. Kapitels (Nr. 20) garantiert Maimonides, um seine Thesen zur richtigen Lebensführung zu bekräftigen, dass jeder, der sich an die von ihm gemachten Anweisungen hält, „alle Tage seines Lebens" bis ins hohe Alter frei bleibt von Krankheiten. Er fasst seine in den folgenden Zeilen noch weiter gesteigerte Garantie, allerdings mit einigen sinnvollen Einschränkungen, in die für heutige Verhältnisse anmaßend klingenden Worte:

„He will not require a physician, and his body will be complete and remain healthy all his life, unless his body was defective from the beginning of his creation, or unless he became accustomed to one of the bad habits from the onset of his

---

[1] Maimonides „Laws of Human Temperaments", Chapter Four, ebd., Abs. 19, S. 199.
[2] Zur weiblichen Sexualität im alten Ägypten vgl. Dieter Vogl / Nicolas Benzin: Die Entdeckung der Urmatrix, Bd. II, a.a.O., die Kapitel „Empfängnisverhütung" (S. 239), „Menstruation im alten Ägypten" (S. 243f), „Frauengesundheit" (S. 245-247), „Schwangerschaft" (S. 248), „Menstruationsblut als Rezeptbestandteil" (S. 249f) und „Monatshygiene" (S. 251f). Zu beachten ist dabei, dass Maimonides als Leibarzt des ägyptischen Wezirs von Sultan Saladin in Kairo wirkte und mit der altägyptischen Medizin wie kaum ein anderer vertraut war.
[3] Maimonides „Laws of Human Temperaments", Chapter Four, a.a.O., Abs. 19, S. 199.

youth, or unless the plague of pestilence or the plague of drought [Dürre] comes onto the world."[1]

Maimonides ist sich bewusst, dass der Tod, den viele Menschen bei Epidemien, vor allem bei den zahlreichen Pestzügen in Europa, erleiden mussten, nicht die Folge einer persönlichen Sündenschuld ist. Er vertritt also an dieser Stelle nicht die Auffassung, die mehrfach im Alten Testament geäußert wird, welche Epidemien und andere Katastrophen als Strafe Gottes für die Sünden des ungehorsamen Gottesvolkes deutet.

Die hier genannten Anweisungen zur Gesundheit und Hygiene gelten nach Maimonides nur für gesunde Personen. Je nach der Art der Krankheit gelten andere Regeln für Kranke.[2] In Orten, wo es keinen Arzt gibt, sollten sich jedoch auch die Kranken sicherheitshalber an diese Regeln halten.[3]

Die ärztliche Versorgung war für Maimonides ein hohes Gut. Denn er empfiehlt selbst den Schülern von Weisen (Gelehrten), nur in einer Stadt zu leben, welche die folgenden zehn Erfordernisse aufweist: Arzt, Chirurg (Wundarzt, operierender Arzt), Badhaus, (öffentliche) Toilette, Wasserversorgung durch einen Fluss oder eine Quelle, Synagoge, Lehrer, Schreiber (Schriftgelehrter), Wohltätigkeitskämmerer, und ein Gerichtshof, der die Autorität hat, mit Peitschenhieben und Gefängnis zu bestrafen.[4]

Anständiges tägliches Benehmen – ein Beitrag zum menschlichen Wohlergehen

---

[1] Maimonides „Laws of Human Temperaments", Chapter Four, ebd., Abs. 20, S. 199.

[2] Maimonides „Laws of Human Temperaments", Chapter Four, ebd., Abs. 21, S. 200.

[3] Maimonides „Laws of Human Temperaments", Chapter Four, ebd., Abs. 22, S. 200.

[4] Maimonides „Laws of Human Temperaments", Chapter Four, ebd., Abs. 23, S. 200.

Weise Männer, zu welchen sich in der Regel auch die jüdischen und arabischen Ärzte im Mittelalter zählten, sollten die Masse nicht nur durch Weisheit überragen, sondern auch durch das gewöhnliche Alltagsverhalten (Essen, Trinken, cohabitatio, „elimination of excrement", Redeverhalten, Gehen, Kleidung, Führen der Geschäfte). Auf keinen Fall sollte ein Weiser ein Schlemmer sein, er sollte sich gesund ernähren und in seinem Ess- und Trinkverhalten als Vorbild dienen. Der Weise sollte mit einem oder zwei Gerichten am Tage auskommen und sich an Salomos Worte halten: „Der Rechtschaffene isst, um seine Seele zufrieden zu stellen."[1] Im Sinne der Bedürfnishierarchie von Maslow befriedigt hier der Weise höherwertigere Bedürfnisse (z.B. Selbstverwirklichung).

Der weise Mann sollte in der Regel nur daheim speisen, nicht aber in einem Restaurant (Kaufhaus) oder gar auf dem Marktplatz. Dabei, d.h. wenn er gezwungen wäre, außerhalb zu essen, sollte er die Gemeinschaft mit ungebildeten Leuten meiden und sich nicht an Tische setzen, die voll von schmutzigem Erbrochenem sind. Er sollte auch mit anderen Weisen nicht oft auf allen möglichen Plätzen essen. Auch den öffentlichen Festen, wo große Menschenmassen auftreten, sollte er sich möglichst fernhalten. Nahrung von andern sollte er grundsätzlich nicht annehmen, es sei denn im Rahmen einer religiösen Zeremonie, z.B. anlässlich einer Hochzeit, und auch da nur, wenn es sich um die Hochzeit eines Weisen handelt, der die Tochter eines anderen Weisen ehelicht.[2]

Ein Weiser trinkt Wein nicht in vollen Zügen, sondern trinkt den Wein in Maßen, um die Nahrung in seinen Därmen zu befeuchten (und somit eine schlechte Verdauung zu verhindern). Wer sich berauscht, gilt als Sünder und wird

---

[1] Maimonides „Laws of Human Temperaments", Chapter Five, ebd., Abs. 1, S. 200f.
[2] Maimonides „Laws of Human Temperaments", Chapter Five, ebd., Abs. 2, S. 201.

verachtet. Ein Weiser würde damit seinen Ruf der Weisheit verlieren. Wenn er in der Gegenwart von Ungebildeten sich besäuft, hält man ihn wegen des schlechten Beispiels sogar für einen Gotteslästerer. Zu Mittag darf man keinen Wein trinken, auch nicht in kleinen Mengen, es sei denn beim Mahl oder unmittelbar nach dem Mahl.[1]

Bei so hohen Ansprüchen, welche die jüdische Gemeinschaft an den weisen Mann stellt, fällt es schwer sich vorzustellen, dass ein solcher mit einer Frau zusammenleben und sexuell verkehren kann. In Absatz 4 von Kapitel V von „Human Temperaments" gesteht Maimonides auch dem Weisen eine Frau zu. Das soll aber für ihn kein Hindernis sein, heilig zu leben. Ein Heiliger kann also nicht, wie das der in Kairo lebende Maimonides täglich wahrnahm, wie ein Moslem mehrere Ehefrauen haben oder sich gar einen Harem halten.[2] Maimondes beschreibt in diesem Absatz das Verhältnis des monogam lebenden Weisen zu seiner Frau so trefflich, dass es sich lohnt, hier den Autor in der englischen Übersetzung von Fred Rosner persönlich zu Wort kommen zu lassen:

„He should not be with his wife like a rooster [Gockel]. Rather he should cohabit only on Friday nights if he has the vigor [Potenz]. And when he converses with her, he should not converse at the beginning of the night, when he is satiated and his stomach is replete; and not at the end of the night, when he is hungry. Rather, he should cohabit in the middle of the night, when the food is digested in his intestines. And he should not indulge excessively in frivolity, nor should he profane his mouth with vulgar talk even if only between him and her. For it is stated in scripture: And He relates to man what his

---

[1] Maimonides „Laws of Human Temperaments", Chapter Five, ebd., Abs. 3, S. 201f.
[2] In seiner Gynäkologie ist Maimonides durch die Lehre des Hippokrates beeinflusst. Vgl. dazu Manfred Ullmann: Zwei spätantike Kommentare zu der hippokratischen Schrift ´De morbis muliebribus´, in: Medizinhistorisches Journal 12 (1977) S.. 245-262.

discourse is (Amos 4:13), which our Sages interpreted to mean: 'Even for light discourse between a man and his wife he will in the future be called to judgment.' And both husband and wife should not be intoxicated nor lazy nor melancholic; nor either of them. And he should not be sleeping, and he should not coerce her if she is not willing. Rather, sexual intercourse should be carried out with the consent of both and while both are happy. He should converse and jest a little with her in order to put her at ease, and he should then cohabit with modesty and not with impudence, and he should separate immediately."[1]

Aus diesem ausführlichen Zitat wird – in Verbindung mit anderen Aussagen zum Verkehr von Mann und Frau – deutlich, dass die Ehemoral, die Auffassung der Sexualität sowie der Verkehr des Mannes mit seiner Frau im Judentum und

---

[1] Maimonides „Laws of Human Temperaments", Chapter Five, a.a.O., Vol. 4, Abs. 4, S. 202. Hier die Übersetzung ins Deutsche: "Er sollte zu seinem Weib nicht wie ein Gockel sein. Nach Möglichkeit sollte er mit seiner Frau nur an Freitagen in der Nacht verkehren, wenn er dafür potent ist. Und wenn er mit ihr verkehrt, dann sollte er das nicht zum Beginn der Nacht, wenn er gesättigt und sein Magen voll ist, und nicht am Ende der Nacht, wenn er hungrig ist, machen. Er sollte eher mit ihr in der Mitte der Nacht verkehren, wenn die Nahrung in den Eingeweiden verdaut ist. Und er sollte sich nicht im Übermaß in Frivolität hingeben, auch sollte er seinen Mund nicht mit vulgärem Gerede [man würde heute wohl *small talk* sagen], auch wenn es nur zwischen ihm und ihr ist, profanieren. Denn es heißt in der Schrift: *Und Er gibt dem Mann zu verstehen, was seine Rede ist* (Amos 4:13), was unsere Weisen sinngemäß so interpretierten: 'Selbst für eine flache Rede [smalltalk] zwischen Mann und Frau wird er in der Zukunft zum Gericht gerufen werden.' Und beide, Mann und Frau, sollten [während des Geschlechtsaktes] nicht berauscht sein, auch nicht faul und melancholisch, auch keines von beiden. Und sie sollte [während des Aktes] nicht schlafen, und er sollte sie nicht zwingen, wenn sie nicht willens ist. Vielmehr sollte der Sexualverkehr mit Übereinstimmung von beiden ausgeführt werden. Beide sollten dabei glücklich sein. Dabei sollte er sich mit ihr unterhalten und ein wenig scherzen, um sie zu beruhigen, und dann sollte er ihr in Bescheidenheit und nicht in Schamlosigkeit beiwohnen. Dann [nach durchgeführtem Sexualakt] sollte er sich unmittelbar von ihr loslösen."

Christentum weitgehend identisch sind. Anders als bei den Moslems ist die Monogamie Regel und Ideal zugleich und auch bis heute mehrheitlich praktiziert. Erstaunlich ist, dass der Mann mit seiner Frau in der Freitagnacht sexuell verkehren soll. Es ist jedoch zu befürchten, dass der Verkehr sich in den Sabbat hinein erstreckt. An diesem Tag der Ruhe sollte ein frommer Jude weder schwere Arbeiten verrichten noch mit einer Frau verkehren. Wenn man sich das vor Augen hält, kämen viel eher alle anderen Tage der Woche für eine *cohabitatio* in Frage. In meiner Interpretation des obigen Zitates soll nicht unerwähnt bleiben, dass Maimonides, der hier voll in der jüdischen Tradition steht, zumindest in der Sexualität Mann und Frau als gleichwertige Partner behandelt. Die Frau ist für ihn kein Sexualobjekt und darf auch nicht zum Sex gezwungen werden. Sie sollte sich nicht bloß dem Manne hingeben und den Akt schlafend hinter sich bringen. Maimonides legt dem Mann nahe, mehr als ein seichtes Gespräch mit seiner Frau während des Aktes zu führen und sogar mit ihr zu scherzen. Die sexuelle Gleichwertigkeit von Mann und Frau wird auch darin sichtbar, dass der Mann seiner Frau in Bescheidenheit und ohne Schamlosigkeit begegnen soll. In Absatz 10 findet sich die interessante Stelle, dass der Mann seine Frau und seine Kinder ehren solle.[1] Von einer Unterdrückung der Ehefrau kann also bei Maimonides keine Rede sein.

Der Hinweis, dass beide glücklich sein sollen, lässt vermuten, dass nicht nur der Mann auf seine Kosten, sondern auch die Frau zum Orgasmus kommt. Man gewinnt auch aus diesen wegweisenden Worten des Maimonides den Eindruck, dass, anders als im Christentum, im Judentum des Mittelalters weder die Sexualität im Allgemeinen noch die Sexualität der Frau im

---

[1] Maimonides „Laws of Human Temperaments", Chapter Five, ebd., Abs. 10, S. 205.

Besonderen verteufelt werden.[1] Wir müssen allerdings hier beachten, dass Maimonides den idealen Umgang des weisen Mannes mit seiner Frau schildert. In der alltäglichen Realität hielten sich jedoch die meisten Männer – die weisen Männer stellten ja wohl nur eine kleine Minderheit dar – wohl nicht immer an diese Idealforderungen des Maimonides, was ihren Umgang mit ihren Frauen betrifft. Dass sich die große Masse des Volkes, das „in der Finsternis" wandelt, auch in der Erziehung der Kinder, nicht nur der Juden, anders verhalten hat, als Maimonides so ideal beschreibt, wird aus dem nachfolgenden Absatz 5 des Kapitels 5 der „Human Temperaments" deutlich.[2]

„Extreme Bescheidenheit" sollte der Weise nicht nur im Sexualverkehr mit seiner Frau, sondern auch ganz allgemein in seinem gesamten Verhalten zeigen. Kopf und Körper sollten stets bedeckt sein. Zurückhaltung und Bescheidenheit hat er auch zu üben beim Aufenthalt in der Toilette. Zum Anstand eines Juden gehörte auch, dass er sich in der Öffentlichkeit nicht mit der rechten Hand (jad jamín), der guten Hand, abwischte. Wenn er hinter einem Zaun austreten muss, soll er sich von anderen fernhalten. Sie sollen ihn auch nicht hören, wenn er dort schnäuzen muss. Wenn er auf offenem Feld austreten muss, dann soll ihn sein Freund (der ihn begleitet) nicht nackt sehen. Überhaupt soll sich ein gebildeter Mann bemühen, im Freien möglichst am Morgen und am Abend austreten zu müssen, da zu diesen Zeiten noch wenige Leute unterwegs sind. Damit könnte man vermeiden, sich von anderen zurückzuziehen zu müssen, was für einen anständigen Juden immer eine peinliche Angelegenheit war.[3]

---

[1] Vgl. dazu Wilhelm Kaltenstadler: Frauen – die bessere Hälfte der Geschichte, Groß-Gerau 2008.
[2] Maimonides „Laws of Human Temperaments", Chapter Five, a.a.O., Abs. 5, S. 202f.
[3] Maimonides „Laws of Human Temperaments", Chapter Five, ebd., Abs. 6, S. 203.

Ein weiser Mann soll sich auch mit seiner Stimme zurückhalten und auf keinen Fall laut sprechen. Beim Sprechen soll er den Eindruck von Hochmut vermeiden. Darum soll er auch Leute, denen er begegnet, zuerst grüßen. Er soll jeden nach seinem Verdienst behandeln, aber dessen Schwachstellen im Gespräch ignorieren. Sein Verhalten ist im Ungang mit anderen Menschen stark am Frieden orientiert. Der kluge Mann behandelt einen anderen mit Diplomatie und berücksichtigt auch dessen Gemütsverfassung, z.B. wenn einer zornig ist. Nicht reden soll er auf der Straße mit einer Frau, nicht einmal mit seiner eigenen, seiner Schwester und Tochter.[1] Diese für uns heute seltsam anmutende Zurückhaltung mag sicher damit zusammenhängen, dass die sog. anständigen Frauen aus guten Familien das Haus nur selten oder in Begleitung eines Dieners oder Sklaven verlassen und dass zahlreiche Dirnen und anderes übel beleumundetes Volk auf den Straßen verkehrt haben. Mit diesem Ansprechverbot wollte Maimonides wohl auch erreichen, dass Frauen in der Öffentlichkeit nicht belästigt worden sind. Diese Bestimmung darf man also nicht als einen Akt der Frauenverachtung auslegen. Im folgenden Absatz beschreibt Maimonides noch einmal im Detail, wie sich ein weiser Mann in Wort und Tat verhalten bzw. nicht verhalten soll.[2]

Selbst die Kleidung darf ein weiser Mann nicht vernachlässigen. Diese soll „gefällig und sauber" und frei von Schmutz- und Fettflecken sein. Das bedeutete nun nicht, dass er wie ein König gekleidet herumlaufen solle. Die Gewänder sollen auch nicht durchsichtig sein, Haut und Fleisch sollen, wie das damals schon bei Dirnen üblich gewesen ist, auf keinen Fall durch die Kleider hindurch sichtbar sein. Kleider sollen auch nicht zu lang sein und auf dem Boden

---

[1] Maimonides „Laws of Human Temperaments", Chapter Five, ebd., Abs. 7, S. 203f.
[2] Maimonides „Laws of Human Temperaments", Chapter Five, ebd., Abs. 8, S. 204.

dahergeschleift werden, die Ärmel müssen bis zu den Fingerspitzen reichen. Auf keinen Fall soll der edle Mann im Sommer geflickte Schuhe tragen. Evtl. aber im Winter, „wenn er arm ist." Parfüm ist nicht nur für seine Kleider und sein Haar tabu. Kosmetik ist auch im mittelalterlichen Ägypten eher etwas für Frauen gewesen. Parfüm darf er nur verwenden, um damit einen schlechten Körpergeruch zu vertreiben. Nachts soll er nur in Notfällen das Haus verlassen.[1] Es sind ja auch im mittelalterlichen Ägypten nachts die Kriminellen unterwegs gewesen.

Der weise Mann darf sich weder in der Ernährung noch in seinen Geschäften übernehmen, auch hier ist das richtige Maß angesagt. Dieses Maßhalten gilt auch für das Fleisch, das er nicht regelmäßig konsumieren sollte. Einmal in der Woche ist ausreichend. Maimonides hat jedoch nichts dagegen, dass ein Reicher (der es sich leisten kann) täglich Fleisch zu sich nimmt. In der Fleischfrage ist Maimonides nicht ganz konsequent. Es scheint, dass Fleisch damals teurer war als andere Nahrungsmittel, z.B. Fisch. Jeder sollte seine Ernährung und Bedarfsdeckung also auch nach seinen finanziellen Möglichkeiten ausrichten.[2]

Im Leben kann ein Mann auch nur dann glücklich werden, wenn er in seiner Lebensplanung eine bestimmte sinnvolle Reihenfolge einhält. Am Anfang sollte ein Beruf stehen, der auf Dauer angelegt ist. Ein tragfähiger Beruf ermöglicht dann den Erwerb eines Heims (Hauses), erst dann sollte man heiraten. Narren heiraten nach Maimonides zuerst, leisten sich dann mit Mühe mehr schlecht als recht ein Heim und sind dann im Alter auf die „charity" angewiesen.[3]

---

[1] Maimonides „Laws of Human Temperaments", Chapter Five, ebd., Abs. 9, S. 204f.

[2] Maimonides „Laws of Human Temperaments", Chapter Five, ebd., Abs. 10, S. 205.

[3] Maimonides „Laws of Human Temperaments", Chapter Five, ebd., Abs. 11, S. 205f.

Ein vernünftiger Mann muss gut wirtschaften und darf sein Vermögen nicht nur „for holy purposes" hingeben. Denn bei einem allzu großzügigen Finanzverhalten kann einer leicht „a burden on society" werden und damit der Gemeinschaft zur Last fallen. Im Folgenden gibt Maimonides gute Ratschläge, wie ein guter Ökonom sich zu verhalten hat und welche Fehler er bei der Finanzierung vermeiden soll. Das folgende Zitat zeugt davon, dass Maimonides auch in wirtschaftlichen Angelegenheiten kompetent war:

„The general rule in this matter is that he should strive for success in regard to his property and exchange the perishable for the durable [property]. And his intention should not be to enjoy a little for a moment nor to derive pleasure and thereby incur a great loss."[1]

Man soll also als Ökonom die weniger haltbaren durch dauerhafte Güter ersetzen und man sollte nicht kurzfristig, sondern längerfristig handeln. Wenn die Banken und Industrieunternehmen diese Regeln beachtet und längerfristig, nicht nur an die Verwirklichung des *shareholder-value* gedacht hätten, dann hätte man die globale Finanzkrise mit den Milliardenverlusten vermeiden können.

Ein weiser Mann sollte seine Geschäfte mit Wahrheit und in „gutem Glauben" (übrigens noch eine im BGB vorkommende heute kaum mehr vor Gerichten beachtete Formulierung) führen. Auf sein „Ja" und „Nein" soll man sich verlassen können. Er sollte in eigenen Geschäften gewissenhaft und anderen gegenüber ehrlich und wohlwollend agieren. Bei Einkäufen sollte er pünktlich bezahlen. Er sollte nicht als Bürge und als Treuhänder auftreten und auch keine Handlungsvollmachten erteilen. Bei Ein- und Verkauf sollte er bereit sein, Verpflichtungen über die Vorschriften des Talmud hinaus zu übernehmen. Schuldnern gegenüber soll er

---

[1] Maimonides „Laws of Human Temperaments", Chapter Five, ebd., Abs. 12, S. 206.

großzügig verfahren und ihnen evtl. sogar Geld ohne Zinsen gewähren. Auf keinen Fall soll er in den Beruf seines Freundes einsteigen und damit andere unterdrücken. Im Zweifelsfall sollte er nicht auf der Seite der Verfolger, sondern eher der Verfolgten, nicht auf Seiten der Erniedriger, sondern der Erniedrigten stehen.[1] Die Ansätze der modernen jüdischen Underdog-Mentalität reichen also schon weit zurück.

Das Weltbild des Maimonides

Wie die Ausführungen dieser Abhandlung zeigen, kann man den Theologen und Philosophen kaum vom Mediziner und Arzt Maimonides trennen. In zahlreichen Passagen verschiedener Traktate wird deutlich, dass selbst in der Ernährung die religiöse Gesinnung nicht fehlen darf. Es gibt also bei ihm weder eine Ernährung um der Ernährung noch Wirtschaft um der Wirtschaft, eine Medizin um der Medizin willen, alle seine Worte und Handlungen sind auf Gott hin ausgerichtet, auch wenn das Maimonides nicht immer und überall explizit zum Ausdruck bringt.

In seinen religiösen und philosophischen Vorstellungen ist Maimonides nicht nur von den heiligen Schriften der Juden (Torah, Talmud, Mischna etc.), sondern auch von den griechischen Klassikern, nicht zuletzt Aristoteles, und Ärzten geprägt. Der Arzt Maimonides wertet als Quellen für seine medizinischen Schriften neben den jüdischen Schriften und der jüdischen Tradition auch die Werke der antiken griechischen Ärzte Hippokrates und Galen aus. Es ist sehr wahrscheinlich, dass auch von dem medizinischen Wissen der alten Ägypter wesentlich mehr in sein medizinisches Werk Eingang gefunden hat, als an Quellen bei ihm sichtbar wird.

---

[1] Maimonides „Laws of Human Temperaments", Chapter Five, ebd., Abs. 13, S. 206f.

Körper und Seele bilden bei ihm eine untrennbare Einheit, man kann darum in ihm auch einen frühen Vertreter der Psychosomatik und in Ansätzen sogar der Psychotherapie[1] sehen. Konsequenterweise gibt es für Maimonides nicht nur die Bewegung des Körpers, sondern auch wörtlich die „Bewegung der Seele". Eine wesentliche Verbindung zwischen Seele und Körper erfolgt über die Mischungen der Körpersäfte. Maimonides baut hier auf Galens Lehre auf, „dass die Kräfte der Seele den Mischungen des Körpers folgen".[2] Diese Verbundenheit von Seele und Körper ist jedoch kein Selbstläufer. Um diese Harmonie und das seelisch-körperliche Gleichgewicht aufrechtzuerhalten bzw. dieses – als Folge von Krankheit und falschem Lebenswandel – wiederherzustellen, muss der gesundheitsbewusste Mensch, der über die Befriedigung seiner materiellen Bedürfnisse hinausstrebt, also nicht nur seinen Körper bewegen und trainieren, sondern auch durch sein Verhalten und nicht zuletzt durch seine religiöse und sittliche Einstellung dafür Sorge tragen, dass Geist und Seele nicht verkümmern und im Gleichgewicht bleiben. Bei Maimonides bilden somit auch Religion und Ethik[3] eine untrennbare Einheit.[4]

Wie bei seinem großen philosophischen Vorbild Aristoteles ist das Weltbild von Maimonides kein engstirnig individualistisches. Bei aller Betonung der Rechte und

---

[1] In diesem Sinne argumentiert Klaus Dethloff: Shlomo Maimon and Sigmund Freud on Metapher and Dreaming, in: Studia Judaica XVII, a.a.O., S. 209-219.
[2] Dieser Galen´sche Traktat wurde übersetzt und ediert durch H. H. Biesterfeldt, Wiesbaden 1973.
[3] Lawrence V. Berman: The Ethical Views of Maimonides, in: Perspectives on Maimonides: Philosophical and Historical Studies, ed. Joel E. Kraemer, Oxford 1991.
[4] Vgl. dazu den höchst aufschlussreichen Artikel von Susanne Zeller: Jüdische Ethik: Maimonides - ein "jüdischer Aristoteles" - und erster Sozialarbeiter des Mittelalters? Quelle im Internet: http://www.hagalil.com/juden-tum/rambam/maimonides-3.htm (Stand: 19.01.2010).

Pflichten des Einzelnen ist seine Theologie und Philosophie auf Gemeinschaft ausgerichtet. Das Gottesvolk tritt als Gesamtheit und nicht als Summe von Individuen seinem Gott gegenüber. Selbst in seinen medizinischen Werken kann keiner ohne den Nächsten oder, wie Maimonides es in Kap. 6 der „Human Temperaments" ausdrückt, den „Nachbar" ein sinnvolles Leben führen. Es ist für Maimonides Ausdruck der menschlichen Natur, dass ein Mensch in seinen Temperamenten und in seinem Verhalten beeinflusst wird „by his neighboors and friends"[1] und dass er den Sitten und Gebräuchen der Menschen seines Landes folgt. Doch das bedeutet nicht, dass ein vernünftiger Mensch mit allen Menschen seiner Umgebung Kontakt haben muss. Er soll vielmehr die Gegenwart der Rechtschaffenen suchen und die der Ruchlosen meiden. In unmittelbarem Zusammenhang mit der Notwendigkeit des Kontaktes zu den Mitmenschen und Nachbarn steht für Maimonides auch das Gebot der Nächstenliebe von Leviticus 19,18, seinen Nächsten zu lieben wie sich selbst und ihn in seinem Herzen nicht zu hassen. Maimonides weitet diese zentrale Stelle der Tora mit eigenen Worten noch weiter aus und zieht daraus auch wirtschaftliche und soziale Folgerungen. Sie verdient es hier, in vollem Wortlaut der Rosner'schen Übersetzung wiedergegeben zu werden:

„It is a commandment upon every person to love each and every Israelite as himself, as it is stated: *And thou love thy neighboor as thyself* (Lev. 19:18). Therefore, one must speak in praise of one's neighbour and be careful with the latter's money and desires one's own honor. And he who glorifies himself through disgracing his friend does not have a share in the world-to-come."[2]

---

[1] Maimonides „Laws of Human Temperaments", a.a.O., Vol. 4, Chapter Six, Abs. 1, S.207.
[2] Maimonides „Laws of Human Temperaments", Chapter Six, ebd., Abs. 3, S. 208.

Diese in der Bibel als Gebot formulierte Nächsten- bzw. Nachbarliebe haben die Christen aus dem Alten ins Neue Testament übernommen. Da ist einmal die Parabel vom Samariter in Kapitel 10 bei Lukas und dann die Abschiedsszene von Jesus in Kap. 13 bei Johannes. Die Stelle 13,34-35 bei Johannes „Ein neues Gebot gebe ich euch, daß ihr einander liebt; wie ich euch geliebt habe, so sollt auch ihr einander lieben. Daran werden alle erkennen, daß ihr meine Jünger seid, wenn ihr Liebe habt untereinander" ist also gar nicht so „neu". Es ist darum auch nicht korrekt, ausschließlich von der christlichen Nächstenliebe zu sprechen. Sachlich richtiger wäre es darum, den Ausdruck *„Biblische Nächstenliebe"* zu verwenden. Der jüdische Neutestamentler Pinchas Lapide hat ja in vielen seiner Werke nachgewiesen, dass die Gemeinsamkeiten von Judentum und Christentum weitaus größer sind, als man fast 2000 Jahre lang in der römischen Kirche geglaubt, geschrieben und gepredigt hat. Aufgefallen ist mir noch an Maimonides´ Worten zur biblischen Nächstenliebe, dass er mit keinem Wort auf die christliche Nächstenliebe im Neuen Testament (das er ja sicher gekannt hat) zu sprechen kommt, obwohl er bei der Interpretation der Nächstenliebe voll in die Details geht. Es gibt eine wichtige Stelle bei Maimonides, welche die immer wieder von christlicher Seite behauptete Devise des „Aug um Aug, Zahn um Zahn" Lügen straft, nämlich das Gespräch zwischen Reuben und Simeon. Reuben zu Simeon: „Lease this house to me or lend me this ox". Simeon lehnt ab. Nach einer Weile kommt Simeon zu Reuben, "to borrow from him or to lease from him." Da spricht Reuben zu ihm die klassischen Worte: "Here it is for you. Behold, I am lending it to you since I am not like you. I will not pay you back according to your deeds."[1] Maimonides findet jedoch im Verhalten des Reuben noch einen Makel, weil er durch seine Kritik, dass er nicht so

---

[1] Maimonides „Laws of Human Temperaments", Chapter Six, ebd., Abs. 8, S. 215.

sei wie Simeon, noch Groll und Neid in seinem Herzen trage und damit noch nicht in vollem Maße wie ein wahrhaft Gerechter gehandelt habe.

In den diversen Abhandlungen von Maimonides ist die Gerechtigkeit nach der Liebe die höchste Tugend, nicht zuletzt für den Weisen und Gelehrten. Von dem Verhalten der Gerechten soll der Weise *lernen*. Damit ist ein wichtiger Punkt angesprochen, der nicht nur für Maimonides, sondern überhaupt für die gesamte jüdische Gemeinschaft, Aschkenasim und Sephardim, bis zum heutigen Tag eine zentrale Rolle spielt, nämlich die Idee des Lernens und der Bildung.[1] Bildung, welche bei den meisten Juden ohne religiösen Bezug zu den heiligen Schriften nicht denkbar ist, ist ein Ideal, welches ein weiser Mann immer wieder anstreben und im täglichen Leben umsetzen muss. Dabei ist oft wichtiger, was ein weiser Mensch nicht sagt, als was er sagt. Zum richtigen Zeitpunkt zu schweigen, ist nicht nur ein Gebot der Klugheit, sondern auch der Gerechtigkeit, im Grunde auch angewandte Nächstenliebe. Damit er auf diesem Wege nicht erlahmt, wird er immer wieder aufgefordert, Kontakte zu ungebildeten Menschen weitestgehend zu vermeiden, mit weisen Männern zu essen und zu trinken wie auch mit ihnen in allen Arten von Beziehungen zu verkehren.[2] Die jüdische Bildung umfasst auch bei Maimonides weit mehr als nur Wissenserwerb. Zur umfassenden Bildung gehören auch die Herzensbildung und ein tadelloses und gepflegtes Auftreten des gebildeten Menschen in der Öffentlichkeit. Der Gipfel der Bildung ist die Erlangung der Weisheit[3], eine Eigenschaft,

---

[1] Wilhelm Kaltenstadler: Wie Europa wurde was es ist. Beiträge zu den Wurzeln der europäischen Kultur, Groß-Gerau 2006, Kap. „Die Idee der Bildung", S. 240-251.

[2] Maimonides´ „Laws of Human Temperaments", Chapter Six, a.a.O., Abs. 2, S. 208.

[3] Dan-Alexandru Ilieş: Cosmology, History and Human Thought. Emergence and Transmission of Wisdom in the Introduction to the *Guide of the Perplexed*, in: Studia Judaica XVII, a.a.O., S. 266-294.

welche den weisen Menschen in die Nähe Gottes rückt. Denn die Weisheit ist eine der Eigenschaften des allmächtigen Gottes.

Die Folgerungen, welche Maimonides aus seinem geradezu radikalen Bildungsideal zieht, sind sehr weitgehend. Wer wirklich weise sein will, soll sich sogar darum bemühen, die Tochter eines Gelehrten zur Frau zu nehmen und seine eigene Tochter einem Gelehrten zur Frau zu geben.[1]

Maimonides ist sich bewusst, dass Bildung und überhaupt das Zusammenleben der Menschen ein infrastrukturelles Fundament benötigen. Die Kultur des Geistes braucht somit als Basis die materielle Kultur, den materiellen Unterbau nach Karl Marx. Maimonides hält es darum für notwendig, „to pay attention to the improvement of the air and then the improvement of the water and after that to the improvement of the foods."[2] Diese große Bedeutung der Umweltfaktoren steht in einem engen Zusammenhang mit seiner Humoralpathologie (Säftelehre). Von Pneuma-Lehre (pneuma = spirit = Geist) leitet er die verschiedenen Wirkungskräfte im menschlichen Körper ab, nämlich „Natural Spirit", den man im Blut der Leber und in den Gefäßen finde, „Vital Spirit" im Blut des Herzens und in den Arterien und „Psychic Spirit" in den Gehirnkammern. Die stoffliche Quelle dieser Pneumata stammt vor allem aus der Luft. Maimonides betont vor allem die direkte Korrelation zwischen Luft und „Psychic Spirit" und hält es für erwiesen, dass man viele Leute finde, „whose psychic activities decline with contamination of the air, that is to say they develop confusion of thought, weakness of

---

[1] Maimonides´ „Laws of Human Temperaments", Chapter Six, a.a.O., Abs. 2, S. 208.
[2] Maimonides´ "Treatise on the Regimen of Health", Fourth chapter, in: "Moses Maimonides´ Medical Writings" (Fred Rosner), Vol. 4, Haifa 1990, S. 73-97, hier S. 73.

understanding and loss of memory, even though their Vital and Natural activities do not undergo any noticeable change."[1]

Maimonides hat schon lange vor unserem umweltbewussten Zeitalter erkannt, dass Luft und Wasser sich auf die drei Grundpneumata der Menschen auswirken und durch die Störung des Gleichgewichts zwischen diesen alle möglichen Arten von Krankheiten entstehen. Ökologische Vorstellungen fließen darum logischer Weise auch in seine medizinische Therapie[2] ein.

In zahlreichen Kapiteln der „Laws of Human Temperaments" wird deutlich, dass die Selbstheilungskräfte des Menschen in der Regel nicht mehr ausreichen, um dieses durch Umweltfaktoren gestörte Gleichgewicht wiederherzustellen. An zahlreichen Beispielen demonstriert Maimonides, dass in solchen Fällen ärztliche Hilfe geboten ist. Selbst bei Menschen, die verantwortungsvoll mit ihrer Gesundheit umgehen, „it is impossible that minor occurences not develop constantly in the human body."[3] In einer Welt, die nicht erst seit Beginn der Industrialisierung aus dem Gleichgewicht gekommen ist, gewinnt der Arzt – nicht zuletzt für mächtige und reiche Herrscher wie den Sultan Saladin und seine Wezire – eine wachsende Bedeutung und wird zu einer zentralen Figur der moslemischen und christlichen Fürstenhöfe. Selbst die christlichen Könige Spaniens, an deren Höfen man bis weit ins Hohe Mittelalter hinein Arabisch sprach, konnten auf jüdische

---

[1] Maimonides´ "Treatise on the Regimen of Health", The fourth chapter, ebd., Abs. 1, S. 74.
[2] Sami Hhalaf Hamarneh: Ecology and Therapeutics in Medieval Arabic Medicine, in: Sudhoffs Archiv 58 (1974) S. 165-185.
[3] Maimonides´ "Treatise on the Regimen of Health", The fourth chapter, a.a.O., Abs. 3, S. 75.

und arabische Ärzte nicht verzichten.[1] Ärzte wie Maimonides –
der muslimische Arzt Firdús beschreibt im *Libro de los Reyes*
(Buch der Könige) im 13. Jahrhundert bereits den
Kaiserschnitt[2] – waren ihrer Zeit weit voraus.

Korrespondenzadresse:

Prof. Dr. Wilhelm Kaltenstadler, Lindenstraße 22, 85296 Rohrbach,
Deutschland, E-Mail: Dr.Kaltenstadler@Nicolas-Benzin-Stiftung.de,
www.kalten.de

---

[1] Zur andalusischen Kultur des Mittelalters vgl. Wilhelm Kaltenstadler: Die
jüdisch-islamische Kultur des alten Andalusien, in: Beiträge zur
Kulturgeschichte des Judentums und der Geschichte der Medizin, hrsg. von
Nicolas Benzin, Bd. I, Frankfurt am Main 2009, S. 82-127 und Wilhelm
Kaltenstadler: Judentum, Christentum, Islam und Kulturtransfer, in:
Mitteilungen der Nicolas-Benzin-Stiftung - Beiträge zur Kulturgeschichte
des Judentums und der Geschichte der Medizin, Nr. 2, August 2009, S. 18-
58. Mehr darüber unter www.nicolas-benzin-stiftung.de.
[2] Emilio G. Ferrín: Die Wege des Islam in Andalusien (unveröffentlichtes
Manuskript), Übersetzung aus dem Spanischen durch Ulrike Herter &
Thomas Stemmer, Manuskript, Sevilla 2007, S. 8.

Über die politische Tätigkeit des Eschweger Bürgermeisters Dr. Alexander Beuermann in den Jahren 1934-1945

von Prof. Dr. Dietfrid Krause-Vilmar

Vorbemerkung

Die Stadt Eschwege hatte mich als externen Historiker um eine federführende Stellungnahme zum Leben und Wirken des ehemaligen Bürgermeisters Dr. Alexander Beuermann (1897-1963) unter besonderer Berücksichtigung der Jahre von 1933 bis 1945 gebeten. Anlass war ein Antrag der Bündnis 90/Die Grünen-Stadtverordnetenfraktion auf Umbenennung der im Eschweger Osten gelegenen „Dr. Beuermann-Straße", die von der Gartenstraße abzweigt. Für die Fraktion hatte der Stadtverordnete Dietrich am 11. Dezember 2008 in der Stadtverordnetenversammlung vorgetragen, dass „eine einwandfreie nationalsozialistische Gesinnung, wie sie Dr. Beuermann in einem Zeugnis bescheinigt wird, [...] unseres Erachtens allein bereits Grund genug für eine sofortige Umbenennung des nach ihm lautenden Straßennamens" sei. Hauptausschuss und Magistrat der Stadt beschlossen im März 2009 die Einbeziehung von historischen Sachverständigen. Das in diesem Zusammenhang von mir im August 2009 vorgelegte Gutachten galt der politischen Tätigkeit Dr. Beuermanns in der Nazizeit, d. h. es beschränkte sich auf einen herausragenden Abschnitt seines Lebens und Wirkens in einer besonderen Zeit. [1] Im Hintergrund stand dabei die durch den Anlass gegebene

---

[1] Wertvolle Informationen und Hinweise verdanke ich den Herren Dr. Kollmann, König (Stadtarchiv Eschwege) und Dr. Eichler (Hessisches Hauptstaatsarchiv Wiesbaden).

Frage, ob die mit der Verleihung des Straßennamens erfolgte Ehrung aufrecht zu erhalten sei.

Mein Gutachten hatte eine z. T. erbittert geführte kontroverse öffentliche Diskussion zur Folge, die sich einen Monat lang nahezu täglich in zahlreichen Leserbriefen der Werra Rundschau niederschlug und die überregionale Presse, den Rundfunk und das Hessische Fernsehen erreichte.[1]

Die Stadtverordneten in Eschwege beschlossen am 5. November 2009 mit 31 Ja-Stimmen und 4 Nein-Stimmen die Dr. Beuermann-Straße umzubenennen[2] sowie einstimmig die wissenschaftliche Aufarbeitung der NS-Zeit in Eschwege zu veranlassen.

Das Gutachten wird im Folgenden vollständig in einer um weitere Forschungen erweiterten und durchgesehenen Fassung wiedergegeben.[3] Ganz neu sind die Abschnitte, die sich mit der politischen Verfolgung von Anton Maliszewski, Isidor Cahn und Fritz Kahn befassen. Auch sind weitere Dokumente und Bilder einbezogen worden.

Die Übernahme des Amtes als Bürgermeister in Eschwege im Jahr 1934

Vorgeschichte

Als Dr. Beuermann am 1. November 1934 das Amt des Bürgermeisters in Eschwege antrat, beendete er die

---

[1] Frankfurter Rundschau Nr. 248 vom 26.10.2009. J .F. Tornau, Schatten aus der Nazi-Zeit. Eschwege streitet über Straßennamen. – Frankfurter Allgemeine Zeitung vom 10.11.2009. Jonas Krumbein, Eschwege. Eiche oder Pappel? [=Streifzüge].

[2] Anm. der Red.: Die Eschweger Stadtverordnetenversammlung hat am 22. April 2010 dafür votiert, die Dr.-Beuermann-Str. in „Am Ottilienberg" umzubenennen.

[3] In der ursprünglichen Fassung wurde das Gutachten unter dem gleichen Titel in den Eschweger Geschichtsblättern 21 (2010), S. 3-32, veröffentlicht.

kommissarische Stadtregierung durch den Ersten Beigeordneten Erich Döhle, der seit dem 19. Februar 1934 die Geschäfte übernommen hatte.

Bis zu diesem Tag war Dr. Friedrich Stolzenberg Bürgermeister von Eschwege gewesen. Dem Magistrat gehörte neben Döhle auch Dr. Beuermann als besoldeter Stadtrat (seit April 1923) an. In einer konzertierten Aktion, an der Döhle, Landrat Dr. Deichmann und der Kasseler Regierungspräsident Konrad von Monbart beteiligt waren, wurde Dr. Stolzenberg, der der NSDAP, in die er am 1. Mai 1933 eingetreten war, nicht mehr genehm war, aus dem Amt gedrängt. Dr. Beuermann waren diese Vorgänge mit hoher Wahrscheinlichkeit bekannt. Dieser Prozess des Herausdrängens Dr. Stolzenbergs aus dem Amt ist aus den Akten im Einzelnen nachweisbar.

Am 27. Januar 1934 hatte Bürgermeister Dr. Stolzenberg die Stadtverwaltung unter Gewährung des gesetzlichen Ruhegehalts um die Versetzung in den Ruhestand zum 1. Mai 1934 ersucht:

„Mein Gesundheitszustand hat durch die im Jahre 1932 durchgemachte Magenerkrankung mit folgender schwerer Operation, zumal ich mich nicht ausreichend erholen konnte, derartig gelitten, dass er auf die Dauer dem so aufreibenden Dienste eines Bürgermeisters nicht mehr gewachsen ist. [...] Es ist ganz selbstverständlich, dass ich bis zum letzten Tage meines Dienstes alle meine Kräfte für die Stadt Eschwege einsetzen werde, der ich auch für die Zukunft alles Gute wünsche. Als den Zeitpunkt meines Ausscheidens habe ich den 1. Mai gewählt, weil ich gerade an diesem Tage 30 Jahre im Kommunaldienst stehen würde.“[1]

---

[1] StA Eschwege. Personalakte Dr. Fritz Stolzenberg. Band 2, Bl. 237. Abschrift. Das Gesuch ist dem RP durch den LR am 3.2.1934

Anscheinend wollten die NS- Verantwortlichen nicht einmal bis zum (wie immer veranlassten) Rücktrittsdatum 1. Mai warten, sondern beschleunigten die faktische Amtsenthebung Dr. Stolzenbergs in wenigen Tagen bis zum 19. Februar. Bereits wenige Tage nach seinem Antrag auf Versetzung in den Ruhestand, am 3. Februar 1934, meldete die Lokalzeitung: „Bürgermeister Dr. Stolzenberg tritt in den Ruhestand."[1] Der über zwei Spalten gehende Artikel enthält eine ausführliche Würdigung der Verdienste Dr. Stolzenbergs. Allerdings ist nicht zu übersehen, dass in diesem Artikel, der einem Nachruf gleicht, Dr. Stolzenberg bereits zu einem Zeitpunkt „verabschiedet" wurde, zu dem er – in den ersten Februartagen! - noch ganz im Dienst stand. Dr. Stolzenberg glaube, so die Zeitung, „angesichts seiner wesentlich verschlechterten Gesundheitslage" [...] „den heutigen Anforderungen nicht mehr gewachsen zu sein". Mit diesen „außerordentlich hohen Anforderungen" für den Leiter einer Gemeinde war die Umstellung der Gemeindeverwaltung „ausschließlich auf das Führerprinzip" gemeint.

Und wieder einige Tage später behauptete der Beigeordnete Döhle gegenüber dem Landrat, Dr. Stolzenberg habe um vorzeitige *Beurlaubung* nachgesucht. Am 10. Februar 1934 schrieb Landrat Dr. Deichmann an Dr. Stolzenberg:

> *„Durch Herrn Beigeordneten Döhle ist mir mitgeteilt worden, dass Sie bis zu Ihrem Ausscheiden auf Grund Ihres Gesuches um Zurruhesetzung beurlaubt sein möchten. Indem ich mich mit diesem Urlaub einverstanden erkläre, teile ich gleichzeitig mit, dass die Vertretung durch Herrn 1. Beigeordneten Döhle geführt werden wird.*"[2]

---

weitergereicht worden. Dr. Stolzenberg verweist auf einen Bericht an den LR „vom gestrigen Tage", der nicht bei den Akten ist.

[1] Eschweger Tageblatt vom 3.2.1934.

[2] StA Eschwege. Personalakte Dr. Fritz Stolzenberg. Band 2, Bl. 241.

Dr. Stolzenberg widersprach umgehend und teilt dem Landrat am 13. Februar 1934 unmissverständlich mit:

„Anscheinend liegt dortseits ein Missverständnis vor. Ich habe nicht durch Herrn Beigeordneten Döhle um Urlaub nachgesucht bis zu meinem Ausscheiden auf Grund meines Pensionierungsgesuches. Da mir bekannt ist, dass nach meinem Ausscheiden Herr Beigeordneter Döhle auf längere Zeit die Geschäfte des Bürgermeisters führen soll, hat die Stadt das größte Interesse daran, dass er sich schon jetzt einarbeitet, solange ich selbst noch im Dienst bin."[1]

Trotz dieser unmittelbaren Richtigstellung Dr. Stolzenbergs wurde die unzutreffende Behauptung vom Landrat und vom Regierungspräsidenten als Grundlage für die vorzeitige Dienstentfernung genommen. Zwei Tage später, am 15. Februar 1934, befand sich Dr. Stolzenberg persönlich beim Regierungspräsidenten in Kassel. Am selben Tag verfügte von Monbart an Dr. Stolzenberg:

„Sie haben, wie mir der Herr Landrat in Eschwege berichtet hat, in Rücksicht auf Ihren Gesundheitszustand den Antrag gestellt, Sie zum 1. Mai ds. Js. in den Ruhestand zu versetzen und mir heute persönlich vorgetragen, dass Sie aus dem gleichen Grunde den Wunsch haben, schon vom 19. Februar ds. Js. ab beurlaubt zu werden. In Würdigung Ihrer Gründe und mit dem Wunsche, dass Ihr

---

[1] StA Eschwege. Personalakte Dr. Fritz Stolzenberg. Band 2, Bl. 242. – Der Passus in diesem Brief, der davon spricht, dass Dr. Stolzenberg *„bekannt ist, dass nach meinem Ausscheiden Herr Beigeordneter Döhle auf längere Zeit die Geschäfte des Bürgermeisters führen soll"*, lässt den Schluss zu, dass die Übergangszeit mit Döhle „auf längere Zeit" von oben vorgesehen war. Tatsächlich währte sie sechs Monate (vom 1.5. an gerechnet) und achteinhalb Monate (vom 19.2. an gerechnet).

Gesundheitszustand sich wieder bessern möge, erteile ich Ihnen den erbetenen Urlaub vom 19. Februar an bis zum Zeitpunkt Ihrer Zurruhesetzung."[1]

Am 22. Februar 1934 schrieb Landrat Dr. Deichmann „an den Bürgermeister der Stadt Eschwege", und zwar ohne namentliche Anrede:

„*Der Herr Regierungspräsident hat durch Verfügung vom 15. d. Mts. [...] dem Bürgermeister den von diesem erbetenen Urlaub vom 19. d. Mts. ab bis zum Zeitpunkt der Zurruhesetzung erteilt.*"[2]

Dr. Fritz Stolzenberg starb am 21. April 1934. In der Todesanzeige, die im Namen aller Hinterbliebenen von Frau Marta Stolzenberg aufgegeben worden war, heißt es „Beileidsbesuche dankend verbeten".[3] Der spätere Bürgermeister Lasch erklärte in einer schriftlichen Stellungnahme vom 5. März 1947 gegenüber der Spruchkammer:

---

[1] StA Eschwege. Personalakte Dr. Fritz Stolzenberg. Band 2, Bl. 243.
[2] StA Eschwege. Personalakte Dr. Fritz Stolzenberg. Band 2, Bl. 244.
[3] Eschweger Tageblatt Nr. 93 (86. Jg.) vom 21.4.1934. – York-Egbert König, Jubiläen und Jahrestage 2009. In: Das Werraland. Herausgegeben vom Hauptvorstand des Werratalvereins 1883 e.V. 61 (2009), Heft 1, S. 18: „*Vor 75 Jahren, am 21. April 1934 starb ganz überraschend Dr. Fritz Stolzenberg im 56. Lebensjahr, Bürgermeister der Stadt Eschwege seit dem 5. Januar 1914. Nur wenige Wochen zuvor hatte er, laut Aussage seines Sohnes Kurt genervt und zermürbt vom Verhalten der Nationalsozialisten seinen Rücktritt vom Amt des Bürgermeisters ‚aus gesundheitlichen Gründen' erklärt, obwohl er eigentlich bis 1938 im Amt bestätigt war. Nicht ohne Grund wird sich seine Witwe jegliche Beileidskundgebungen verbeten haben.*"

„ Der damalige Bürgermeister Dr. Stolzenberg wurde ultimativ
zur Einreichung seiner Pensionierung aufgefordert und musste
abdanken. "[1]

Dr. Beuermann war in der Zeit des Herausdrängens seines
Vorgesetzten Dr. Stolzenberg Mitglied des Magistrats und
besoldeter Stadtrat in Eschwege.[2] Er wird vermutlich aus
nächster Nähe erlebt haben, wie sein Vorgesetzter politisch
von den NS-Machthabern aus dem Amt entfernt wurde.
Wenige Tage später bereitete er sich für eine neue
Führungsposition vor: Er nahm an einem dreiwöchigen
Lehrgang in der „Gau-Führerschule" bzw. der
„Amtswalterschule III der NSDAP des Gaus Kurhessen" in
Weyers (Rhön) teil. Offenbar war er von der NSDAP-
Gauleitung bereits zu diesem Zeitpunkt für eine kommunale
Führungsposition vorgesehen.

Bürgermeister in Frankenberg für ein halbes Jahr

Bevor Dr. Beuermann am 1. November 1934 das Amt des
Bürgermeisters in Eschwege antrat, wurde er unmittelbar im
Anschluss an den Lehrgang in der Gau-Führerschule zum
Bürgermeister in Frankenberg/Eder berufen. Der dort bis
Anfang des Jahres 1933 amtierende Bürgermeister Dertz hatte
das Schicksal zahlreicher nicht der NSDAP genehmer
Bürgermeister zu teilen und war – ähnlich wie Dr. Stolzenberg
in Eschwege – im Frühjahr 1933 durch einen kommissarischen
Bürgermeister, den Gerichtsassessor Karl Ockershausen,
ersetzt worden.[3]

---

[1] HHStA 520/Es Nr. 785. Spruchkammerakte Dr. Beuermann, Eschwege,
Bl. 112.
[2] Karl Kollmann, In Sachen: Dr. Alex Beuermann. In: Eschweger
Geschichtsblätter 14/ 2003, Nr. 131 vom 8.6.1963, S. 3.
[3] Karl Ockershausen trat dann seinerseits am 1.10.1934 wieder die
Nachfolge Dr. Beuermanns in Frankenberg an, wo er bis 1939 als
Bürgermeister tätig blieb.

Die Ernennung eines Beigeordneten zum Bürgermeister, wenn auch in einer im Vergleich mit Eschwege kleineren Gemeinde, war ohne Zweifel ein beruflicher Aufstieg. Im Jahre 1934 bedeutete dies jedoch zugleich den Einstieg in eine eindeutig nationalsozialistisch geprägte politische Verwaltung. Aufgrund der nationalsozialistischen Gemeindegesetze wurden die Bürgermeister nicht mehr von der Gemeindevertretung gewählt. Dies war selbst im Deutschen Kaiserreich Gesetz geblieben; so war z. B. Dr. Stolzenberg im Jahr 1913 von der Gemeindevertretung zum Bürgermeister *gewählt* worden. Nun wurden die Bürgermeister entsprechend dem Führerprinzip ernannt, und zwar in Preußen vom Regierungspräsidenten, dem NSDAP-Mitglied von Monbart. Am 15. Dezember 1933 hatte Preußen, wozu die Provinz Hessen-Nassau gehörte, eine neue Kommunalgesetzgebung verkündet, in der die Stellung des Gemeindeleiters im Sinne des Führerprinzips ausgebaut und die Magistratsverfassung endgültig beseitigt wurde.[1] Der Gauleiter der NSDAP erhielt ein Vorschlagsrecht für die Ernennung der Gemeinderäte; er musste bei Berufung eines Gemeindeleiters (z.B. eines Bürgermeisters) angehört werden; „außerdem zählten die örtlichen Führer der Partei und der SA auf Grund ihres Amtes zu den Gemeinderäten".[2]

Es ist daher davon auszugehen, dass Dr. Beuermann den politischen Kontext kannte, auf den er sich einließ. Am 22. März 1934 wurde Dr. Beuermann in Anwesenheit des Kreisleiters, des Ortsgruppenleiters der NSDAP, der SA und der SS in das Amt des Bürgermeisters von Frankenberg eingeführt. NSDAP-Kreisleiter Donnevert wies in seiner Ansprache darauf hin, „dass er die Ehre habe, im Auftrage des Herrn Regierungspräsidenten den vom Gauleiter Weinrich

---

[1] Horst Matzerath, Die Zeit des Nationalsozialismus. In: Thomas Mann, Günter Püttner, Handbuch der kommunalen Wissenschaft und Praxis. Band 1. Dritte, völlig neu bearbeitete Auflage. Heidelberg 2007, S. 123 f. - ders., Nationalsozialismus und kommunale Selbstverwaltung. Stuttgart et al. 1970, S. 122.
[2] Horst Matzerath, Die Zeit des Nationalsozialismus, a.a.O., S. 124.

vorgeschlagenen und vom Regierungspräsidenten zum Bürgermeister von Frankenberg berufenen Dr. Beuermann in sein neues Amt einzuführen."[1]

Gegenüber den Spruchkammern stellte Dr. Beuermann die Frankenberger Zeit als eine unter Drohung erzwungene „Abschiebung" seitens „der Partei" dar, die ihm bis in die Gegenwart nur Nachteile gebracht habe. Wenn er das Amt nicht antrete, habe man ihm mit dem „Gesetz zur Wiederherstellung des Berufsbeamtentums" gedroht. Dieses Gesetz bot jedoch keinen Anlass, unwillige Parteimitglieder der NSDAP wegen Verweigerung der Bürgermeisterwürde einzusperren. Von NSDAP-Seite wollte man Dr. Beuermann in Frankenberg haben, und er selbst hat dies aus freien Stücken vollzogen.

Die Amtszeit in Frankenberg währte jedoch nur einige Monate. Sehr zum Ärger des Frankenberger Kreisleiters Donnevert wurde Dr. Beuermann von der Gauleitung nach Eschwege beordert. Die Entscheidung scheint bereits im September 1934 gefallen zu sein.[2]

Amtsübernahme in Eschwege

Dr. Beuermann trat das Amt als Bürgermeister von Eschwege am 1. November 1934 an. Regierungspräsident von Monbart betonte bei der Amtseinführung u.a.:

---

[1] Frankenberger Zeitung vom 23.3.1934. „Feierliche Einführung des neuen Bürgermeisters Dr. Beuermann in Frankenberg".

[2] HStA Mbg 165/ A 458. Dr. Donnevert formuliert in einem Schreiben an Gauleiter Weinrich vom 14.9.1934: „Ihre heutige Veröffentlichung in der Kasseler Post". Vgl. Kasseler Post Nr. 252 vom 14.9.1934: „Dr. Beuermann Bürgermeister von Eschwege". Dort ist die Rede davon, dass Dr. Beuermann bereits „mit Wirkung vom 1. Oktober" zum Bürgermeister von Eschwege ernannt worden sei. Dass die Stadt „seit dem Tode des Bürgermeisters Dr. Stolzenberg durch den Beigeordneten Erich Döhle kommissarisch verwaltet" worden sei, ist unwahr; auf diese Weise konnte das Herausdrängen Dr. Stolzenbergs aus dem Amt (s.o.) umgangen werden.

„Ihre Berufung erfolgte mit voller Zustimmung des Herrn Gauleiters. So sind durch das Vertrauen der Staatsregierung und der politischen Leitung die Unterlagen gegeben, dass Sie das Amt so führen können, wie es sich für den leitenden Beamten einer Stadt im nationalsozialistischen Staat gebührt."[1]

Der NSDAP-Kreisleiter Weiß hieß „im Namen der nationalsozialistischen Bewegung" Dr. Beuermann „herzlich willkommen" und äußerte u. a.:

„Denken Sie bei all Ihrer Arbeit immer daran, [...] dass Deutschlands ärmster Sohn auch immer sein getreuester war. Lassen Sie sich stets von dem Gedanken leiten: Was würde in diesem Augenblick mein Führer tun? Wenn Sie aus innerstem nationalsozialistischen Erleben heraus stets nach diesem Grundsatz handeln, dann werden Sie trotz aller Widerstände dennoch den geraden Weg gehen und ein wahrer Vater der Stadt Eschwege sein."[2]

Die Eidesformel, die Beamte und Soldaten seit dem August 1934 zu leisten hatten, lautete:

„Ich schwöre: Ich werde dem Führer des Deutschen Reiches und Volkes, Adolf Hitler, treu und gehorsam sein, die Gesetze beachten und meine Amtspflichten gewissenhaft erfüllen, so wahr mir Gott helfe."[3]

---

[1] Eschweger Tageblatt Nr. 257 vom 2.11.1934. Einführung des Bürgermeisters Dr. Beuermann durch Regierungspräsident von Monbart.
[2] Ebenda.
[3] HStA Mbg 165/7785. Stadt Eschwege. Magistrat 1908-1944.; hier der Eid des Beigeordneten Döhle gegenüber dem Landrat Dr. Deichmann vom 27.8.1934.

Dr. Beuermann als Mitglied der nationalsozialistischen Bewegung

Dr. Beuermann war am 1. Mai 1933 in die NSDAP eingetreten. Er gehörte anscheinend zur großen Gruppe der unmittelbar nach der Machtergreifung Eingetretenen, die die NSDAP-Führung bald darauf veranlassten, die eigene Partei für bestimmte Berufsgruppen wie z. B. Beamte wegen des Opportunismusverdachts zu sperren. Erst Mitte 1937 wurde diese Aufnahmesperre aufgehoben.

Dr. Beuermann war auch SA-Führer und bekleidete in dieser Formation den Rang eines Sturmführers (entspricht militärisch einem Offizier im Rang eines Leutnants).

Vor der Spruchkammer erklärte er im Oktober 1946 zur Parteimitgliedschaft:

> *„Von seinen Beamten auf dem Rathaus habe er am längsten Zweifel gehabt und sei am spätesten eingetreten. Es wurde damals immer gesagt, es handele sich nicht um die Wahl von mehreren Parteien, sondern lediglich um das Bekenntnis zum Staat, dem man diene. Man sagte ihm allgemein, er müsste in die NSDAP eintreten. Politisch habe er sich nie betätigt, sei nur in seinem Amt als Bürgermeister tätig gewesen, das ihn völlig ausgelastet habe."*[1]

Und zur Rolle als SA-Führer:

> *„Man verlangte dann von ihm, dass er bei offiziellen Angelegenheiten in Uniform erscheinen soll und so sei er in die SA eingetreten. Als Kriegsbeschädigter konnte er keinen Dienst machen. Ein Arzt habe ihn bei der Aufnahme untersucht und ihn zurückgewiesen mit den*

---

[1] HHStA 520/Es Nr. 785. Spruchkammerakte Dr. Alexander Beuermann, Eschwege, Bl. 60 f.

Worten, er könne nicht aufgenommen werden.
Daraufhin sagte man zu ihm, es wäre bei ihm ein
Sonderfall und er solle nur formell eintreten. Er habe
sich einwandfrei auf den Boden seiner
kommunalpolitischen Tätigkeit gestellt und nur das vor
Augen gehabt, was der Stadt dienlich ist, aber er hätte
sich nach den Verhältnissen der damaligen Zeit richten
müssen."[1]

Es gibt keine Zeugnisse, die dafür sprechen, dass Dr.
Beuermann ein aktives Mitglied der NSDAP war. Weder trat er
für diese Partei regelmäßig öffentlich in Erscheinung, noch
beteiligte er sich demonstrativ an Parteiaktionen und
Parteitagen. Seine Aussage, dass er sich auf die Tätigkeit als
Bürgermeister konzentriert habe, erscheint glaubwürdig.
Und doch muss festgehalten werden, dass der Eintritt in die
NSDAP und die Mitgliedschaft in der SA immer nur freiwillig,
d. h. aus eigenem Entschluss erfolgen konnte, dem die
persönliche Unterschrift unter den Aufnahmeantrag folgte.
Stadtrat Dr. Beuermann hat sich am 1. Mai 1933 der NSDAP
und später der SA als Sturmführer angeschlossen und damit
freiwillig seine Bereitschaft zur politischen Einordnung in den
„Führerstaat" dokumentiert.

Zur Zusammenarbeit des Bürgermeisters mit der NSDAP

Von der Amtsübernahme im November 1934 an bis zur
Amtsenthebung durch die Militärregierung im April 1945 hat
Dr. Beuermann nicht nur mit Landrat und Regierungspräsident,
sondern auch mit dem NSDAP-Ortsgruppenleiter Edmund
Hüther und dem NSDAP-Kreisleiter Eduard Weiß in
Eschwege allem Anschein nach offen, loyal und konfliktfrei
zusammengearbeitet.

---

[1] HHStA 520/Es Nr. 785. Spruchkammerakte Dr. Alexander Beuermann,
Eschwege, Bl. 60 R.

In den Akten fand sich kein Anhaltspunkt dafür, dass es zwischen Dr. Beuermann auf der einen Seite und Hüther bzw. Weiß auf der anderen Seite Meinungsverschiedenheiten, kritische Diskussionen, Differenzen oder Einspruch bzw. Widerspruch, gar Konflikte gegeben hat.
Einige wenige Beispiele der Zusammenarbeit:
Dr. Beuermann legte im Jahr 1936 die neue kommunale Hauptsatzung erst NSDAP-Kreisleiter Weiß vor, bevor er sie nach dessen Zustimmung („Zu dem mir übermittelten Entwurf der Hauptsatzung erteile ich meine Zustimmung") den Ratsherren zur Beratung zuleitete.[1]
Die geforderten Berichte über die politische Zuverlässigkeit von Eschweger Bürgern und Bürgerinnen bzw. nach aktuellem Wohnort seitens der Gestapostelle Kassel wurden pflichtgemäß dem Ortsgruppenleiter und dem Kreisleiter vorgelegt und dann über den Landrat weitergegeben, z.B. im März 1938, als nach Personen gefragt wurde, „die auf Grund des Gesetzes zur Wiederherstellung des Berufsbeamtentums gemaßregelt worden sind."[2]

Ende des Jahres 1942 wandte sich Dr. Beuermann an die Ortsgruppe Eschwege und bat um Unterstützung der NSDAP bei der Auffindung eines angeblichen Steuerschuldners.

„Vielleicht ist es möglich, dass durch Einschaltung der Parteidienststellen
1. die jetzige Adresse des Meder,
2. seine Einkommensverhältnisse,
3. seine Auftraggeber
festgestellt werden können.
Ich wäre Ihnen dankbar, wenn Sie mir in dieser Weise behilflich sein können.

---

[1] HStA Mbg 165/7785. Stadt Eschwege. Magistrat 1908-1944. Schreiben der NSDAP-Kreisleiters Weiß an Dr. Beuermann vom 20.11.1936.
[2] HStA Mbg 180 Eschwege Nr. 1718.

Heil Hitler! Dr. Beuermann. [1]

Die NSDAP-Kreisleitung Eschwege ihrerseits beurteilte Dr. Beuermann im Jahr 1936 als politisch zuverlässig und fachlich besonders geeignet. Es ging um Vorschläge für die Besetzung von Fachausschüssen des Deutschen Gemeindetages.

> *„Seine politische Zuverlässigkeit steht nicht in Frage, ist Parteigenosse seit 1. Mai 1933 und gehört der SA an.* [2]

Auch das „Amt für Kommunalpolitik" der NSDAP-Gauleitung beurteilte ihn im Januar 1937 auf Anfrage des Gaupersonalamtsleiters nach einer „politischen Begutachtung" Dr. Beuermanns in einer „sehr dringenden" Angelegenheit sehr positiv. Man schrieb dort:

> *„Wie bei manchen jungen Parteigenossen"* bestanden *„nach der Machtergreifung gewisse Zweifel über seine Einstellung zum Nationalsozialismus".* Inzwischen genieße er jedoch das volle Vertrauen des Kreisleiters Donnevert (Frankenberg), *„der auch an seiner unbedingt nat. soz. Einstellung keinen Zweifel hatte."* Auch Kreisleiter Weiß *„erkennt seine Tätigkeit an. Ich halte Beuermann für unbedingt zuverlässig."* [3]

Über die Teilnahme Dr. Beuermanns an einem „Sonderführer-Lehrgang für SA-Führer" in Schliersee ließ sich Näheres nicht

---

[1] HHStA 483/4975.

[2] HStA Mbg 180 Eschwege/2600. Schreiben der NSDAP-Kreisleitung Eschwege an die NSDAP, Gau Kurhessen, Amt für Kommunalpolitik vom 16. 1. 1936.

[3] Beide Schreiben befinden sich ohne Nachweise in der Spruchkammerakte Dr. Beuermann. Sie erscheinen authentisch. Vgl. HHStA 520/Es Nr. 785. Spruchkammerakte Dr. Alexander Beuermann, Eschwege, Bl. 65 f. (alt 52 f.)

ermitteln. Es habe sich dabei um „eine Tagung für Geschichtsthemen" gehandelt; „es meldeten sich dazu nur wenige; ich wurde gefragt, ob ich nicht hinunterfahren wollte. Da habe ich es mir dann auch angehört"[1], sagte er vor der Spruchkammer.

Dr. Beuermann hatte als Bürgermeister im nationalsozialistischen Staat eng mit der Ortsgruppe, Kreisleitung und auch mit der Gauleitung der NSDAP zusammenzuarbeiten. Er war vom Gauamt für Kommunalpolitik der NSDAP ins Amt gelangt. Diese starke Eingebundenheit in die Entscheidungen der parteipolitischen Machtzentrale in Frankenberg und in Eschwege lag klar auf der Hand. Es muss ihm bewusst gewesen sein, welchen Tribut er dem "Führerstaat" zu leisten hatte.

Bedenken hinsichtlich bestimmter Anforderungen seitens der Partei oder Gestapo oder Rücktrittsgesuche Dr. Beuermanns vom Amt sind nicht überliefert.

Die Zusammenarbeit mit Landrat und Geheimer Staatspolizei

Als Bürgermeister fungierte Dr. Beuermann auch als Ortspolizeibehörde, die dem Landrat als Kreispolizeibehörde und den übergeordneten Polizeibehörden, insbesondere der Staatspolizeistelle Kassel, unterstand. Die Geheime Staatspolizei verfolgte wirkliche oder als solche bezeichnete Gegner des Regimes und andere zu „Volksfeinden" erklärte Menschen, sie konnte Schutzhaft, d.h. Einweisung in ein Konzentrationslager, verhängen und im Krieg exekutierten ihre Angehörigen unzählige Unschuldige.

Als Leiter der Ortspolizeibehörde war Dr. Beuermann, dem hier Polizeibeamte (Kriminal-Oberassistent Heldmann, Gendarmerie-Meister Thöne, Hauptmann der Schutzpolizei

---

[1] HHStA 520/Es Nr. 785. Spruchkammerakte Dr. Alexander Beuermann, Eschwege, Bl. 54 R.

Grabowski) zur Seite standen, in das überwiegend geheim operierende Verfolgungssystem einbezogen. Die Polizei wurde Schritt um Schritt auf das engste mit dem SS-Staat verbunden: Ab Juni 1936 war der SS-Führer Heinrich Himmler oberster Chef der deutschen Polizei im Reich, und ihm war von Hitler „die Leitung und Bearbeitung aller Polizeiangelegenheiten im Geschäftsbereich des Reichs und Preußischen Ministeriums des Innern übertragen" worden. Und im Jahr 1940 formulierte Werner Best: „In der Verbindung der Polizei mit der SS ist der Grundsatz der ‚ordensmäßigen' Durchdringung einer Einrichtung der Volksordnung durch die Träger der Nationalsozialistischen Bewegung zum ersten Male bis zur letzten Folgerung verwirklicht worden."[1]

Berichte, Auskünfte, Registrierungen

Ein Beispiel: Kaum im Amt hatte Dr. Beuermann ein aktualisiertes Verzeichnis von Bürgern, die der Homosexualität beschuldigt worden waren, an den Landrat einzureichen:

> *„Das Verzeichnis der Personen, die sich in Eschwege homosexuell betätigt haben, ist nach den neuen Richtlinien aufgestellt und hier angefügt."[2]*

Es ist davon auszugehen, dass Dr. Beuermann bewusst war, wie bedrohlich die Lage dieser der Geheimpolizei namentlich gemeldeten Eschweger Bürger war.

Er hatte 1935 Pfarrer Wepler postalisch zu überwachen, d.h. seinen Briefverkehr zu kontrollieren. Wepler hatte sich in einem Schreiben an Gauleiter Weinrich gewandt, nachdem dieser am 18. Mai 1935 eine grobe Breitseite gegen die

---

[1] Die deutsche Polizei. Von Dr. jur. Werner Best, SS-Brigadeführer, Ministerialdirektor. Darmstadt 1940, S. 94.
[2] HStA Mbg 180 Eschwege Nr. 1281. Band 3. 1934-1935. Schreiben Dr. Beuermanns an den Landrat vom 14.11.1934. – Das Verzeichnis selbst ließ sich nicht ermitteln.

kurhessisch-waldeckischen Pfarrer abgeschossen hatte.[1] Auf den Brief Weplers hin beharrte Weinrich bei seinen Schmähungen und behauptete, Zustimmungserklärungen sehr vieler Pfarrer erhalten zu haben. Wepler startete daraufhin eine Rundfrage im Kirchenkreis Witzenhausen und bat die Amtsbrüder um Rückmeldung, ob sie tatsächlich dem Gauleiter zugestimmt hätten. Dieses Schreiben fing die Gestapo ab und nahm Pfarrer Wepler ins Visier. Sie verhängte über alle aus- und eingehenden Postsendungen Weplers die „Postsperre". Dr. Beuermann teilte dem Landrat am 25. Juli 1935 mit:

> „Der Postsperrbeschluss ist dem Postamt hierselbst übergeben worden. 1 Brief an Pfarrer Wepler ist bereits hier abgegeben und geöffnet worden. Das Schreiben enthielt nichts Verdächtiges. Die angeordnete Kontrolle wird weiter ausgeübt."[2]

Über die gewaltsamen Zerstörungen jüdischen Eigentums im November 1938 ist ein vertraulicher Bericht der Ortspolizeibehörde Eschwege über „aufgeführte Sachschäden" erhalten, der die schweren Demütigungen, Misshandlungen und Verletzungen überging, die sich im Bewusstsein und in der Erinnerung der gepeinigten Juden noch Jahrzehnte, wenn nicht lebenslang erhalten haben.[3] Der Sachschaden wurde in Reichsmark beziffert (vermutlich zu niedrig),

---

[1] „Wir bauen das Reich. Programmatische Rede des Gauleiters Staatsrat Weinrich zum 5. Hessentag", in: Kurhessische Landzeitung vom 18./ 19. Mai 1935. – Weinrich griff hier die kurhessische Pfarrerschaft *pauschal* (nicht die Bekennende Kirche im Besonderen!) als intellektuelle Zersetzer an. Die NSDAP sei „in der Lage und willens, die Brut der Zersetzung zu vernichten". Das Volk habe kein Verständnis für „Pastorengezänk"; den Pfarrern gehe es nur um ihre Pfründe usw.

[2] HStA Mbg 180 Eschwege 2162.

[3] Anna Maria Zimmer, Juden in Eschwege. Entwicklung und Zerstörung der Jüdischen Gemeinde – von den Anfängen bis zur Gegenwart. Eschwege 1993, S. 168-172.

158

Versicherungsfragen wurden angesprochen, und es wurde festgestellt: „Arische Angestellte sind durch die Zerstörungen nicht erwerbslos geworden".[1]

In den Akten sind zahlreiche „Vorgänge" erhalten, in denen geheime „Anfragen" der Gestapo über den Landrat zum Bürgermeister Dr. Beuermann und von diesem wieder über den Landrat an die Kasseler Gestapo zurück gingen.[2] Ein Vorgang ließ sich ermitteln, in dem Dr. Beuermann zwei Polinnen entlastet haben könnte. Als im Januar 1940 die Gestapo Kassel wiederholt um „Mitteilung" bittet, „was über den Verkehr der angeblichen Polin mit Wehrmachtsangehörigen bekannt bzw. zu ermitteln ist" – es handelte sich um zwei bei Bauern in Niederhone beschäftigte Polinnen, die denunziert worden waren - teilte der Landrat der Gestapo u.a. folgendes mit:

> „...desgleichen liegen bei, 2 Berichte des Gend.-Meisters Thöne und ein Bericht des Bürgermeisters in Eschwege, die aus Anlass der dortigen Zuschrift vom 8. 1. 1940 herbeigeführt worden sind. Aus diesen Berichten ergibt sich, dass den beiden Polenmädchen ein Verkehr mit Wehrmachtsangehörigen nicht bewiesen werden kann."[3]

Mitwirkung

Dr. Beuermann hat nicht nur – in seinem Verständnis pflichtgemäß – Anfragen vorgesetzter Behörden beantwortet, sondern er hatte auch polizeilich mitzuwirken.
So wurde die bei der Mitteldeutschen Spinnhütte in Wanfried beschäftigte Anna Baum aus Eschwege im Herbst 1941 auf

---

[1] HStA Mbg 180 Eschwege Nr. 153.
[2] Z.B. in: HStA Mbg 180 Eschwege Nr. 1523/ 70, 123f.; 1718/ 320 ff.; 1760/ 295 ff.
[3] HStA Mbg 180 Eschwege Nr. 1760.

Weisung des Landrats „aus Gründen der Arbeitsdisziplin" für einige Tage in das Gerichtsgefängnis Eschwege eingesperrt. Der Leiter des Arbeitsamts Hersfeld hatte sie verwarnt, da sie „ohne ausreichende Entschuldigung der Arbeit ferngeblieben" war. Dr. Beuermann hatte sie zu vernehmen und in das Gefängnis „einzuliefern".[1] Wenige Wochen später veranlasste die Gestapostelle Kassel die „Einlieferung" Anna Baums in das Arbeitserziehungslager Breitenau, wo sie drei Wochen lang in „Schutzhaft" gefangen gehalten wurde.[2]

Die organisatorische Durchführung der Deportation jüdischer Bürger und Bürgerinnen im Dezember 1941 oblag dem Bürgermeister als Ortspolizeibehörde. A. M. Zimmer gibt aus dem Stadtarchiv Eschwege einen Geheimplan des Landratsamtes vom 20. November 1941 betr. „Juden-Umsiedlung am 8. und 9. Dezember 1941" wieder, in dem es u.a. heißt:

> *„2. Wer führt die Aktion durch? Die örtlichen Bürgermeister mit Unterstützung der Partei und der Ordnungspolizei."[3]*

So wird auch Bürgermeister Dr. Beuermann die zwei Wochen bis zum 8. Dezember mit der Planung, Vorbereitung und Organisation der Deportation, mit den unzähligen Details (z.B. Verpackung der verbleibenden Möbel und Wertsachen, Abgabe der Wohnungsschlüssel, Bestimmungen über Mitnahme usw.) verbracht haben, um die für diese erste Deportation vorgesehenen 62 Eschweger Juden fristgerecht am Bahnhof zu versammeln und zum Besteigen des Zugs nach Kassel zu veranlassen.

---

[1] HHStA 483/ 4975.
[2] LWV-Archiv: Breitenau 2, Nr. 5024. Schutzhaftakte Anna Baum.
[3] A. M. Zimmer, a.a.O., S. 206.

Selbst veranlasste Aktivitäten

Dr. Beuermann ist auch selbst polizeilich aktiv geworden. Er hat ohne bestimmte Befehle oder Anordnungen vorgesetzter Dienststellen die Staatspolizei auf den Plan gerufen. Es ist bemerkenswert, dass die Kasseler Gestapo seinem Verfolgungsbegehren in zwei Fällen nicht folgte. Gerade diese beiden Vorgänge, die die Eschweger Bürger Anton Maliszewski und Isidor Cahn betrafen, wurden ihm in den Spruchkammerverfahren vorgehalten. Die Kammern selbst haben beide Vorgänge jedoch nicht näher untersucht, sondern Dr. Beuermann auf Grund seiner eigenen Aussage und für ihn eintretender honoriger Zeugen entlastet – ein in den Spruchkammerverfahren weit verbreitetes Verfahren der Umgehung einer klaren Offenlegung der persönlichen Verantwortlichkeiten und Schuld.

Gegen Anton Maliszewski

Der in Eschwege tätige Kaufmann Anton Maliszewski[1] war denunziert worden, weil er im Jahr 1940 angeblich moralisch Anstößiges in einem „humoristischen" Vortrag zum Besten gegeben habe.[2] Maliszewski war mehrfach wegen kleinerer Delikte vorbestraft. Er galt mithin in der NS-Praxis als „asozial". Als Unterhaltungskünstler trat er unter dem Namen „Rembold" oder „Ramboldt" auf; dabei ging er offenbar weit über die Grenzen des vom Nationalsozialismus politisch

---

[1] Stadtarchiv Eschwege: Meldekarte und Auskunft Dr. Kollmann. Anton Maliszewski ist am 29.2.1896 in Recklinghausen geboren und am 19.2.1968 in Eschwege gestorben.
[2] Im kurzen Bericht über diesen Bunten Abend wird er als „Komiker T. Rembold" erwähnt, der mit „humoristischen Darbietungen" aufgewartet habe, „wobei allerdings seine Witze nicht immer ‚stubenrein' waren." Eschweger Tageblatt vom 29.4.1940. In der Anzeige am Tag zuvor wurde er als „zeitgemäßer Situationskomiker" angekündigt. Eschweger Tageblatt vom 26.4.1940.

Zugelassenen hinaus. Seine Inhaftierung und Verfolgung erfolgten jedoch nicht aus kriminalpolizeilichen Gründen, sondern unzweideutig wegen seiner kritischen bzw. nsgegnerischen Äußerungen. Er selbst äußerte sich 1951 vor dem Amtsgericht Eschwege hierzu wie folgt:

„Zu meinen Inhaftierungen 1935, 1940 und 1945 kam ich wie folgt:
a. 1935 Ich war damals nebenberuflich als Komiker tätig. In dieser Eigenschaft und auch privat ignorierte und satirierte ich die nationalsozialistische Bewegung durch aktuelle und politische Witze, und zwar bewusst und in aller Öffentlichkeit. Diese Tätigkeit brachte mir dann erstmals eine Anzeige bei der Gestapostelle in Erfurt durch den damaligen Ortsgruppenleiter von Effelder, Herrn Rektor Ballhaus ein, worauf hin die erste Schutzhaftierung lt. Schreiben vom 3.6.1935 des Landratsamts von Mühlhausen erfolgte. [...]
b. 1940 Bei einem im Stadtparksaal in Eschwege am 27.4.1940 stattgefundenen Bunten Abend wirkte ich als Komiker mit. In meinem hierbei aus dem Stegreif gehaltenen Vortrag glossierte und satirierte ich u.a. durch Wort und Geste die Parteidisziplin der NSDAP, was mir wiederum eine Anzeige und zwar von der Ortsgruppenleitung der NSDAP Eschwege einbrachte. Ich wurde deswegen von der Eschweger Kriminalpolizei [...] in Schutzhaft genommen und anschließend der Geheimen Staatspolizei in Kassel überstellt und zugeführt [...].
c. 1945 Am 17.1.45 befand ich mich auf einer Reise und musste auf Grund der schlechten Zugverbindung in Hersfeld im Wartesaal II. Klasse auf die Weiterfahrt warten. Es kamen einige Soldaten herein und nahmen an meinem Tisch mit Platz. Aus den Reden derselben und auch durch mein Befragen erfuhr ich, dass sie alle auf dem Weg zur Front waren. Ich fühlte mich nun

veranlasst, diese Leute, welche wirklich unwissend waren, aufzuklären, indem ich u.a. sagte, dass es doch keinen Sinn mehr hätte zu kämpfen, zumal der Russe bereits auf ostpreußischem Boden stünde. Ich verfluchte hierbei die NSDAP, welche soviel Elend über das deutsche Volk gebracht habe usw. Nach Anhörung meiner Agitation stand kurze Zeit später einer dieser Soldaten vom Tisch auf und verließ den Wartesaal. Er kehrte dann bald wieder mit einem Schutzmann zurück, welcher mich mit den Worten verhaftete: ‚Sie haben sich vorhin an diesem Tisch staatsfeindlicher Äußerungen bedient und ich muss Sie dieserhalb verhaften – Folgen Sie mir!'"[1]

Für diese von ihm dargestellten drei Inhaftierungen hat sich jeweils ein einwandfreier Beleg in staatlichen Akten erhalten: In der Schutzhaftanordnung des Landrats in Mühlhausen vom 3. Juni 1935 wurde ihm beschieden, „dass Sie wegen Verächtlichmachung der nationalsozialistischen Bewegung, des Führers und des W[inter].H[ilfs].W[erks]. auf Grund des § 1 der Verordnung des Herrn Reichspräsidenten zum Schutze von Volk und Staat vom 28.2.33 [...] in Schutzhaft zu nehmen sind."[2]
Nach dem Krieg äußerte der ihn im Jahre 1940 vernehmende Eschweger Kriminalbeamte Heldmann, dass in Maliszewskis Vortrag „gegen die damalige öffentliche politische Meinung verstoßen worden sei."[3] Auch die Schutzhaft am 6. Mai 1940 in Eschwege und seine Überstellung an die Gestapo Kassel am

---

[1] HHStA Abt. 618 Pak. 1924, Nr. 18, Band 1. Beglaubigte Abschrift der Verhandlung vor dem Amtsgericht Eschwege am 12.2.1951.
[2] Ebenda. Schutzhaftanordnung des LR in Mühlhausen vom 3.6.1935 in beglaubigter Abschrift.
[3] HHStA Abt. 618 Pak. 1924 Nr. 18 Bd. 1. Bescheinigung des Kriminalsekretärs A. Heldmann vom 13. 5. 1946.

15. Mai 1940, die in Folge eines „anstößigen Vortrags" im Eschweger Stadtpark veranlasst worden sei, wurde bestätigt.[1] Vom 22. Januar 1945 bis zum 29. März 1945 war er Gefangener der Untersuchungshaftanstalt Kassel und ein Verfahren wegen Verstoß gegen den § 2 des sog. Heimtückegesetz – er galt „darüber hinaus möglicherweise auch der Wehrkraftzersetzung dringend verdächtig" – war bei der Staatsanwaltschaft Kassel anhängig; das Kriegsende kam ihm zuvor.[2]

Maliszewski selbst war der festen Überzeugung, berief sich dabei auf Aussagen seitens der Polizei gegenüber seiner Frau, dass der Bürgermeister ihn an die Gestapo gemeldet habe. Entsprechende Nachweise für die Beteiligung Dr. Beuermanns konnten jedoch nicht vorgelegt werden, so dass die Kammer ihn in diesem Punkt entlastete. Der Vorwurf Maliszewskis, Dr. Beuermann habe ihn durch polizeiliche Verfügung vom 14. April 1939 zur Schließung seines Betriebes gezwungen, wodurch er den größten Teil seines Geschäftsvermögens verloren habe, wurde von der Berufungskammer nicht behandelt. Die Aussage Maliszewskis, dass man bei der Kasseler Gestapo nichts mit ihm habe anfangen können, erscheint glaubhaft:

> *„Man hielt mich 14 Tage bei der Polizei fest und nach diesem Tage wurde ich abgeführt nach Kassel. Da habe ich 12 Wochen sitzen müssen und hatte viele Vernehmungen, dann wurde ich entlassen. Der vernehmende Beamte wusste nicht, warum ich kam, er sagte zu mir: ,Sie sind uns von Eschwege überwiesen*

---

[1] HHStA Abt. 618 Pak. 1924 Nr. 18 Bd. 1. Bescheinigung des Kriminalsekretärs A. Heldmann vom 13. 5. 1946.

[2] HHStA Abt. 618 Pak. 1924 Nr. 18 Bd. 2. Kopie aus dem Gefangenenbuch. Aufnahmebogen der Untersuchungshaftanstalt Kassel vom 22.1./29.3.1945. HHStA Abt. 618 Pak. 1924 Nr. 18 Bd. 1. Beglaubigte Abschrift des Beschlusses des Sondergerichts für den OLG-Bezirk Kassel vom 20.2.1945.

worden, wir hatten nur den Fall zu prüfen.' Als ich wieder nach Eschwege kam, machte ich folgende Feststellung: Der Bürgermeister hatte veranlasst, dass ich überhaupt der Gestapo überwiesen wurde. Ich war an sich vorbelastet und wurde als asoziales Element hingestellt. Man sammelte gegen mich viel Material, aber ich musste doch von Kassel entlassen werden. "[1]

Die Tatsache, dass die beiden Spruchkammern Dr. Beuermann in dieser Sache entlasteten, kam auf folgende Weise zustande: Erstens erklärte Dr. Beuermann kurz und bündig, womit die Sache für ihn erledigt schien, gegen Maliszewski „keinerlei Weisung gegeben" zu haben.[2]

Zweitens gelang es Dr. Beuermanns Verteidigern erfolgreich, Maliszewski als „Asozialen" zu diskreditieren. Dr. Beuermann sowie einige für ihn eintretende Zeugen bemühten sich gegenüber den Spruchkammern darum, Maliszewskis Aussagen mit herabsetzenden Behauptungen über seinen Lebenswandel abzuwerten. „Der Vortrag soll sittlich nicht ganz einwandfrei gewesen sein, hörte ich später", so Dr. Beuermann. Es habe sich „nicht um eine politische Angelegenheit, sondern um eine schmutzige Vortragsweise" gehandelt, so der frühere Eschweger Schutzpolizist Grabowski[3]. „Sie sollen bis zu 20 mal vorbestraft gewesen sein", so der Anwalt Dr. Beuermanns zu Herrn Maliszewski.[4]

Und drittens gelang es ihnen, die Verfolgung Maliszewskis der Geheimen Staatspolizei in die Schuhe zu schieben. Dies war offensichtlich nicht der Fall, wie den Kammern von Maliszewski durchaus mitgeteilt worden war. Die Kasseler Gestapo hatte trotz eingezogener Erkundigungen nämlich nichts ihn Belastendes ermittelt und ihn folgerichtig wieder

---

[1] HHStA 520/Es Nr. 785, Bl. 56 R.
[2] Ebenda.
[3] HHStA 520/Es Nr. 785, Bl. 57.
[4] Ebenda.

entlassen. Dass Malizewski immer wieder eindringlich darauf hinwies, dass mithin seine Inhaftierung von Eschwege ausgegangen sein musste, sowie die Tatsache, dass auch der verhaftende Kriminalbeamte eine Beteiligung Dr. Beuermanns nicht ganz ausschloss („Ich hatte den Auftrag, den Maschinewski [sic!] festzunehmen, ob es der Bürgermeister oder der Landrat sagte, kann ich nicht mehr sagen."[1]), dass dieser mitteilte, dass die Anzeigen durch die Hand des Bürgermeisters gingen („er hat sie manchmal auch verfügt".[2]), all dies hinderte die Spruchkammer nicht daran, in allgemeiner Weise die Gestapo verantwortlich zu machen und Dr. Beuermann zu entlasten:

> *„Wie bekannt ist, bezog die Geheime Staatspolizei in ihren Zuständigkeitsbereich auch die Überwachung von Personen ein, die nach Auffassung der Geheimen Staatspolizei zu den asozialen Elementen gehörten. Eine gewisse Zahl von Vorstrafen war geeignet, jemanden der Geheimen Staatspolizei als asoziales Element verdächtig erscheinen zu lassen. Dass der Betroffene [i.e. Dr. Beuermann] aber für die Tatsache der politischen Festnahme des Zeugen irgendwie verantwortlich war oder persönlich irgendwie mitgewirkt hat, war nicht erweisbar. "[3]*

Die wahren politischen Gründe der Inhaftierung Maliszewskis kamen bei den Kammern nicht zur Sprache. Erst im Jahr 1951 wurden von der Wiedergutmachungskammer II des Landgerichts Kassel seine „achtbare politische Überzeugung" und Entschädigungsansprüche anerkannt. „Voraussetzung für die Anerkennung der Ansprüche des Antragstellers ist, dass der Träger einer achtbaren politischen Überzeugung war, und dass

---

[1] Ebenda.
[2] HHStA 520/Es Nr. 785, Bl. 56 R.
[3] HHStA 520/Es Nr. 785, Bl. 150.

er diese Überzeugung ständig und nachhaltig vertreten hat, § 1 E[ntschädigungs] G[esetz]. Das Gericht ist zu der Überzeugung gelangt, dass diese Voraussetzungen bei dem Antragsteller zutreffen."[1]

Gegen Isidor Cahn

Konnte im eben dargestellten Vorgang eine Aktivität Dr. Beuermanns nicht schwarz auf weiß nachgewiesen werden, so lag die volle Verantwortlichkeit Dr. Beuermanns Aktivität gegen Isidor Cahn in Form eines erhaltenen und von ihm unterzeichneten Dokuments vor.

Passfoto Isidor Cahn. Meldekarte, ausgestellt vom Bürgermeister Eschwege am 24. Februar 1939. (Stadtarchiv Kassel)

Im April 1938 hatte er beim Landrat das Einschreiten der Gestapo gegen den 69-jährigen Isidor Cahn verlangt. Die

---

[1] HHStA Abt. 618 Pak. 1924 Nr. 18 Bd. 2. Beschluss in der Entschädigungssache des Kaufmanns Anton Maliszewski [...] vom 9.10.1951.

Gestapo müsse hier handeln, das Verhalten des Cahn dürfe nicht ohne Folgen bleiben. Andernfalls müsse man „für einige Zeit" Schutzhaft gegen ihn verhängen. Dr. Beuermann erwähnte ein Schreiben Cahns, in dem dieser sich beleidigend geäußert haben sollte. Weder dieser Brief Cahns noch die Antwort Dr. Beuermanns an Cahn ließen sich ermitteln. Erhalten ist jedoch das Schreiben Dr. Beuermanns an Landrat Dr. Walter Schultz:

> *„Der Jude Isidor Cahn, geb. am 21.11.1868 zu Eschwege hat sich in der anliegenden Eingabe derartige unverschämte Angriffe gegen Beamte des nationalsozialistischen Staates erlaubt, dass ich es für angebracht halte, die Angelegenheit der Staatspolizeistelle Kassel vorzulegen, damit Cahn einmal gezeigt wird, wie er sich zu benehmen hat. Würde dies herausfordernde Benehmen für den Juden ohne Folgen bleiben, so würde das von den deutschen Volksgenossen nicht verstanden. Es ist vielmehr anzunehmen, dass der Zorn sich gegen Cahn lenken würde, wogegen über Cahn für einige Zeit die Schutzhaft zu verhängen wäre. Abschrift meiner die Sache betreffende Antwort liegt bei. Dr. Beuermann."*[1]

Es ist bemerkenswert, dass Dr. Beuermanns Ansinnen von seinem Vorgesetzten, dem Landrat Dr. Schultz, nach Rücksprache mit der Gestapo abgelehnt und der Bürgermeister darüber belehrt wurde, dass „nach den neuesten Bestimmungen des Reichsministers des Innern [...] in solchen Fällen die Schutzhaft nicht mehr verhängt werden kann."[2] Die Gestapo und der Landrat erwiesen sich in dieser Angelegenheit mithin zurückhaltender, vielleicht auch politisch zweckrationaler als Dr. Beuermann. Die Verfolgungsbehörden im NS-Staat hatten

---

[1] HHStA 520/Es Nr. 785, Bl. 68.
[2] HHStA 520/Es Nr. 785, Bl. 68 R.

bereits seit 1934 ausdrücklich darauf hingewiesen, nicht bei jeder Beleidigung oder Verächtlichmachung sogleich Schutzhaft zu beantragen und sie dadurch für private Anlässe zu instrumentalisieren. Schutzhaft sollte vielmehr den politischen Zwecken der „Volksgemeinschaft" dienen.

Gegenüber der Berufungskammer stellte der ehemalige im Rathaus tätige städtische Kämmerer Beissert es im Jahr 1947 so dar, als habe Dr. Beuermann Isidor Cahn lediglich „übers Wochenende festsetzen" wollen und ihn auf diese Weise vor den schlimmen Folgen einer gerichtlichen Beleidigungsklage bewahren wollen.[1] Beissert erklärte, herabsetzende Bemerkungen über Isidor Cahn einflechtend:

> *„Stadtsekretär Hose und ich waren der Überzeugung, dass Cahn wegen Beamtenbeleidigung bestraft werden würde, wenn wir das Schreiben weitergeben würden. Cahn wurde selbst von seinen näheren Bekannten nicht für voll angesehen. Er war ein Querulant. Wir wollten vermeiden, dass die Sache der Staatsanwaltschaft vorgelegt wurde und sagten, es genügt, wenn der Mann einen Denkzettel bekommt. Ich habe die Sache dem Betroffenen [Dr. Beuermann] vorgetragen. Wir haben damals nicht daran gedacht, die Sache an die Gestapo gelangen zu lassen."[2]*

Es bleibt unerklärlich, warum die Kasseler Berufungskammer Beissert diese widersprüchliche Aussage abnahm, zumal ihr ein Dokument vorlag, aus dem einwandfrei hervorging, dass die Gestapo eingeschaltet worden war. Selbst wenn es sich bei dem Brief Cahns um eine Beleidigung gehandelt hat, bestand kein Anlass zu dieser ganz und gar unverhältnismäßigen Reaktion Bürgermeister Dr. Beuermanns, nämlich wegen einer persönlichen Beleidigung amtlicherseits die Macht des

---

[1] HHStA 520/Es Nr. 785, Bl. 146.
[2] Ebenda.

Verfolgungsapparates – Nachricht an die Gestapo, Schutzhaft, möglicherweise KZ – gegen einen verarmten Fürsorgeempfänger in Gang zu setzen. Isidor Cahn konnte es zu diesem Zeitpunkt noch den glücklichen Umständen danken, dass der Landrat und die Gestapo das Begehren Dr. Beuermanns zurückgewiesen hatten.

Das weitere Schicksal Isidor Cahns, das bei den Verhandlungen vor den Kammern überhaupt nicht zur Sprache kam (ein „nihil nisi bene de mortuis" galt offenbar nicht), ist von uns nur in Bruchstücken ermittelbar gewesen. Die Akten geben nur wenig weiteren Aufschluss: Isidor Cahn hat mit Musikinstrumenten gehandelt, war überschuldet und bezog seit 1932 Fürsorgeunterstützung.[1] Ein halbes Jahr nach dem Verkauf seines Hauses zog er am 16.9.1937 in das Hinterhaus von Stad 27. Das Doppelhaus Stad 27/29 gehörte dem jüdischen Kaufhausbesitzer Paul Goldmann, der Eschwege im Jahr 1939 verließ. [2] In diesem Jahr 1939 hielt sich Cahn anscheinend noch in Eschwege, „Am Stade 29", auf. Bereits am 24. November 1939 habe er „an das Landesleihhaus in Kassel Wertgegenstände abgegeben". Am 21. November 1940 meldete er sich polizeilich nach der Stadt Kassel ab. Dort wohnte er von diesem Tag an bis zum 1. Mai 1943 in der Mombachstraße 17, allem Anschein nach ein „Judenhaus".[3] 1941 ist sein Name auf einer Liste der Stadt Kassel „ausgeschiedener" jüdischer Wohlfahrtsempfänger erhalten, die „für die 26. Zuteilungsperiode noch mit Lebensmitteln von

---

[1] HHStA Abt. 519/V Nr. 3123-344 Bd. 1 und 2 (Vermögenskontrollakte), Abt. 519/A Nr. Esch 25181 (Rückerstattungsakte) und Abt. Z 460 Nr. KJ 241 (Prozessakte der Wiedergutmachungskammer des Landgerichts Kassel). Die Akten betreffen das Hausgrundstück Forstgasse bzw. Horst-Wessel-Str. 15, das durch Kaufvertrag vom 11.2.1937 veräußert wurde. Aus den Akten geht hervor, dass das Grundstück seit Ende der 20er Jahren hypothekarisch stark belastet und Cahn zeitweise nicht in der Lage war, die hierfür erforderlichen Zinsen zu zahlen.

[2] Mitteilung von Dr. Kollmann, Stadtarchiv Eschwege vom 27.11.2009.

[3] Stadtarchiv Kassel, Hausstandsbücher. Mombachstraße 17.

hier versorgt worden sind".[1] Diese Liste deutet darauf hin, dass der „Zwangstransfer" der öffentlichen Wohlfahrtspflege auf die jüdischen Organisationen auch in Kassel vollzogen wurde. Wolf Gruner hat das ganze Elend dieser antijüdischen Gesetzgebung für die Betroffenen dargestellt.[2] Von daher erscheint bereits seine Abgabe an das Landesleihhaus in Kassel im November 1939 in neuem Licht; möglicherweise war sie ihm auferlegt worden.

Von Kassel aus wurde Isidor Cahn am 1. Mai 1942 in die Nervenheilanstalt Bendorf-Sayn überführt, von wo er am 15. Juni 1942 in das Vernichtungslager Sobibór deportiert wurde.[3] Auf einem Nebengleis in Lublin wurden nach einer „Selektion" etwa 100 Männer in das Lager Majdanek gebracht. „Vermutlich wurde der Zug anschließend direkt nach Sobibór geleitet, ohne zuvor noch das Durchgangslager von Izbica zu berühren."[4] Ein Todesdatum ist für Isidor Cahn nicht überliefert.

Gegen Fritz Kahn

~ Die Anprangerung

Am 3. Mai 1937 setzte Dr. Beuermann die öffentliche Herabsetzung des jüdischen Fabrikanten Fritz Kahn in Eschwege in Gang. „Die Firma Herzog & Co., Duftmittel

---

[1] ITS Bad Arolsen. Stadtkreis Kassel Ordner 2240, S. 144; 2241, S. 6; 2242, S. 94. Landkreis Eschwege Ordner 1876, S. 265. Gestapo Transporte Ordner 14, S. 30. – Mitteilung von D. Schadow (Juli 2009).
[2] Wolf Gruner, Öffentliche Wohlfahrt und Judenverfolgung. Wechselwirkung lokaler und zentraler Politik im NS-Staat (1933-1942). München 2002, für diesen Zusammenhang bes. S. 235 ff.
[3] Bundesarchiv Berlin. Online-Version des Gedenkbuchs „Opfer der Verfolgung der Juden unter der nationalsozialistischen Gewaltherrschaft in Deutschland 1933-1945."
[4] Alfred Gottwald / Diana Schulle, Die „Judendeportationen" aus dem Deutschen Reich 1941-1945. Eine kommentierte Chronologie. Wiesbaden 2005, S. 219.

Fabrik," – so notierte er handschriftlich an diesem Tag – „hat einen irreführenden Namen, weil der Anschein erweckt wird, als handele es sich um eine arische Firma. So kommt es, dass dort fortgesetzt Parteistellen kaufen, obgleich die Firma rein jüdisch ist."[1] Die Sache sei mit Assessor Kamlah, dem Registerrichter am Amtsgericht Eschwege, besprochen worden, hielt Dr. Beuermann fest. „Er wird die Firma zur Änderung veranlassen." Auch notierte er, dass am 20. September 1927 bei der Eintragung der Firma in das Handelsregister „Herzog sofort von der Vertretung ausgeschlossen" war. Nicht ermittelbar war, auf welchem Weg Dr. Beuermann zu dieser Feststellung gekommen ist bzw. wer ihn auf diesen zehn Jahre zurück liegenden Eintrag in das Handelsregister aufmerksam gemacht hat. Er sah sich nun seinerseits zum Handeln veranlasst und wurde in den folgenden Monaten vom Landrat und der Gestapo ausdrücklich als der Initiator dieser Intervention, die auf die Schädigung der Firma und ihre Überführung in „arisches" Eigentum zielte, angesehen.

---

[1] Sämtliche in diesem Abschnitt nicht besonders nachgewiesenen Zitate stammen aus: HHStA 483, Nr. 4975. Bei diesem Bestand handelt sich um Aktenstücke des Landrats von Eschwege, die im Rahmen der Spruchkammerverfahren vorgelegt worden waren.

Transkription der Aktennotizen Dr. Beuermanns (vorhergehende Seite), die die „Arisierung" der Firma Herzog & Co. in Gang setzten (Hess. Hauptstaatsarchiv Wiesbaden 483/ Nr. 4975):

»Die Firma Herzog & Co., Duftmittel Fabrik, hat einen irreführenden Namen, weil der Anschein erweckt wird, als handle es sich um eine arische Firma. So kommt es, dass dort fortgesetzt Parteistellen kaufen, obgleich die Firma rein jüdisch ist.
B.[Paraphe von Dr. Beuermann] 3/5 [3. Mai 1937]
eingetr[agen] 20/9 [19]27 Herzog sofort von der Vertretung ausgeschlossen.
1. Ich habe die Sache mit Assessor Kamlah, dem Registerrichter besprochen. Er wird die Firma zur Änderung veranlassen.
2. W[ieder]v[orlage] 20/5 37 bei VI.   d[er] B[ürgermeister]
B.[Paraphe von Dr. Beuermann] 3/5
1) Assessor Kamlah erwartet Vorlage der Ummeldung der Firma. Wird diese nicht bis morgen abgegeben, wird Weitergebrauch der Firma untersagt. Evtl. legt Kahn Beschwerde ein.
2) Wv. 1/6. 37   dB
                    [nicht lesbar] 20/5«

~ *Die Firmengründung im Jahre 1926*

Der damals 30-jährige Dr. Walter Kahn, der Bruder des 1937 beschuldigten Fritz Kahn, und der 28-jährige Ernst Herzog hatten im Februar 1926 die Firma Herzog & Co. gegründet. Walter Kahn hatte gerade sein Studium der Chemie abgeschlossen. Ernst Herzog war Werkmeister in der Eschweger Spazierstockfabrik Schloss & Co. gewesen. Der Teilhaber dieser Fabrik Isidor Schloss war ein Onkel von Walter Kahn. Über die Motive und den Anlass der Firmengründung berichtete Fritz Kahn im Mai 1937, als er vor dem Registerrichter in Eschwege vorgeladen war:

"Ich war früher Mitinhaber bei der Stockfabrik Schloß u. Co. (Inhaber waren weiter mein Vater und mein Onkel Schloß). Die Firma war verschuldet und musste eingehen. Herzog war Werkmeister in der Fa. Schloß. Er hatte noch eine Gehaltsforderung gegen die Firma Schloß, die nicht

173

beitreibbar war. Ich wollte dann eine neue Existenz gründen - durch meinen Bruder, der Chemiker ist, verfiel ich auf die Herstellung von Desinfektionsmitteln und dergleichen. Mein Bruder hat dafür Ersparnisse in geringfügigem Umfange (vielleicht 500,- M.) zur Verfügung gestellt. Später stellte die Familie auch noch Darlehen zur Verfügung, wie sie auch am Anfang durch Verfügungsstellen der Räume half. Mein Bruder wollte den Herzog für die aussichtslose Gehaltsforderung gegen die Fa. Schloß entschädigen und nahm ihn mit in die Firma. [... Herzog] sollte nur berechtigt sein, sich an den Überschüssen der Firma für seine Forderung nach und nach zu befriedigen; da aber in den ersten Jahren keine Überschüsse erzielt wurden, ist er aus der Firma ausgetreten. Er war im ganzen zwei Jahre lang haftender Gesellschafter. Die Firma ist deshalb nicht Kahn u. Co. genannt worden, da hier in Eschwege sieben oder acht Firmen namens Kahn bestanden; es hat uns fern gelegen, den nichtarischen Charakter der Firma zu verbergen. [...]".[1]

Mit dieser Aussage stimmt die Vereinbarung zwischen Dr. Walter Kahn und Ernst Herzog vom Februar 1926 überein, in der festgelegt worden war, dass etwaige Verluste allein von Dr. Kahn getragen werden, während die Verteilung der Gewinne einer besonderen Vereinbarung vorbehalten war.[2] Für Ernst Herzog war es dem Vertrag nach ein Weg, ohne eigenes Risiko möglicherweise die entgangene Lohnzahlung zu erhalten. Als die erwarteten Gewinne ausblieben, verließ er die Firma im April 1928 und widmete sich einer eigenen Stockfabrik unter seinem Namen. Von seiner Seite lag weder zu diesem Zeitpunkt noch später eine Äußerung zum Firmennamen vor,

---

[1] Stadtarchiv Eschwege. Amtsgericht Eschwege. Abt. II. Akten zum Handelsregister Firma Herzog & Co.

[2] Vereinbarung zwischen dem Chemiker Dr. Walter Kahn, Berlin, Pappel Allee 23 und dem Werkmeister Ernst Herzog, Eschwege (Kopie dieser Vereinbarung von dem Sohn Werner Kahn, Rio de Janeiro, zur Verfügung gestellt).

die auf ein mögliches Nicht-Einverständnis mit den Brüdern Kahn schließen lässt. Notariell willigte er in die Fortführung der Firma durch Dr. Walter Kahn unter dem eingeführten Namen Herzog & Co. ausdrücklich ein.[1]

~ *Die Firma Herzog & Co.*

Die Firma war im Februar oder im April 1926 gegründet worden und hatte ihre Geschäftsräume zunächst im Haus der Schwiegereltern Dr. Kahns, der Familie Julius Pappenheim in der Schildgasse 8 in Eschwege. Zunächst kann es sich nur um eine kleine Firma mit drei bzw. höchstens vier Angestellten gehandelt haben. Von den hergestellten Artikeln „habe ich in Erinnerung ein Badesalz (mit Fichtennadelgeruch), Schmierseifen, ein Produkt, welches Verstopfungen von Röhren in den Küchen auflöste, das Eisstreumittel (Solvo-Glace), welches patentiert wurde, vielleicht eine Art Seifenpulver, ein Reinigungsmittel für Gläser, Flaschen etc. (im Grunde auch eine Seife) [...]"[2]

Herzog & Co. firmierte als Hersteller chemischer Erzeugnisse und Vertrieb technischer Neuheiten (1927), als „Großvertrieb technischer Neuheiten" und „Hersteller des automatischen Feuerlöschers ‚Apyr'" (Juni 1928), als „Hersteller chemischer Erzeugnisse" (August 1928) und später als „Chemische Fabrik, Eschwege, Desinfektionsmittel/ Parfümerien/ Putzmittel/ Seifen/ Bäder" (1933).[3] Die Firma hatte anscheinend erst Anfang der 30er Jahren die Umsätze erheblich steigern

---

[1] Stadtarchiv Eschwege. Amtsgericht Eschwege. Abt. II. Akten zum Handelsregister Firma Herzog & Co. Nr. 64 des Notariatsregisters Dr. Otto Peyser.

[2] Aus einem Brief Werner Kahns an Vf. vom 15.2.2010.

[3] Stadtarchiv Eschwege. Amtsgericht Eschwege. Abt. II. Akten zum Handelsregister Firma Herzog & Co. Firmenbriefbogen aus der Korrespondenz mit dem Amtsgericht Eschwege.

können.[1] Bis 1936 muss eine weitere Umsatzsteigerung erreicht worden sein, so dass anzunehmen ist, dass die Geschäfte im Jahr 1937 gut liefen.[2]

~ *Politische und justizielle Verfolgung*

Dr. Beuermanns Recherchen beim Amtsgericht Eschwege hatten ergeben, dass Herzog im Jahre 1927 von der Vertretung „sofort ausgeschlossen worden" war. Dieser Satz, vor allem das „sofort" darin, war nicht zutreffend. Im Register hieß es, dass „zur Vertretung der Gesellschaft (...) lediglich der Chemiker Dr. Walter Kahn ermächtigt (ist)". Die Feststellung einer Vertretungsberechtigung ist ein üblicher Vorgang und schließt bereits definitorisch die übrigen Mitglieder der Gesellschaft von der Vertretung aus. In diesem Fall war aus den dargelegten Gründen zu keinem Zeitpunkt des Bestehens der Firma eine Vertretung Ernst Herzogs vereinbart worden.[3]

---

[1] Stadtarchiv Eschwege. Amtsgericht Eschwege. Abt. II. Akten zum Handelsregister Firma Herzog & Co. Die Bilanzsumme stieg von 4.225,90 RM (für 1927) auf 12.191,32 RM (für 1932), wie die dem Amtsgericht vorgelegten Aufstellungen nachweisen.

[2] Stadtarchiv Eschwege. Amtsgericht Eschwege. Abt. II. Akten zum Handelsregister Firma Herzog & Co. Rechtsanwalt Dr. Siegmund Doernberg wies in seinem Einspruch am 11.6.1937 darauf hin, dass die Firma etwa 12 Personen als Vertreter und Angestellte beschäftige, und dass die Gehälter, Provisionen, Löhne und dergleichen im Jahre 1936 etwa 12.000 RM betragen. Zum Vergleich: Im Jahre 1932 war die Summe für die Gewinn- und Verlustrechnung 9.300,59 RM.

[3] § 2 einer „Vereinbarung zwischen dem Chemiker Dr. Walter Kahn, Berlin, Pappel Allee 23 und dem Werkmeister Ernst Herzog, Eschwege", die am 16. Februar 1926 ausgefertigt und von beiden Partner unterschrieben worden war, lautete: „Für alle eingegangenen Verkäufe, Verbindlichkeiten haftet allein Dr. Kahn. Er ist daher zur Vertretung der Firma nach außen allein berechtigt. Die Vertretung nach außen geschieht durch Zeichnung der Firma seitens Dr. Kahn." (Kopie dieser Vereinbarung von dem Sohn Werner Kahn, Rio de Janeiro, zur Verfügung gestellt) Auch zu keinem späteren Zeitpunkt dieser Firma, die 1927 zur OHG umgewandelt wurde, war eine Vertretung von Ernst Herzog vereinbart worden.

Mit der für das Jahr der Firmengründung (1926) abwegigen Unterstellung, Kahn habe Herzogs Namen benutzt, war Kahns Entgegenkommen, Herzog eine Möglichkeit zu eröffnen, seine entgangenen Lohnforderungen zu realisieren, ins Gegenteil verkehrt worden. Die Tatsache, dass Angehörige der jüdischen Familie Kahn Inhaber der Firma Herzog & Co. waren, ist zu keinem Zeitpunkt verschwiegen, sondern seit 1927 in Eschwege öffentlich bekannt gemacht und wiederholt öffentlich mitgeteilt worden.[1]

Gleichwohl unterstellte Dr. Beuermann ein „Täuschungsmanöver" Fritz Kahns. Er überging dabei auch die Tatsache, dass dieser an der Firmengründung gar nicht beteiligt gewesen war. Fritz Kahn hatte die unter diesem Namen bestehende Firma erst im August 1933 übernommen. Auch dieser Vorgang war in Eschwege öffentlich bekannt gemacht worden. Das Amtsgericht Eschwege hatte mitgeteilt:

*„In das Handelsregister Abteilung A ist am 28.8.1933 bei der Firma **Herzog & Co** eingetragen worden: Inhaber der Firma ist jetzt der Fritz Kahn in Eschwege, die ihm erteilte Prokura ist erloschen. "[2]*

Am 19. Mai 1937 wandte sich der Eschweger Landrat Dr. Schultz an die Geheime Staatspolizei Kassel betr. „Tarnung einer jüdischen Firma als arisches Geschäft". Dr. Schultz hielt es für erforderlich, von Seiten der Gestapo die Firma zu schließen, wenn sie nicht innerhalb einer Frist die Änderung ihrer Firmenbezeichnung im Handelsregister „in solch klarer Weise vornehmen lässt, dass die Firma von jedermann sofort als jüdisches Unternehmen erkannt werden kann." Zudem sollten „alle Reichs-, Staats- und Kommunalbehörden des

---

[1] Amtliche Anzeigen teilten Dr. Walter Kahn und Fritz Kahn als Inhaber mit. Vgl. Eschweger Tageblatt Nr. 229. vom 30. 9. 1927; Eschweger Tageblatt vom 11.5.1928 (Dr. Walter Kahn); Eschweger Tageblatt vom 2.9.1933 (Fritz Kahn).
[2] Eschweger Tageblatt vom 2.9.1933.

Regierungsbezirks Kassel von dort aus [i.e. Gestapo] verständigt werden, dass die Firma Herzog & Co. in Eschwege ein jüdisches Unternehmen ist." Der Landrat schrieb: „Das Täuschungsmanöver hat sich anscheinend glänzend bewährt, was daraus hervorgeht, dass der Jude Kahn sich gegen die vom Bürgermeister Dr. Beuermann schon vor einiger Zeit beim Amtsgericht beantragte Firmenänderung im Handelsregister wehrt."

Gestapo, Landrat, und Bürgermeister entfalteten bei der Verfolgung dieser Sache einen hartnäckigen Eifer, der in den Regierungsbezirk Kassel hinein reichte.[1] Die Gestapo Kassel ersuchte am 21. Mai 1937 den Landrat um die Vernehmung Fritz Kahns und bat um „eine Stellungnahme des Bürgermeisters in Eschwege […] über den Stand des Verfahrens bezüglich der von ihm beim Amtsgericht Eschwege beantragten Firmenänderung." Dr. Beuermann berichtete, dass das Amtsgericht Eschwege als Registergericht gleichzeitig eine Verfügung „an den Juden Kahn (erlässt), binnen kurz bemessener Frist unter Androhung einer Ordnungsstrafe die Firma zu ändern." Dies geschah postwendend. Das Amtsgericht Eschwege gab Fritz Kahn am 2. Juni 1937 auf, sich des Gebrauchs der Firma Herzog & Co. zu enthalten und zweitens die Löschung der Firma zum Handelsregister anzumelden. Mit der vorgeblich nur auf Namensänderung zielenden Intervention war faktisch die „Arisierung" des Unternehmens eingeleitet worden. Fritz Kahn wird gewusst haben, dass eine Umbenennung der Firma auf seinen Namen im Frühjahr 1937 als unmissverständliches Signal zu deuten

---

[1] HHStA 483, Nr. 4975. LR Eschwege an Staatspolizeistelle Kassel am 19.5.1937. „Die Annahme des Reisenden Benno Ewald Gross, dass der im Geschäft des Fritz Kahn beschäftigte Kaufmann Uth zweiter Mitinhaber der Firma sei, hat sich durch die Einsicht des Bürgermeisters Dr. Beuermann in das Handelsregister als unzutreffend erwiesen." Der Landrat hatte zuvor den Reisenden Benno Ewald Gross vernommen, der „auf Befragen in Arolsen" (von wem, war nicht ermittelbar) die Firma Herzog & Co. als „arische" Firma bezeichnet hatte.

war. Ihm stand nur mehr die Zeit zur Verfügung, die gegebenenfalls eine Beschwerde und Klage eröffnete. Es bedarf keiner großen Vorstellungskraft, um sich die geschäftlichen Folgen für die Firma, insbesondere für die Mitarbeiter, ab dem Frühjahr 1937 auszumalen. Fritz Kahn war sich im Klaren darüber, dass er an einem Verkauf nicht mehr vorbeikam und sondierte sofort Verkaufsmöglichkeiten. Auch diese wurden freilich durch die Drohung mit der Preisgabe des eingeführten Firmennamens behindert.[1]

Gegen die Verfügungen des Amtsgerichts Eschwege legte er mit Hilfe eines Rechtsanwalts Beschwerde ein, die dem Landgericht in Kassel zur Entscheidung übergeben wurde.

Mehrere Nachfragen seitens Dr. Beuermanns, des Landrats und der Gestapo Kassel beim Amtsgericht Eschwege führten zu der wiederkehrenden Antwort, dass das Landgericht Kassel noch immer nicht entschieden habe (z. B. am 22. Juli 1937, 16. September 1937, 22. Oktober 1937). Am 15. August 1937 hatte Dr. Beuermann handschriftlich notiert: „Die Beschwerde liegt z. Zt. noch bei der Kammer für Handelssachen in Kassel vor. Kahn nützt die Fristen immer bis zum äußersten aus." Als man dort am 2. August 1937 die Beschwerde Kahns zurückwies, wandte sich sein Anwalt an das Berliner Kammergericht, das am 11. November 1937 ebenfalls die Beschwerden zurückwies. Die Urteilsbegründung des Berliner Kammergerichts war, wie mir von rechtshistorisch kundiger Seite mitgeteilt wurde, mit der damaligen Kommentarliteratur zum BGB nicht vereinbar; sie sicherte die Wunschvorstellungen der Geheimen Staatspolizei ab.

---

[1] Stadtarchiv Eschwege. Amtsgericht Eschwege. Abt. II. Akten zum Handelsregister Firma Herzog & Co. Ein Kaufinteressent wies am 30.9.1937 gegenüber dem Amtsgericht darauf hin, dass ein Kauf für ihn nur bei Beibehaltung des eingeführten Firmennamens in Frage käme. Er bat um Weiterführung unter dem Namen „Herzog & Co." und ergänzte: „Sollten Sie jedoch mein Ansinnen ablehnen, werde ich von den Kaufverhandlungen sofort zurücktreten."

Inzwischen hatte diese den Druck verschärft. Sie teilte dem Landrat am 22.Oktober 1937 mit, dass sie von ihm erwarte, „dem Übergang der Firma in andere Hände besondere Aufmerksamkeit zu schenken und vor etwa eintretenden Veränderungen sofort zu berichten." Bereits am 5. November 1937 teilte Dr. Schultz der Gestapo mit: „Wie vertraulich festgestellt wurde, steht Kahn nach wie vor wegen des Verkaufs seines Geschäfts mit auswärtigen Personen in Verhandlung." Am 10. Dezember 1937 berichtete der Eschweger Kriminal-Oberassistent Heldmann: „Wie hier bekannt geworden ist und festgestellt wurde, ist die Firma inzwischen von Amts wegen gelöscht worden. Auch ist inzwischen von dem bisherigen Inhaber Fritz Kahn der Antrag auf Löschung der Firma bei dem hiesigen Amtsgericht gestellt worden. Der Betrieb der bisherigen Fa. Herzog & Co. ist durch Kauf in den Besitz der Fa. Ernst Haiss in Haslach im Kinzigtal im Schwarzwald übergegangen. Soweit hier bekannt ist, handelt es sich bei der Fa. Haiss um eine arische Firma [...]".
Am 2. Dezember 1937 teilte Fritz Kahn dem Amtsgericht mit: „Zur Eintragung in das Handelsregister melde ich an, dass die Firma erloschen ist."

~ *Zum weiteren Schicksal der Familien Fritz Kahn und Dr. Walter Kahn*

Fritz Kahn, seine Ehefrau Luise, geb. Pappenheim – sie war eine Schwester des im Regierungsbezirk Kassel politisch hervorgetretenen Sozialdemokraten Ludwig Pappenheim, der im Januar 1934 von einem SS-Mann des Konzentrationslagers Neusustrum ermordet worden war[1] - und ihr Sohn Werner Kahn verließen wenige Monate später die Stadt Eschwege und zogen nach Frankfurt am Main. Im November 1938 wurde

---

[1] Dietfrid Krause-Vilmar, Das Konzentrationslager Breitenau. Ein staatliches Schutzhaftlager 1933/34. Marburg 2. Aufl. 2000, S. 191-203 (Kurt Pappenheim).

180

Fritz Kahn für vier Wochen im Konzentrationslager Dachau inhaftiert. Aufgrund glücklicher Umstände und eines von den Schweizer Geigy Werken ermöglichten Visums, mit denen die Brüder Kahn einen Lizenzvertrag für die Herstellung eines Eisstreumittels geschlossen hatten, gelang Fritz Kahn und seiner Familie im Juli 1939 die Flucht und Emigration nach Brasilien.

Dr. Walter Kahn, Fritz Kahn, Luise Kahn und Elsa Kahn um 1930
(Privatbesitz Werner Kahn, Rio de Janeiro)

Werner Kahn schrieb im Jahr 2010: „Ohne Adolf wäre ich bestimmt heute ein guter Deutscher […], und hätten wir nicht das Brasilien-Visum Anfang 1939 erhalten, wäre ich heute schon lange vergessen. Aber das Visum hat es mir möglich gemacht, ein ‚Weltbürger' zu werden und ein viel besseres Verständnis zu haben für das, was auf der Welt so vor sich geht."[1]

---

[1] Aus einem Brief Werner Kahns an Vf. vom 15.2.2010.

„Auf eine Anfrage nach der Firma Herzog & Co., Eschwege,",
so schrieb eine Hamburger Anwaltskanzlei an das Amtsgericht
Eschwege im September 1949, „haben wir von Ihnen die
Auskunft erhalten, dass die genannte Firma in Ihrem
Handelsregister nicht eingetragen und dort unbekannt sei. Nach
unseren Unterlagen kann diese Auskunft jedoch nicht richtig
sein. Laut Urkunde des Reichspatentamtes vom 20. Oktober
1937 ist das Reichspatent 651803 der Firma Herzog & Co.,
Eschwege, erteilt. Alleiniger Inhaber war Herr Fritz Kahn,
früher Eschwege, jetzt: Rio de Janeiro, Rua Magelhaese Castro
9. Herr Kahn musste 1939 aus rassischen Gründen
auswandern. 1941 wurde sein Vermögen auf Grund des
Reichsbürgergesetzes als zu Gunsten des Deutschen Reiches
verfallen erklärt. Es ist anzunehmen, dass die genannte Firma
in den Jahren nach 1937 aufgelöst oder arisiert worden ist
[...]"[1]

Dr. Walter Kahn war verheiratet mit Grete Heumann, sie
hatten eine im Jahr 1935 geborene Tochter Hanna. Sein Neffe
teilte mit, dass Walter Kahn seine Stellung als Chemiker in
Berlin verlor, „weil er nicht ‚Arier' war, und die Familie zog
nach Dortmund um, wo die Familie seiner Frau eine Wohnung
hatte. Walter hat keine Stellung mehr finden können, und es ist
mir nicht bekannt, mit welchem Einkommen die Familie bis zu
ihrer Deportation ihr tägliches Brot kaufen konnte. Ich habe
ohne Erfolg versucht herauszufinden, was aus der Familie

---

[1] Stadtarchiv Eschwege. Amtsgericht Eschwege. Abt. II. Akten zum
Handelsregister Firma Herzog & Co. Das Schreiben liegt als Blatt der Akte
bei; ob es beantwortet wurde, ist nicht ersichtlich. – Im Nachtrag zur
„Namensliste der deutschen Patentschriften mit Angabe der Klassen,
Unterklassen und Gruppen" für das Jahr 1937 ist unter der Nr. 651803 unter
dem Aktenzeichen H 141478 V/19b, 6/ 01 als Tag der Bekanntmachung der
Patenterteilung der 30.9.1937 und als Tag der Ausgabe der Patentschrift der
20.10.1937 aufgeführt.

wurde, aber zweifellos gehören sie zu den Opfern der Nazi-Mörder."[1]

Das Goldschmidtsche Haus und Grundstück Reichensächser Straße 29

Das Haus wird Dienstwohnung des Bürgermeisters

Die Familie Ludwig Goldschmidt besaß in der Reichensächser Straße 29 ein Grundstück, auf dem ein Wohnhaus und eine Laube standen, und ein Flurgrundstück „Auf der Struth". Ende 1938, nach den Exzessen am 8. November, bei denen auch das Wohnhaus der Familie gestürmt, Möbel und Gegenstände zerschlagen und der alte Vater L. Goldschmidts gedemütigt wurde, muss der Entschluss zur Auswanderung gefasst worden sein.

Goldschmidt wollte zunächst nur das Ackergrundstück verkaufen. Die Stadt Eschwege lehnte ab. Bürgermeister Dr. Beuermann und die NSDAP-Ortsgruppe hatten jedoch ein Interesse am Goldschmidtschen Wohnhaus. Dr. Beuermann beschloss daher den Kauf am 2. Februar 1939:

> *„Seit dem Jahre 1934 stellt die Stadt Eschwege dem Bürgermeister eine Dienstwohnung. Sie ist z. Zt. in einem Privathause, und zwar Wolfsgraben 5/7, von der Stadt ermietet. Dieser Zustand stellt eine unbefriedigende Lösung dar, wenn man berücksichtigt, dass die Stadt bei ihren Entschlüssen, die das*

---

[1] Erinnerungen Werner Kahns, Rio de Janeiro, aufgeschrieben im Januar/Februar 2010. – Im Gedenkbuch – Opfer der Verfolgung der Juden unter der nationalsozialistischen Gewaltherrschaft in Deutschland 1933 – 1945 (Online-Version) finden sich die Namen Walter Kahn (geb. 6.5.1896 in Eschwege), Grete Kahn geb. Heumann (geb. 20.8.1901 in Dortmund) und Hanna Hedwig Johanna Kahn (geb. 3.6.1935 in Dortmund). Sie wurden am 27.1.1942 von Gelsenkirchen – Dortmund aus in das Ghetto Riga deportiert.

183

Mietverhältnis betreffen, insbesondere bei notwendig werdenden Instandsetzungen usw. dem Willen und Wollen des privaten Hausbesitzers unterworfen ist. Ferner bleibt zu berücksichtigen, dass die fortschreitende Entwicklung der Stadt (z. B. Flieger- und Infantriegarnison, Sitz der Gruppe der N. S. F. K.) an den Bürgermeister vermehrte Anforderungen repräsentativer Art stellt, wozu ein Privathaus, noch dazu wenn es ein Mehrfamilienhaus ist, wenig geeignet erscheint. Eine Lösung dieser Frage ist nur durch den Besitz eines eigenen städtischen Hausgrundstücks herbeizuführen. Zum Erwerb eines solchen ist jetzt Gelegenheit geboten insofern, als das Hausgrundstück Reichensächser Straße 29, das sich im Besitz des Kaufmanns Ludwig Israel Goldschmidt befindet, verkäuflich ist. Ich beschließe daher den Ankauf dieses Grundstücks zum Preise von 29.300 RM als Dienstwohnung für den jeweiligen Bürgermeister der Stadt Eschwege."[1]

In einem Schreiben an den Landrat schrieb Dr. Beuermann:

„Die Partei (Ortsgruppenleiter) hat den Anstoß gegeben, jetzt ein Haus als Diensthaus zu erwerben."[2]

Der Bürgermeister musste sich nach einem Gespräch mit dem Sachbearbeiter im Regierungspräsidium in Bezug auf den Preis des Hauses korrigieren. Zunächst hatte er behauptet: „Der Kaufpreis entspricht dem tatsächlichen Verkehrswert und zugleich dem Einheitswert." Wenig Tage später erklärte er: „Der Preis entspricht dem Einheitswert. Er liegt auch ungefähr

---

[1] Stadtarchiv Eschwege. Ratsherrenberatungen 1933 – 1939. Datum: 2.2.1939.
[2] Stadt Eschwege. Liegenschaftsamt FD 44, 683. Goldschmidt, Ludwig. Schreiben Dr. Beuermanns an LR vom 16.2.1939.

im Rahmen des Verkehrswertes ..."[1] Und: „Vom Kaufpreis wird der Betrag von 23.853,75 RM an das Finanzamt Eschwege zur Löschung der für das Deutsche Reich eingetragenen Sicherungshypothek in Höhe von 33.000 RM, neuerdings auf 23.853,75 RM ermäßigt, gezahlt."[2] Der Restbetrag in Höhe von 9.036,25 RM war auf das Auswanderer-Sperrkonto des Verkäufers zu überweisen. Das bedeutete: Die Familie Goldschmidt erhielt wenige Tage vor der Auswanderung für Haus und Ackergrundstück nur 9036,25 RM zugesprochen, wobei nicht ermittelbar war, ob sie überhaupt Zugriff auf diese Summe hatte, da diese auf einem Sperrkonto hinterlegt war.

Zum Rückerstattungsantrag der Witwe Martha Goldschmidt

Im August 1948 erklärte die zu dieser Zeit in New York lebende Witwe (Ludwig Goldschmidt war am 29. Juni 1941 verstorben) unmissverständlich den Wunsch auf Rückerstattung der beiden Grundstücke. Ihr Anwalt schrieb an den Bürgermeister:

> *„In der Annahme, dass Sie die Absicht haben, dabei mitzuwirken, dass das dem verstorbenen Herrn Ludwig Goldschmidt bzw. seiner Erbin unter der Naziherrschaft zugefügte Unrecht schnellstens wieder beseitigt wird, erlaube ich mir anzufragen, ob sie bereit sind, einer freiwilligen Übertragung obiger Grundstücke auf Frau Martha Goldschmidt zuzustimmen, ohne Inanspruchnahme der im Gesetz vorgesehenen gerichtlichen Behörden."[3]*

---

[1] Stadt Eschwege. Liegenschaftsamt FD 44, 683. Goldschmidt, Ludwig. Dr. Beuermann an RP vom 3.2.1939; Dr. Beuermann an LR vom 16.2.1939.
[2] Stadt Eschwege. Liegenschaftsamt FD 44, 683. Goldschmidt, Ludwig. Band 1. § 2 des Kaufvertrags vom 1.2. 1939
[3] Stadt Eschwege. Liegenschaftsamt FD 44, 683. Goldschmidt, Ludwig. Schreiben Ernst Cahns (New York) an Bgmstr. Eschwege vom 9.8.1948.

Die Stadt war nicht bereit, diesem Wunsch der Witwe zu entsprechen. Die Verhandlungen, die sich über Monate hinzogen, führte im Namen der Stadt Dr. Beuermann, der nun wieder in Eschwege im Magistrat als Stadtrechtsrat eingesetzt geworden war.

Dr. Beuermann zeigte große Aktivität, um zunächst die Rückgabe zu verhindern, dann die Höhe der Nachzahlung zu mindern und schließlich den im Vergleich vorgeschlagenen Betrag nochmals um 2500 DM herabzusetzen.

„Die Stadt ist daran interessiert, das Haus zukünftig bei Freiwerden wieder für städtische Zwecke zu verwenden", schrieb Dr. Beuermann an den Anwalt und erkundigte sich nach den Bedingungen für die Überlassung des Hauses. Der Anwalt bat um Vorschläge der Stadt, betonte jedoch noch einmal den Wunsch Frau Goldschmidts:

„Indessen befürchte ich, dass eine derartige Regelung nicht in ihrem Interesse liegt. Ihre Absicht ist, wieder in den Besitz der beiden Grundstücke zu gelangen."[1]

Dazu war die Stadt jedoch nicht bereit. Der Magistrat beschloss am 5.Oktober 1948:

„Die Verhandlungen mit Frau Goldschmidt sollen dahingehend weitergeführt werden, dass die Stadt ihr für das Grundstück Reichensächser Straße den Differenzbetrag zwischen einem angemessenen Kaufpreis und dem seinerzeit gezahlten Preis als Ausgleichzahlung und für das Grundstück Struthstraße die Rückgabe anbietet."[2]

---

[1] Stadt Eschwege. Liegenschaftsamt FD 44, 683. Goldschmidt, Ludwig. Schreiben Cahns an Magistrat der Stadt Eschwege vom 23.9.1948.
[2] Stadt Eschwege. Liegenschaftsamt FD 44, 683. Goldschmidt, Ludwig. Magistratsbeschluss vom 5. 10. 1948.

Daraufhin meldete Frau Goldschmidt im Januar 1949 ihren Rückerstattungsanspruch beim „Amt für Vermögenskontrolle und Wiedergutmachung" in Bad Nauheim an. Durch ihren neuen Anwalt – sie lebte inzwischen in Tel Aviv – ließ sie im April 1949 die Stadt wissen, dass sie auf der von der Stadt vorgeschlagenen Basis sich nicht vergleichen könne, vielmehr auf der Rückgabe der Grundstücke bestehe. Der Anwalt schlug folgendes vor:

> *„Bei einer Verständigung bezüglich der Rückgabe des Grundstücks könnte ich mir vorstellen, dass das Grundstück weiter an die Stadt verpachtet wird und dass eventuell auch der Stadt ein Vorkaufsrecht eingeräumt wird. Letzteres sind allerdings nur Anregungen, über die ich mit der Mandantin bisher nicht gesprochen habe.* "[1]

Da keine Einigung in Sicht schien, sah sich Frau Goldschmidt nun doch zu einem förmlichen Rechtsverfahren veranlasst; ihre Bereitschaft zu einer gütlichen Einigung hielt sie dabei aufrecht. Am 19. August 1949 wurde der Stadt der förmliche Rückerstattungsantrag des Amtes für Vermögenskontrolle und Wiedergutmachung zugestellt, der auch im Grundbuch eingetragen wurde. Nun ersuchte Dr. Beuermann die beiden mit der Familie Goldschmidt gut bekannten Fabrikanten Carl Bartholomäus und Moritz Werner, der Witwe Goldschmidt den Vergleichsvorschlag der Stadt nahezubringen. Beide Herren unterbreiteten in enger Abstimmung mit Dr. Beuermann und in liebenswürdiger Form Frau Goldschmidt einen Vergleichsvorschlag. Die dabei angebotene Nachzahlung allerdings erschien Frau Goldschmidt zu gering (15.000,- DM mit Teilzahlungen über mehr als vier Jahre). Als die Verhandlungen erneut stockten, unterbreitete der Vorsitzende

---

[1] Stadt Eschwege. Liegenschaftsamt FD 44, 683. Goldschmidt, Ludwig. Schreiben Dr. Kugelmanns (Tel Aviv) an Bgmstr. vom 19.4.1949.

des Amtes für Vermögenskontrolle und Wiedergutmachung ultimativ einen Vorschlag, dem dann im Wesentlichen von beiden Parteien Ende des Jahres gefolgt werden konnte.

Der am 31. Dezember1949 geschlossene Vergleich sah eine Zahlung der Stadt Eschwege in Höhe von 27500 DM (Zahlung des gesamten Betrages bis zum 1. Februar 1950) vor.

Dr. Beuermann muss davon ausgegangen sein, dass das auf dem Sperrkonto hinterlegte Geld noch verfügbar war, denn die Verfahrenskosten wollte er aus dem Sperrkonto begleichen.[1]

Rechtlich war mit dem Vergleich nämlich auch dieses Sperrkonto der Stadt Eschwege zugefallen, da im § 2 des Vergleichs der folgenreiche Absatz aufgenommen worden war:

> *„Etwaige Ansprüche, welche die Antragstellerin an das Deutsche Reich im Hinblick auf den von der Stadt Eschwege s. Zt. gezahlten Kaufpreis hat, werden an die Antragsgegnerin abgetreten.“*[2]

Auf diese Bestimmung gestützt klagte Stadtrat Dr. Beuermann am 1. August 1960 beim Landesamt für Vermögenskontrolle und Wiedergutmachung einen „Anspruch [der Stadt Eschwege] auf Wiedergutmachung durch das Deutsche Reich" in Höhe von 32.890,- RM ein.

Tatsächlich wurde dieser Anspruch seitens des Amtes am 23. Mai 1961 anerkannt, sodass das „Deutsche Reich", vertreten

---

[1] Stadt Eschwege. Liegenschaftsamt FD 44, 683. Goldschmidt, Ludwig. Dr. Thom und Dr. Beuermann legten den Vergleichsvorschlag am 2.12.1949 der Stadtverordnetenversammlung vor. Der letzte Satz lautete: „Die Kosten des Verfahrens werden sich etwa mit dem Bestand des Sperrkontos, welches der Stadt zufallen würde, decken."

[2] Dieser Passus oder eine sinngemäß ähnliche Bestimmung findet sich im Vergleichsvorschlag des Amts für Vermögenskontrolle und Wiedergutmachung nicht. Er findet sich ausschließlich in einem Schriftstück der Stadt, das von Dr. Beuermanns Paraphe, nicht jedoch von Frau Goldschmidt unterzeichnet ist; es handelt sich vermutlich um einen Durchschlag oder Entwurf Dr. Beuermanns. Das Original des von beiden Parteien unterzeichneten Vergleichs ist in der Akte nicht enthalten.

188

durch die Oberfinanzdirektion Frankfurt, zur Zahlung von Schadenersatz in Höhe von 23.853,75 RM an die Stadt Eschwege verurteilt wurde.

Der auf das Sperrkonto von Seiten der Stadt eingezahlte Betrag in Höhe von 9.056,25 RM blieb noch lange strittig. Die Stadt ließ jedoch auch hier nicht nach und erreichte im Jahre 1967 hierfür auch eine Schadenersatzzzahlung, beides jeweils einschließlich einer Zinspauschale. Der Betrag wurde entsprechend des Rückerstattungsgesetzes im Verhältnis von 10:1 umgestellt. Insgesamt wurden der Stadt Eschwege 4.038,48 Deutsche Mark als Schadenersatz zugesprochen.[1]

Auf diese Weise erwies sich die als „Wiedergutmachung" geleistete Ausgleichszahlung in Höhe von 27.500.- DM im Ergebnis als Kaufpreis.

Der Jüdische Friedhof

Es kennzeichnet die nationalsozialistische Weltanschauung, dass sie in den Totenstätten der deutschen Juden nicht Orte religiöser Kultur, sondern nur Störendes und Lästiges sah, deren Gegenstände, Sachen, Gebäude und Grundstücke in irgendeiner Weise verwertet werden mussten.

Kein Zufall war es daher, dass das Reichsbauamt (Kassel) auf dem geschlossenen jüdischen Friedhof in Eschwege im Jahr 1942 eine Krankenbaracke für Ostarbeiter aufstellen ließ und dass im Jahr 1944 die Stadt Eschwege auf dem noch nicht entwidmeten Teil ein Feld für verstorbene „Ostarbeiter" einrichtete[2].

---

[1] Stadt Eschwege. Liegenschaftsamt FD 44, 683. Goldschmidt, Ludwig. Dort die entsprechende Korrespondenz soweit erhalten.

[2] Stadt Eschwege Flächenmanagement (vormals Liegenschaftsamt) 730/6 Judenfriedhof. Im September 1942 erklärte das Reichsbauamt Kassel, dass es beabsichtige, auf dem Gelände des jüdischen Totenhofes eine „Krankenbaracke für Ostarbeiter" zu errichten. Dies ist nachweislich in der Folgezeit auch geschehen. Im Mai 1944 ersuchte Dr. Beuermann den

Dem Antrag von Frau Minna Sara Doernberg, die Urne ihres verstorbenen Ehemanns auf dem Jüdischen Friedhof Eschwege beisetzen zu dürfen, entsprach Bürgermeister Dr. Beuermann mit einem Kommentar, der den Aspekt der Liegefrist, d.h. die baldige Verwertung des Grundstücks im Auge hatte:

> *„Ich habe gegen die Beisetzung der Asche in einer Holzurne nichts einzuwenden. Die Liegefrist der Gräber wird hierdurch nicht beeinträchtigt."[1]*

Der Vorgang der Schließung und Umwidmung jüdischer Friedhöfe im Landkreis Eschwege ist vom Kasseler Regierungspräsidenten, vom Landrat und später von den hier zuständigen Finanzbehörden ohne große Eile und ohne besonderen Nachdruck mit Verfügungen bedacht worden. Der Grund hierfür war, dass es im Deutschen Reich für die jüdischen Friedhöfe in der NS-Zeit kein Sonderrecht gab, worauf Andreas Wirsching bei der Auswertung der Quellen des Deutschen Gemeindetags überzeugend hingewiesen hat. „Bis gegen Ende des Zweiten Weltkrieges war die Behandlung der jüdischen Friedhöfe durch die politischen Gemeinden in Verwaltungsrichtlinien geregelt, die aus der Zeit vor 1933 stammten und daher zum ‚normenstaatlichen' Kontinuum des NS-Regimes gehörten. [...] Anders als dies in so gut wie jedem anderen Bereich jüdischer Existenz der Fall war, bestand im Bestattungswesen während des NS-Regimes kein (anti)jüdisches Sonderrecht."[2]
In Eschwege ist zu beobachten, wie Bürgermeister Dr. Beuermann initiativ wurde, die Auslöschung des jüdischen Friedhofs kontinuierlich mit Nachdruck betrieben hat, und wie

---

Regierungspräsidenten darum, den Friedhof wieder zu öffnen, um verstorbene Ostarbeiter beisetzen zu können.
[1] Stadt Eschwege Flächenmanagement (vormals Liegenschaftsamt) 730/6. Schreiben Dr. Beuermanns an Frau Doernberg vom 1.8.1941.
[2] Andreas Wirsching, Jüdische Friedhöfe in Deutschland 1933-1957. In: Vierteljahrshefte für Zeitgeschichte 50 (2002), S. 2 f.

er dabei doch letztlich an vorgesetzten Behörden, die verwaltungsrechtlich argumentierten, scheiterte. Eine ähnliche Initiative hat Michael Dorhs am Beispiel des Hofgeismarer Bürgermeisters Wilhelm Rödde geschildert, der den dortigen jüdischen Friedhof am Schanzenweg einebnen und das Grundstück dann vorläufig als Viehweide nutzen wollte.[1]

Im Dezember 1940 hatte der Kasseler Regierungspräsident einige jüdische Totenhöfe im Kreis Eschwege geschlossen und verfügt: „Die jüdischen Toten aus dem Kreise Eschwege sind künftig auf dem Judentotenhof in Reichensachsen zu beerdigen."[2]

In diesem Zusammenhang wurde auch die Umwidmung des Eschweger Friedhofs vom Landrat eingeleitet. Der Landrat sprach vom „Vorbereiten" und von zu klärenden polizeilichen, insbesondere „gesundheitlichen" Voraussetzungen:

„Nachdem der hiesige jüdische Totenhof geschlossen ist, ist die Verweltlichung (Säkularisation) vorzubereiten. Die Verweltlichung (Säkularisation), d.h. die behördliche Erlaubnis, den Grund und Boden eines jüdischen Totenhofes wieder weltlichen Zwecken, also dem Wirtschaftsleben zuzuführen, hat, wie sich schon hieraus ergibt, einen ganz anderen Zweck zur Voraussetzung, dass gegen die wirtschaftliche Ausnutzung des Totenhoflandes keine, insbesondere keine polizeilichen Gründe sprechen. Dabei werden

---

[1] Vgl. Michael Dorhs, Der „gute Ort" am Schanzenweg. Der jüdische Friedhof Hofgeismar in den Jahren 1939-1944. In: Das achte Licht. Beiträge zur Kultur- und Sozialgeschichte der Juden in Nordhessen. Herausgegeben von Helmut Burmeister und Michael Dorhs. Hofgeismar 2002, S. 248-258.
[2] Stadt Eschwege Flächenmanagement (vormals Liegenschaftsamt) 730/6 Judenfriedhof. RP an LR Eschwege vom 18.12.1940.

naturgemäß gesundheitliche Gesichtspunkte im Vordergrund stehen. [...]".[1]

Dr. Beuermann beauftragte zwei Mitglieder der Jüdischen Gemeinde, innerhalb von 10 Tagen einen Plan über die Belegung des Totenhofes vorzulegen, aus dem die verschiedenen „Teile" des nun „zerlegten" Friedhofs erkennbar werden sollten: Ein alter Teil (Liegefrist verstrichen), ein neuer Teil (Liegefrist läuft noch) und das sogenannte Vorratsland. Dem Landrat teilt er mit:

> *„Die Schließung des Judenfriedhofes ist durch Verfügung des Herrn Regierungspräsidenten in Kassel erfolgt. Hier sind daher die Gründe, welche für die Schließung maßgeblich waren, nicht bekannt. Von Partei und Behörden ist diese Anordnung des Herrn Regierungspräsidenten hier aber sehr begrüßt worden. Der Totenhof liegt im Baugebiet der Stadt und würde in absehbarer Zeit störend wirken. So aber besteht die Aussicht, dass in absehbarer Zeit über das Gelände im Interesse der Allgemeinheit verfügt werden kann. Eine kleine Leichenhalle ließe sich wohl auch in Reichensachsen mit geringen Mitteln errichten. Ich bitte, beim Herrn Regierungspräsidenten die Aufrechterhaltung der Schließung des Judentotenhofes weiter zu beantragen."*[2]

Bereits vier Tage später überreichte Dr. Beuermann dem Landrat den Eschweger Friedhofsplan und einen konkreten Vorschlag:

---

[1] Stadt Eschwege Flächenmanagement (vormals Liegenschaftsamt) 730/6 Judenfriedhof. LR an Bgmstr. Eschwege am 20.1.1941.
[2] Stadt Eschwege Flächenmanagement (vormals Liegenschaftsamt) 730/6 Judenfriedhof. Bgmstr. Dr. Beuermann an LR am 6.2.1941.

„Der alte Teil b. rot umrandet wird seit 1906 nicht mehr belegt, so dass der Einebnung wohl keine Bedenken entgegenstehen. Der blau umrandete Teil c. ist Vorratsteil, wird augenblicklich von dem Friedhofsgärtner zur Gemüsezucht und zum Obstbau benutzt. Diese beiden Teile könnten bald der allgemeinen Benutzung wieder zugeführt werden. Auf dem nicht umrandeten Teil d. befinden sich 233 Gräber, die bis in die letzte Zeit hinein belegt worden sind.

Ich schlage vor, wie auf den christlichen Friedhöfen, die Gräber, die länger als 30 Jahre liegen, einzuebnen und die Steine zur Verwertung beim Straßenbau (Packlage) freizugeben.

Das Vorratsgelände schließt an das Grundstück des Kreiskrankenhauses an und könnte evtl. zur Vergrößerung des Krankenhausgartens zugenommen werden. Die Leichenhalle könnte abgebrochen werden. Desgleichen die Wohnung des Friedhofgärtners, der nach Schließung des Totenhofes wohl nicht mehr nötig ist. "[1]

Den zahlreichen handschriftlichen Bemerkungen „Wiedervorlage am" bzw. „noch keine Entscheidung" auf diesem Schreiben, jeweils mit der Paraphe „B.", die sich bis in das Jahr 1943 ziehen, ist zu entnehmen, dass der Landrat hier noch nicht antwortete.[2]

Die Situation veränderte sich erst, als am 18. April 1942 der Regierungspräsident in einer Verfügung an den Landrat die Entwidmung einiger Teile jüdischer Friedhöfe, unter anderen

---

[1] Bürgermeister am 10.2.1941 an Landrat als Antwort auf dessen Verfügung vom 20.1.1941.
[2] „noch keine Entscheidung 20.4.1941; W. v. 20.5. ; 20.3.41; 20.9.41;W. v. 15.7.43."

193

auch des „alten Teils und des Vorratslandes" des Eschweger Friedhofs, genehmigte und hinzufügte:

„ Gegen das Einebnen von Gräbern, deren Liegefristen abgeschlossen sind, auf den nicht entwidmeten Judentotenhöfen und ebenso gegen eine zweckmäßige Verwendung der alten Grabsteine habe ich nichts einzuwenden. "[1]

Von da an setzten Bemühungen des Bürgermeisters der Stadt ein, den Friedhof zu erwerben bzw. den Kreis hierfür zu interessieren. Am 9. Juni notierte Dr. Beuermann:

Das Problem sei, „die entwidmeten Flächen des Totenhofes möglichst bald von den alten Grabsteinen zu [befreien]", sowie „den verbleibenden Teil ... durch einen hohen Zaun und eine Hecke der Einsicht [zu entziehen]. "

Dr. Beuermann wandte sich im Juli 1942 an die „Reichsvereinigung der Juden in Deutschland", Bezirksstelle Mitteldeutschland, die nun Treuhänder des Friedhofs geworden war, und bot einen Ankauf an. Die Reichsvereinigung reagierte zunächst ausweichend. Im August 1942 bat sie um einen Lageplan des Friedhofs. Bis in den April 1944 drängte Dr. Beuermann auf eine klare Antwort der Reichsvereinigung, die noch am 1. April 1944 bedauernd erklärt, keinen Kaufpreis nennen zu können.[2] Auch der von Dr. Beuermann im Oktober

---

[1] Stadt Eschwege Flächenmanagement (vormals Liegenschaftsamt) 730/6. RP Kassel an LR Eschwege betr. Jüdische Totenhöfe vom 18.4.1942.
[2] Auf der Rückseite die sich wiederholenden Vermerke Dr. Beuermanns auf Wiedervorlage: „WV 1.4.43/ 1.7.43/ 1.10.43/ 1.4.44" mit Paraphe B. Das Schreiben der Reichsvereinigung vom 23.9. ist nicht vorhanden. Die Antwort der Stadt vom 3.10.42 enthielt erneut ein „Angebot", im Ton allerdings fordernd.

1942 angefragte Landkreis zögerte. Man „übersehe" noch nicht, ob man das Grundstück erwerben wolle.

Eine neue Situation trat (vermutlich Anfang des Jahres 1944) dadurch ein, dass das Vermögen der Kultusgemeinde Eschwege förmlich der Finanzverwaltung übertragen wurde. Damit war das Finanzamt Eschwege Eigentümer auch des Friedhofs-Grundstücks geworden. Das Finanzamt richtete eine „Verwertungsstelle f. Judenvermögen" ein. Diese „Verwertungsstelle f. Judenvermögen" bot der Stadt am 22. Februar 1944 den jüdischen Friedhof an:

> *„Ich biete Ihnen das Judenhofgrundstück mit den darauf befindlichen Grabdenkmälern und der Leichenhalle zum Kauf für die Stadt Eschwege an. Die auf dem Friedhof befindlichen Grabdenkmäler gehören den Eigentümern der Gräber, insoweit ihr Vermögen nicht bereits zugunsten des Reiches eingezogen oder verfallen ist. Die Stadt Eschwege muss im Erwerbsfall die Verpflichtung übernehmen, das Reich von etwaigen Ansprüchen der Eigentümer wegen der Grabdenkmäler freizustellen. "[1]*

Dr. Beuermann antwortete mit Unverständnis:

> *„Nach der Schließungsverfügung des Herrn Reg. Präs. vom 18.4.42 ist gegen das Einebnen von Gräbern, deren Liegefristen abgelaufen sind, ebenso wie gegen die zweckmäßige Verwendung der alten Grabsteine nichts einzuwenden. Die Teile der geschlossenen Judenfriedhöfe, die vorläufig als noch nicht entwidmet liegen bleiben müssen, sind durch eine Hecke, einen Zaun oder sonst in geeigneter Weise abzugrenzen. Soll*

---

[1] Stadt Eschwege Flächenmanagement (vormals Liegenschaftsamt) 730/6. Finanzamt Eschwege an Bürgermeister von Eschwege vom 22.2.1944.

diese Bestimmung etwa aufgehoben werden? Oder wie soll der Hinweis, dass die hier auf dem Friedhof befindlichen Grabdenkmäler den Eigentümern der Gräber gehören, verstanden werden? "[1]

Das Finanzamt legte Dr. Beuermanns Schreiben dem Oberfinanzpräsidenten zur Entscheidung vor. Am 30. Juni berichtete das Finanzamt von der Entscheidung des Oberfinanzpräsidenten. Die Anordnungen des Regierungspräsidenten seien nach wie vor maßgebend. „Aufgabe der Reichsfinanzverwaltung ist es nur, die Grabsteine zu verkaufen und sich von dem Erwerber der Steine eine allgemeine Freistellungserklärung abgeben zu lassen, weil die Möglichkeit besteht, dass der eine oder andere Grabstein einer Person gehört, deren Vermögen noch nicht dem Großdeutschen Reich verfallen oder zu seinen Gunsten eingezogen worden ist."[2] Außerdem teilte man der Stadt den Verkaufspreis mit, den das Reichsbauamt auf 19.900,- RM, aufgerundet 20.000,- RM schätze (für das Gelände 7.000.- RM, für die Grabsteine 5.000.-RM, die Gebäude 7.900.- RM). Die Stadt war nicht bereit, für die Grabsteine 5.000.- RM zu zahlen. Dr. Beuermann teilte dies dem Regierungspräsidenten mit:

„Ich [...] bitte nunmehr von dort aus – vielleicht unter Einschaltung der Preisüberwachungsstelle – auf den Herrn Oberfinanzpräsidenten einzuwirken, dass er seine Forderung wegen Bezahlung der alten Judengrabsteine fallen lässt. Die Stadt ist an sich bereit, die Grabsteine zu übernehmen und zu beseitigen. Sie sieht darin aber nur eine lästige

---

[1] Stadt Eschwege Flächenmanagement (vormals Liegenschaftsamt) 730/6 Judenfriedhof. Dr. Beuermann an Finanzamt Eschwege am 2.3.1944.
[2] Stadt Eschwege Flächenmanagement (vormals Liegenschaftsamt) 730/6 Judenfriedhof. Finanzamt Eschwege an Bürgermeister Eschwege vom 30.6.1944.

Verpflichtung und ist nicht bereit, dafür noch etwas zu bezahlen."[1]

Der Oberfinanzpräsident bestand mit Schreiben vom 20. September 1944 an den Regierungspräsidenten darauf, dass die Stadt die Grabsteine zum Preis von 5.000.- RM mit zu übernehmen habe. Am 25. Oktober erklärte sich Dr. Beuermann dazu bereit. Die vorgesehene „allgemeine Freistellungserklärung" jedoch erwähnte er nicht; eine solche fand sich nicht in den Akten. Der Kasseler Oberfinanzpräsident reagierte – vielleicht aus diesem Grund? - trotz Nachfragen Dr. Beuermanns vom 23. November 1944 und vom 12. Februar 1945 nicht mehr.

So blieb entgegen den nachdrücklichen Absichten des Eschweger Bürgermeisters der jüdische Friedhof als solcher bis zum Untergang des „Dritten Reiches" im Kern erhalten. Erhalten blieben auch die zahlreichen familiengeschichtlich und kulturell wertvollen Grabdenkmäler auf dem Jüdischen Friedhof, darunter z. B. die Darstellung eines auf einem Kissen schlafendes Kindes – für Dr. Beuermann zu beseitigende alte Judengrabsteine.[2]

Einzelne Entscheidungen

Goldbachstraße 3

In den Spruchkammerakten befindet sich ein Schreiben des Bürgermeisters Dr. Beuermanns an Herrn W. Müller, Eschwege, Goldbachstraße 3, vom 15. Dezember 1938 folgenden Inhalts:

---

[1] Stadt Eschwege Flächenmanagement (vormals Liegenschaftsamt) 730/6 Judenfriedhof. Dr. Beuermann an RP über LR am 19.8.1944.

[2] Vgl. die Abbildungen in: Eva Grulms, Bernd Kleibl, Jüdische Friedhöfe in Nordhessen. Bestand und Sicherung. Kassel 1984, S. 225-230; Karl Kollmann, Thomas Wiegand, Spuren einer Minderheit. Jüdische Friedhöfe und Synagogen im Werra-Meißner-Kreis. Kassel 1996, S. 81-85.

„Es ist der Wunsch der politischen Führung, dass die Juden die Wohnungen in deutschen Häusern zugunsten deutscher Familien räumen und mit ihren Rassegenossen zusammenziehen.
Ich bitte Sie, Ihrerseits alles zu tun, damit das Ziel erreicht wird."[1]

Dies Schreiben erreichte die zur Miete wohnenden deutschen Juden wenige Wochen nach den judenfeindlichen Exzessen im November. Offensichtlich hat Dr. Beuermann dies Schreiben an mehrere Hausbesitzer versandt, da der Text ein Durchschlag ist, während die Anschrift original mit Schreibmaschine aufgesetzt wurde. Auch die Unterschrift „Dr. Beuermann" könnte von einem Stempel stammen.

Das Haus Goldbachstraße 3 wurde unter nicht näher bekannten Umständen von Baruch Löbenstein, der am 6. Februar 1938 sich nach New York abmeldet, an den Schreiner W. Müller verkauft. Es wohnten dort weiter seit dem Jahr 1923 der Viehhändler Max Löbenstein (geb. 18.6.1892 in Datterode) mit seiner Ehefrau Julie geb. Fichtelberger (geb. 22.2.1893) und ihre vier Kindern Emmi (geb. 4.8.1921 in Datterode) Frieda (geb. 2.10.1923), Josef (geb. 31.7.1925) und Michael (geb. 17.8.1931).[2]

Als Dr. Beuermanns Schreiben bei der Familie Löbenstein eintraf, wohnten noch die Eltern mit den drei minderjährigen Kindern Frieda, Josef und Michael im Haus – nun offenbar als Mieter. Die 16-jährige Tochter Emmi wurde am 20.Februar 1938 nach New York abgemeldet.

Am 29. März 1939 meldete sich der Vater nach Havanna, am 13. Juli 1939 Tochter Frieda nach Frankfurt ab, und am 2. August 1939 verzog die Mutter mit den beiden Kindern in das

---

[1] HHStA 520/Es Nr. 785, Bl. 70.
[2] Stadtarchiv Eschwege. Meldekartei.

Haus Hospitalplatz 6 und von dort am 17. März 1941 nach New York.[1]

Der Aufforderung Dr. Beuermanns war mithin in wenigen Monaten entsprochen worden.

Gegenüber der Berufungskammer stellte Dr. Beuermann das Schreiben an die jüdischen Mieter Eschweges als „Begräbnis erster Klasse gegenüber der Forderung nach ‚Umquartierung' [dar], welche mir von der Partei angesonnen war. Statt einer Verfügung an den jüdischen Mieter habe ich die Entscheidung auf den Vermieter abgewälzt und konnte mich der Partei gegenüber mit dem Hinweis darauf decken, dass nach dem BGB dieser allein kündigungsberechtigt ist".[2] Allerdings konnte ein solches Ansinnen von Dr. Beuermann weder nachgewiesen noch plausibel gemacht werden.

Für dieses Schreiben lag im Dezember 1938 keine Anordnung von Regierungsseite (Regierungspräsident oder Landrat) vor. Die dokumentarische Erfassung von „jüdischen Wohnungen in arischen Häusern" wurde der Reichsvereinigung der Juden in Deutschland vom Reichssicherheitshauptamt erst zwei Jahre und drei Monate später, am 29. März 1941, auferlegt.[3]

Dr. Beuermanns Formulierung, es handele sich um den „Wunsch der politischen Führung", ist möglicherweise zutreffend gewesen. In vorauseilenden Gehorsam suchte er diesem Wunsch zu entsprechen.

Reichensächser Straße 8

In den Spruchkammerakten befindet sich ein weiteres von Dr. Beuermann unterzeichnetes Schreiben, das nicht Gegenstand der Verhandlung der Kammern wurde. Am 23. Januar 1943 teilte Dr. Beuermann dem Landrat Dr. Schultz folgendes mit:

---

[1] Stadtarchiv Eschwege. Meldekartei.

[2] HHStA 520/Es Nr. 785, Bl. 91. Schreiben Dr. Beuermanns an Dr. Lucas vom 25.1.1947.

[3] Josef Walk, Das Sonderrecht für die Juden im NS-Staat. Karlsruhe 1981, S. 338 (Dok. IV, 182).

„Unter Bezugnahme auf den mündlichen Auftrag vom 19. d. M. überreiche ich das Vernehmungsprotokoll der Eheleute Luckhardt. Ich bemerke dazu, dass die Rosenstock seit 20 Jahren bei der Jüdin Kahn als Hausangestellte tätig war und zunächst mit dieser Jüdin Kahn auch in die Judenschule ziehen wollte, um sie dort zu pflegen. Hauptmann Grabowski hat das auf Anfrage des Neuhahn für unnötig erklärt. Als Deutsche habe sie in der Judenschule nicht zu wohnen. Es handelte sich also um die Versagung einer nachgesuchten Erlaubnis und nicht in erster Linie um die Gestattung eines Besuchs."[1]

Der letzte Satz im Schreiben deutet darauf hin, dass Maria Rosenstock um Besuchserlaubnis nachgesucht hatte. Bei der „Jüdin Kahn" handelte es sich um die Witwe des 1926 verstorbenen Kaufmanns und Fabrikanten Oskar Kahn. Bertha Kahn, geb. Aronsohn war am 28.11.1865 in Bückeburg geboren. Sie wurde von der aus dem Eichsfeld stammenden katholischen Maria Rosenstock seit langem gepflegt. Als Bertha Kahn am 13. Januar 1942 im 77. Lebensjahr in die Schulstraße 2 einquartiert wurde, in die sogenannte „Judenschule", suchte Maria Rosenstock sie nicht allein zu lassen, sondern sie dorthin zu begleiten. Was immer der Schutzpolizist Grabowski mit Moritz Neuhahn, dem Vertreter der verbliebenen Eschweger Judenschaft, besprochen hat – Dr. Beuermann sah keinen Anlass, Maria Rosenstock weiterhin wie bisher die Pflege der alten Dame zu gestatten.

Bertha Kahn musste in dem „Judenhaus" bis zum 6. September bleiben, von wo sie nach Theresienstadt deportiert wurde, wo sie am 17. September 1942 starb. Maria Rosenstock musste sich zwei Tage nach dem erzwungenen Umzug der alten Dame eine neue Wohnung suchen, die sie bei der Familie des Webers Luckhardt in der Reichensächser Straße fand. Wenige Monate

---

[1] HHStA 520/Es Nr. 785, Bl. 63.

nach der Deportation von Bertha Kahn zog Maria Rosenstock wieder nach Martinfeld im Eichsfeld zurück.[1]

Synagoge und Schulgebäude

Dr. Beuermann strebte nicht nur den Erwerb und die Auslöschung des jüdischen Friedhofs, sondern auch den Ankauf und die Zweckentfremdung der Synagoge und des jüdischen Schulgebäudes an. Im Oktober 1942 wandte er sich in einem Schreiben an die Reichvereinigung:

> *„Für das Synagogengrundstück mit anschließendem unbebautem Garten kann ein höherer Preis als 5 RM je qm nicht gezahlt werden. Eine Entschädigung für das ehem. Synagogengebäude kommt nicht in Betracht, da eine Weiterbenutzung nicht gestattet wird. Jeder Erwerber muss vielmehr mit den auf 2500 RM geschätzten Abbruchskosten rechnen. (...)“[2]*

Die Reichsvereinigung antwortete ausweichend. Offenbar ist es hier nicht zu einem Erwerb seitens der Stadt gekommen, so dass das Gebäude erhalten blieb.

Die „Aktion Gitter"

Folgende Aussage Dr. Beuermanns gegenüber der Spruchkammer wurde im Wesentlichen akzeptiert und zur Grundlage seiner Entlastung genommen:

> *„Ich habe nach dem 20. Juli 1944 eine Reihe bekannter antifaschistischer Bürger der Stadt durch den Einsatz*

---

[1] Stadtarchiv Eschwege. Meldekartei.
[2] Stadt Eschwege Flächenmanagement (vormals Liegenschaftsamt) 730/6. Schreiben Dr. Beuermanns an die Bezirksstelle Sachsen/Thüringen der Reichsvereinigung der Juden in Deutschland in Leipzig vom 3.10.1942.

meiner Person und durch meine Bürgschaft vor dem sicheren Konzentrationslager gerettet. Der Befehl zu ihrer Verhaftung war mir strikt nach Tag und Stunde gegeben, wie durch die Eidesstattlichen Versicherungen Anlagen 3-4 bewiesen wird. Wäre ich ein ‚Nazi' gewesen, so hätte ich den Auftrag eifrigst ausgeführt, wäre ich ein ‚Mitläufer' gewesen, so wäre ich dem Befehl zum mindesten gehorsam nachgekommen. Ich habe mich aber widersetzt, weil ich schuldlose Mitbürger *nicht einem unverdienten Schicksal überantwortet wissen wollte. Das war Widerstand!"*[1]

Tatsächlich hat Bürgermeister Dr. Beuermann am 21. August 1944 auf die Aufforderung des Landrats vom 19. August 1944, in Frage kommende Personen festzunehmen, Fehlanzeige erstattet:

> *„Unter Bezugnahme auf die heutige Besprechung in Anwesenheit von Kreisleiter Weiß und Ortsgruppenleiter Hüther erstatte ich „Fehlanzeige".*[2]

Bei näherer Prüfung der Aktenlage ergeben sich jedoch gegenüber dieser ausschließlich der eigenen Person zugeschriebenen Leistung Fragen und Widersprüche; zudem sind ergänzende Informationen zum historischen Kontext erforderlich.

Zunächst ist festzustellen, dass jeder Schritt, der die Verhaftungen Unschuldiger im Jahre 1944 verhinderte, uneingeschränkt positiv zu beurteilen ist, weil er Menschen vor

---

[1] HHStA 520/Es Nr, 785 Spruchkammerakte Dr. Alexander Beuermann, Eschwege, Bl. 15 f. Dr. Beuermann an die Spruchkammer Eschwege am 25.09.1946. Das Dokument erscheint glaubwürdig, obgleich ein Nachweis der Provenienz nicht vorgelegt wurde.
[2] HHStA 520/Es Nr, 785 Spruchkammerakte Dr. Alexander Beuermann, Eschwege, Bl. 116 (Nachweis des Schreibens nicht vorhanden).

Terror, unter Umständen vor Konzentrationslager und Tod bewahren half.

Die Auffassungen, wer im Landkreis Eschwege die Verhaftungen verhindert hat, sind jedoch geteilt. Unstrittig ist, dass auch führende Nazis diese Maßnahme kritisiert bzw. nicht ausgeführt haben. So fällt in der Meldung Dr. Beuermanns an den Landrat auf, dass er ausdrücklich die „Anwesenheit" der lokalen NS-Autoritäten aufführt, als wolle er deutlich machen, dass es sich um eine gemeinsame bzw. auch von „der Partei" mitgetragene Absprache gehandelt hat.

In der Tat war die sogenannte „Aktion Gitter", die in den Akten gelegentlich auch als „Aktion Gewitter" bezeichnet wurde, in den Gauleitungen nicht widerspruchslos hingenommen worden. Es handelte sich um eine blindwütige Rachemaßnahme Himmlers als Reaktion auf das Attentat Stauffenbergs am 20. Juli 1944. Alte Proskriptionslisten kommunistischer und sozialdemokratischer Funktionäre wurden aus den Schubladen geholt. Sämtliche ehemalige SPD- und KPD-Abgeordnete, auch auf kommunaler Ebene, sollten verhaftet werden. Die „Aktion" stieß in einzelnen NSDAP-Gauen und bei zahlreichen Gauleitern sofort auf Widerspruch. Es war „vor Ort" auch aus NS-Sicht nicht verständlich zu machen, warum z. B. längst politisch „ruhig" gewordene ehemalige Sozialdemokraten, die sich nichts Neues zu Schulden hatten kommen lassen, nun plötzlich verhaftet werden sollten. Die Verhaftungen sind deshalb nicht überall konsequent durchgeführt worden und die Aktion ist bald wieder abgebrochen worden.[1]

---

[1] Der Berliner Historiker Johannes Tuchel hierzu (in: Die Zeit Nr. 51 vom 9.12.2004 u. d. T. „Die Rache des Regimes"): „In der Bevölkerung stießen die Verhaftungen – immerhin wurden 5000 Menschen in die Konzentrationslager eingeliefert – auf Unverständnis. Sogar höhere NS-Funktionäre beschwerten sich. Bereits am 28. August stellte Gestapo-Chef Heinrich Müller fest, dass die ‚Aktion Gewitter' nicht die gewünschte Wirkung erzielt habe: ‚Bei der Festnahme der kommunistischen, sozialistischen und schwarzen Funktionäre wurde offenbar verschiedentlich

Historisch unstrittig ist die Tatsache, dass der gegenüber der Kasseler Gestapo politisch und polizeilich verantwortliche Landrat Dr. Schultz in seinem Landkreis keine Verhaftungen durchgeführt hatte, weder in Eschwege noch in Wanfried und Waldkappel, in Reichensachsen und den anderen Gemeinden. Als gesichert kann ferner angesehen werden, dass Dr. Schultz sich mit dieser Entscheidung aus verständlichen Gründen nicht leicht tat, sich mit dem SD-Angehörigen Schweitzer, dem Kreisleiter Weiß, dem Ortsgruppenleiter Hüther und anderen vorher besprochen und verständigt hatte, um seine Entscheidung gegenüber der lokalen NSDAP abzusichern. In der Tat waren mehrere Ortsgruppenleiter (Eschwege, Waldkappel, Reichensachsen) vom Landrat einbezogen, wie aus den folgenden Eingaben hervorgeht.

Den Bürgermeistern brauchte der Landrat dann seine Entscheidung nur noch bekannt zu geben und sie um Unterstützung zu bitten. Diese Interpretation wird durch die Eingabe Karl Küllmers nahegelegt. Er las im Oktober 1946 von der Entscheidung der Spruchkammer in Sachen Dr. Beuermann und teilte dem Öffentlichen Kläger am 28. Oktober 1946 folgendes mit:

„Dann habe ich das Urteil gelesen und von allen Seiten bin ich gefragt worden über das Urteil von Dr. Beuermann. Ich habe es abgelehnt, mit irgendjemandem darüber zu diskutieren. Nachdem ich nun gelesen habe, dass der Öffentliche Kläger Einspruch gegen das Urteil erhoben hat, sehe ich mich veranlasst, einmal klar aufzuzeigen, warum es im Kreis

---

recht formal vorgegangen, ohne dass die seitherige Haltung des Festgenommenen und seines Familienkreises in Betracht gezogen war. Aus sehr vielen Gauen sind lebhafte Klagen hierüber eingegangen, die das tatsächlich erkennen lassen.'" Vgl. auch U. Hett / J. Tuchel, Die Reaktionen des NS-Staates auf den Umsturzversuch des 20. Juli 1944. In: P.Steinbach / J. Tuchel, Widerstand gegen den Nationalsozialismus. Bonn 1994, S. 382 (zur „Aktion Gewitter").

Eschwege im Jahre 1944 nicht zu den Verhaftungen der bekannten Kommunisten und Sozialdemokraten gekommen ist. Von dem Ortsgruppenleiter Hans Schade in Reichensachsen wurde ich benachrichtigt, dass ich nach Eschwege zum Landrat Schultz kommen sollte. Dort wurde mir von dem Landrat folgendes erklärt: ‚Herr Küllmer, ich bin in Kassel gewesen und habe erreicht, dass in meinem Kreis niemand verhaftet wird. Ich will nicht unnötig Unruhe in meinen Kreis bringen. Ich verlange aber von Ihnen, dass Sie mir keine Schwierigkeiten machen, und ich verbiete Ihnen hiermit jeden Verkehr mit ihren ehemaligen Genossen. Die Landjäger sowie die Vertrauensleute der Partei sind angewiesen Sie schärfstens zu überwachen.' Warum mir Landrat Schultz das damals gesagt hat, weiß ich nicht; aber es geht daraus hervor, dass nicht Dr. Beuermann den Befehl von Gitter nicht durchgeführt hat sondern der Landrat Schultz."[1]

Das stimmt überein mit der Erklärung des Wanfrieder Bürgermeisters Dr. Braun gegenüber dem Ermittler im Spruchkammerverfahren:

„[...]'Ich selbst habe, nachdem Herr Hitzeroth, der damalige Ortsgruppenleiter von Waldkappel, der gleichzeitig mein Chef war[2], mit Herrn Dr. Schultz sich besprochen hatte, Dr. Schultz und Herrn Hitzeroth nach Kassel zur Gauleitung und zur Gestapo gefahren. Beide Herren waren sich darüber einig geworden, dass

---

[1] HHStA 520/Es Nr, 785 Spruchkammerakte Dr. Alexander Beuermann, Eschwege, Bl. 58.

[2] Hier muss dem protokollierenden Ermittler Schabacker ein Schreibfehler unterlaufen sein. Der Ortsgruppenleiter der NSDAP konnte nicht der Chef des Wanfrieder Bürgermeisters sein. Sinn ergibt der Einschub jedoch, wenn er sich auf Dr. Schultz bezieht, der in der Tat als „Chef" von Dr. Braun bezeichnet werden konnte.

*eine Inhaftierung der besagten Funktionäre nur Unruhe
in das Volk bringen würde. [...] Beide Herren bürgten
nach meinem Wissen mit ihrem Kopf, und durch diese
Maßnahme wurde die Inhaftierung im gesamten Kreis
Eschwege unterbunden.' Dr. Braun teilt noch mit, dass
er selbst Zeuge war, als Dr. Schultz den drei
Bürgermeistern der Kreisstädte Eschwege, Waldkappel
und Wanfried den Befehl erteilte. Er gibt an, dass von
den anwesenden Herren, zu denen auch Dr. Beuermann
gehörte, lediglich der Befehl gehört wurde. ,Herr Dr.
Beuermann hat sich während dieser Besprechung
überhaupt nicht geäußert.'"[1]*

Dies bestätigte auch der ehemalige Landrat Dr. Walter Schultz
in einer Vernehmung am 23. Mai 1947. Er führte u. a. aus:

*„Die Darstellung des Herrn Dr. Beuermann, wonach
dieser erst nach langen Auseinandersetzungen die
Nichtdurchführung dieses Befehls erreicht hat, ist
falsch. Ausschlaggebend für die definitive Ablehnung
des Befehls war meine Besprechung mit Herrn
Schweitzer, nicht aber irgendein Vortrag des Herrn Dr.
Beuermann. Soviel ich mich erinnern kann, habe ich
über diesen Befehl mit Dr. Beuermann als Vertreter der
Ortspolizeibehörde Eschwege Auseinandersetzungen im
Sinne der Beuermannschen Auslegung nicht gehabt. Ich
war derjenige, der für diesen Befehl gerade zu stehen
hatte und habe auf Grund meiner menschlichen
Einstellung und meiner Kenntnis des Kreises Eschwege
von der Durchführung Abstand genommen, nicht Dr.
Beuermann."[2]*

---

[1] HHStA 520/Es Nr, 785 Spruchkammerakte Dr. Alexander Beuermann,
Eschwege, Bl. 72.
[2] HHStA 520/Es Nr, 785 Spruchkammerakte Dr. Alexander Beuermann,
Eschwege, Bl. 120.

Wilhelm Schweitzer, ehemaliger SD-Beauftragter, bestätigte diese Darstellung von Dr. Schultz.[1]

Nicht zu klären ist, welche Rolle Dr. Beuermann bei dieser Entscheidung spielte. Seine Aussage über diese Entscheidung, die er allein sich selbst zurechnete, steht gegen die Aussagen anderer an der Besprechung Beteiligter. Diese anderen Aussagen verlieren in meinen Augen nicht dadurch an Glaubwürdigkeit, dass sie in der wenig später angesetzten Berufungsverhandlung zurückhaltender formuliert, jedoch nicht explizit widerrufen wurden.
So vermerkt nun plötzlich der ehemalige Landrat Dr. Walter Schultz einen Gedächtnisverlust:

„Über die damaligen Vorgänge weiß ich gar nichts, es ist alles aus meinem Gedächtnis entschwunden. [...] Ich habe eine dunkle Erinnerung, dass in dieser Angelegenheit ein Gespräch zwischen mir und dem Betroffenen geführt wurde. Ich habe mit verschiedenen Herren über die Sache gesprochen, mit Oberinspektor Schneider, der die Sache bearbeitet hat, mit Herrn Schweitzer. Ob ich mit dem Betroffenen eine Besprechung in dieser Sache gehabt habe, kann ich nicht genau sagen."[2]

Wilhelm Schweitzer sagte:

„Der Landrat war sehr aufgeregt. Ich sagte: ‚Ich würde es an Ihrer Stelle nicht tun, sagen Sie doch nach Kassel entsprechend Bescheid.' Dann ließ er sich von mir noch einmal meine Ansicht bestätigen. Ich glaube

---

[1] HHStA 520/Es Nr, 785 Spruchkammerakte Dr. Alexander Beuermann, Eschwege, Bl. 119.
[2] HHStA 520/Es Nr, 785 Spruchkammerakte Dr. Alexander Beuermann, Eschwege, Bl. 143 R.

nicht, dass er schon einen festen Entschluss gehabt hat."[1]

Und Karl Küllmer führte nun aus:

> *„Ich wurde zu Landrat Schultz vorgeladen. Dort sagte er mir, dass er mit dem Gauleiter in Kassel zusammengekommen wäre. Er erzählte mir von dem Gitter-Befehl. Es solle keine unnötige Unruhe aufkommen, er hätte die Bürgschaft übernommen und mache mich verantwortlich, wenn etwas passieren würde."[2]*

Der ehemalige Bürgermeister von Wanfried, Dr. Braun, blieb wegen Erkrankung der Verhandlung fern. Dass er nicht weiter vernommen wurde, ist möglicherweise durch eine Einlassung von Dr. Lasch, dem Verteidiger Dr. Beuermanns, befördert worden, die die Spruchkammer beeindruckte. Dr. Lasch wies darauf hin, dass Dr. Braun Epileptiker sei und legte ein entsprechendes medizinisches Gutachten von Dr. Koch (Eschwege) bei, in dem sachlich unzutreffend behauptet wird:

> *„Erfahrene Richter wissen, dass Epileptiker kein zuverlässiges Erinnerungsbild haben."[3]*

Im Jahr 1948 stand Dr. Karl Braun jedoch der Spruchkammer wieder zur Verfügung, ohne dass sein Gesundheitszustand von irgendeiner Seite angezweifelt wurde.[4] Er hat dort seine Aussage zum Gitterbefehl wiederholt.

---

[1] HHStA 520/Es Nr, 785 Spruchkammerakte Dr. Alexander Beuermann, Eschwege, Bl. 144.
[2] HHStA 520/Es Nr, 785 Spruchkammerakte Dr. Alexander Beuermann, Eschwege, Bl. 144 R.
[3] HHStA 520/Es Nr, 785 Spruchkammerakte Dr. Alexander Beuermann, Eschwege, Bl. 101.
[4] HHStA 520/ KS-Z Nr. 4.642. Spruchkammerakte Dr. Walter Schultz.

Da im Berufungsverfahren nun plötzlich weniger präzise Aussagen zur Bestreitung der aktiven Rolle Dr. Beuermanns in der Sache „Aktion Gitter" vorlagen, stützte sich die Berufungskammer auf die Zeugenaussagen von Hüther (ehemaliger Ortsgruppenleiter NSDAP Eschwege) und Heldmann (Kriminalbeamter Eschwege) und kam zu dem Ergebnis:

> *„Durch die erneute Beweiserhebung in vollem Umfang bestätigt wurde indessen die Feststellung des angefochtenen Spruches über die Verhinderung der Durchführung der sogenannten Gitteraktion in Eschwege im August 1944. [...]* [1]

Beide Kammern sahen in Dr. Beuermanns Verhalten in der Gitteraktion eine „Widerstandshandlung". Hätte er im Falle der Gitteraktion „keinen Widerstand geleistet, dann hätte er nicht in seiner Amtsführung als Bürgermeister als nicht belastet angesehen werden können."[2] Allerdings erachtete die Kammer diesen Vorgang in der abschließenden Gesamtsicht seiner Rolle in der NS-Zeit nicht als entscheidend an. Sie führte aus:

> *„Die Nichtausführung des Gitterbefehls im Jahre 1944 ist aber kein hinreichender Beweis dafür, dass der Betroffene auch in den vergangenen Jahren, insbesondere in den Jahren vor dem Kriege, das nationalsozialistische Regime als verbrecherisch oder wenigstens verderblich erkannt hat und dieser Erkenntnis gemäß sich verhielt."* [3]

---

[1] HHStA 520/Es Nr, 785 Spruchkammerakte Dr. Alexander Beuermann, Eschwege, Bl. 151 R.
[2] HHStA 520/Es Nr, 785 Spruchkammerakte Dr. Alexander Beuermann, Eschwege, Bl. 157 R.
[3] Ebenda.

Der Einmarsch der U.S. Army in der Stadt

Obwohl Dr. Beuermann (wie man einer späteren Äußerung entnehmen muss) seine Rolle während der letzten Kriegstage angemessen dargestellt hat, hielt und hält sich nachhaltig die Legende von ihm als Retter der Stadt vor der drohenden Zerstörung durch die Kriegsgegner. Allerdings hatten nicht zuletzt seine Freunde und er selbst zu dieser Legende dadurch maßgeblich beigetragen, dass sie in den Spruchkammerverfahren diese überhöhte Darstellung vortrugen, um so eine milde Eingruppierung zu erreichen.

Die Diskrepanz zwischen Dr. Beuermanns Darstellung im Jahr 1946 und der späteren Äußerung ist auffallend. Gegenüber der Spruchkammer äußerte er, es sei dabei „um Tod und Leben, ja um das Schicksal einer ganzen Stadt" gegangen. Es seien „Bürgermeister unter ähnlichen Umständen wegen Zuwiderhandlung gegen die Befehle der Partei von den ‚Nazis' aufgehängt worden." Er habe sich dafür eingesetzt, dass die Stadt Eschwege „nicht verteidigt würde und damit den gegebenen Befehlen Widerstand geleistet."[1] Später erklärte er: „Der Volksmund hat mir angedichtet, dass ich die Stadt ‚gerettet' hätte. Das ist in dem Sinne, wie es erzählt wird, nicht richtig. Ich habe allerdings am 2. April 1945 mit dem Kommandanten von Eschwege, General Schellert, eingehend über die Schonung der Stadt verhandelt ..."[2].

Diese Korrektur Dr. Beuermanns kann auch damit zusammenhängen, dass seine „Rettung" im April 1945 von dem Lehrer Gustav Schröder bestritten wurde. In zahlreichen Briefen hatte sich Schröder von 1947 bis 1973 (!) an den Magistrat gewandt und sowohl eine historische Erforschung dieser Apriltage gefordert als auch, und zwar ohne jedes

---

[1] HHStA 520/Es Nr. 785. Spruchkammerakte Dr. Alexander Beuermann, Eschwege, Bl. 15-17.
[2] Werra Rundschau vom 4.4.1970. „Unermüdliche Versuche zur Erhaltung der Stadt".

210

Selbstlob, auf seinen Anteil an der Rettung der Stadt verwiesen: Er hatte den Befehl zur Einberufung und Mobilisierung des Volkssturms verweigert: „Dr. Beuermann, der in o.a. Artikel gewissermaßen als Retter der Stadt Eschwege herausgestellt wird, hatte keinerlei maßgebende Befehlsgewalt. Er konnte lediglich darum bitten, die Stadt nicht zu verteidigen und ging mit dieser Tat keinerlei persönliches Risiko für Leib und Leben ein."[1]

Die Rolle Dr. Beuermanns beim Einmarsch der Amerikaner in die Stadt im April 1945 ist „lobenswert und positiv zu beurteilen", so Dr. Kollmann, „für den tatsächlichen Ablauf der Ereignisse war sie aber ohne Bedeutung, denn die Entscheidungen fielen auf militärischer Ebene. Entgegen Dr. Beuermanns Empfehlungen wurden am 3.4.1945 in der Frühe die Werrabrücken gesprengt; der kommandierende General hatte den Befehl erhalten, Eschwege hinhaltend zu verteidigen".[2] Es handelte sich um General Otto Schellert, der zum Kampfkommandanten von Eschwege ernannt worden war. Schellert war sich jedoch, wie er später festhielt, gemeinsam mit den beiden anderen Kommandeuren im April 1945 darüber klar geworden,

„dass eine Verteidigung des Standorts Eschwege schon aus militärischen Gründen eine Unmöglichkeit bedeutete; denn, wie schon erwähnt, besaßen die verfügbaren Truppen keinen oder nur geringen Kampfwert, waren sie zahlenmäßig für den weiten Bogen um Eschwege völlig unzureichend, war ihre Bewaffnung völlig ungenügend. Dazu kam für mich als mit ausschlaggebender Grund, die Stadt vor schweren Kampfschäden zu bewahren zu einem Zeitpunkt, wo mit

---

[1] Gustav Schröder an den Bürgermeister in Eschwege am 15.5.1951 (Aus seinem Nachlass privat mitgeteilt).
[2] Karl Kollmann, In Sachen: Dr. Alex Beuermann. In: Eschweger Geschichtsblätter 14/ 2003, S.3 ff., hier S.7.

dem unglücklichen Ausgang des Krieges gerechnet werden musste.
Ich hatte mich daher entschlossen, die Stadt nicht zu verteidigen und schon am 2.4. vormittags den Rest der Nachr. Ersatz-Abteilung mit der Funkstelle über die Werra abgeschoben. Auch hatte ich dem Gauleiter Gerland gegenüber, der in Eschwege gewesen war, abgelehnt, den Volkssturm aufzurufen und einzusetzen."[1]

Schellert berichtet, dass Dr. Beuermann ihn telefonisch gebeten habe, „mit Rücksicht auf die unter ihnen liegenden elektrischen und Gasleitungen usw." von der vorgesehenen Sprengung der Werrabrücken Abstand zu nehmen. Darauf habe er, Schellert, vor Ort vereinbart, dass ohne seine Genehmigung die Sprengung nicht erfolgen solle. Tatsächlich wurden dann ohne sein Wissen und entgegen seiner Anordnung die Brücken am nächsten Tag doch gesprengt.
Dr. Beuermanns Anruf traf sich mithin mit der Lagebeurteilung und Entscheidung des Kampfkommandanten Schellert. Es herrschte zwischen dem Kampfkommandanten und dem Bürgermeister in der Sache ein Konsens, der keiner gegenseitigen Überzeugungsarbeit bedurfte.

Rückblicke Dr. Beuermanns auf die eigene Person in den Jahren 1933-1945

Dr. Beuermann hat in einer Eingabe an die Spruchkammer Eschwege im September 1946 zu seiner Rolle als Bürgermeister in der NS-Zeit Stellung genommen. Das Bild, das er von seiner Zeit als Bürgermeister zeichnet, ist das eines von Gewissenskonflikten gepeinigten Gegners des

---

[1] Stadtarchiv Eschwege. Schellert, Besetzung von Eschwege durch die Amerikaner am 3.4.1945 (Aus der Erinnerung aufgeschrieben). Eschwege, den 25.5.1951.

Naziregimes, der sich permanent gegen die Machtansprüche der „Partei" habe zur Wehr setzen müssen. Er verweist darin auf eine „Rechtfertigungsschrift vom 15. Juni 1946", die offenbar der Spruchkammer vorlag, sich jedoch nicht in seiner Spruchkammerakte befindet. In dieser Schrift habe er „genügend Beispiele" für seine gegnerische Haltung aufgeführt.

Er sei „alles andere als ein Werkzeug der nationalsozialistischen Gewaltherrschaft gewesen" und habe „in allen entscheidenden Punkten wohl das Gegenteil von dem getan, was man von einem ,Nazi-Bürgermeister' erwarten konnte. Er sei im Übrigen einer der letzten im Rathaus gewesen, der der NSDAP beitrat. „Ich habe mich nicht passiv verhalten, sondern mich oft genug in meinem Amt und in Vertretung der städtischen Interessen gegen die Machtansprüche der Partei und ihrer Funktionäre gewandt (...)".

Die „beiden Hauptfälle" seiner gegnerischen Haltung seien der Widerstand gegen die Anordnung der Verhaftungen im Rahmen der sogenannten „Aktion Gitter" im August 1944 und die Rettung der Stadt beim Einmarsch der Amerikaner im April 1945 gewesen. Diese andauernde Widerstandshaltung habe ihm nur Nachteile gebracht. Im Grunde hätte er es sich wesentlich einfacher machen können, wenn er Nazi oder Mitläufer gewesen wäre.

„Dass mir diese dauernden Gewissenskonflikte und der ständige Widerstand gegen die Anmaßungen der Partei seelische und körperliche Nachteile gebracht haben, bedarf wohl keines weiteren Beweises."[1]

In den Zeugenaussagen, von denen sich einige Wort für Wort gleichen, wird dieses Selbstbild noch überhöht, z. B. durch von den Kammern nicht näher geprüfte und z. T. unzutreffende Aussagen, er selbst sei niemals an Maßnahmen gegen die

---

[1] Sämtliche Zitate in: HHStA 520/Es Nr. 785. Spruchkammerakte Dr. Alexander Beuermann, Eschwege, Bl. 15-17.

Juden beteiligt gewesen, er habe immer ein gutes Verhältnis zur Eschweger Judenschaft gehabt, kein Jude sei in seiner Zeit als Bürgermeister von Eschwege in ein KZ deportiert worden, Dr. Beuermann sei zum Kirchenaustritt gezwungen worden, habe die Synagoge vor ihrer Zerstörung gerettet usw.

Die Verfahren vor den Spruchkammern waren bekanntermaßen keine gerichtsförmigen Vorgänge, ihre Ergebnisse blieben in vielen Fällen umstritten und historische Untersuchungen konnten von ihnen nicht durchgeführt werden. Das Charakteristikum war die Fürsprache von Zeugen, nicht jedoch die historisch-kritische Prüfung und Aktenrecherche.

So verständlich es ist, dass Dr. Beuermann als „Betroffener" in den beiden Spruchkammerverfahren sich so gut verteidigte wie möglich und dabei versuchte, ns-kritisches Verhalten so deutlich wie möglich hervorzuheben, so fragwürdig erscheint die von ihm behauptete gegnerische Haltung, die sein Bild in der kommunalpolitischen Öffentlichkeit bis in die Gegenwart bestimmt hat.

In den erhaltenen Akten und Unterlagen haben sich hierfür keine Belege finden lassen.

Die posthume Ehrung mit einem Straßennamen im Jahr 1963

Als das Ende der Dienstzeit Dr. Beuermanns als Stadtrat zum 30. Juni 1963 sich ankündigte, stand in den politischen Gremien der Stadt außer Frage, dass eine besondere Ehrung vorzunehmen sei. Am 6. März 1963 beantragte Bürgermeister Dr. Thom beim Hessischen Ministerpräsidenten die Verleihung des Bundesverdienstkreuzes I. Klasse. Er begründete dies mit Dr. Beuermanns herausragenden Leistungen als Verwaltungsbeamter. Dabei würdigte er auch dessen Leistungen als Bürgermeister in der NS-Zeit. Er zitierte wörtlich den Beschluss der Gemeindevertreterversammlung aus dem Jahre 1946, in der Dr. Beuermanns volle Rehabilitierung im Spruchkammerverfahren gefordert war, hob

214

seine Verdienste um die Gewinnung eines Fliegerhorstes hervor und lobte seine soziale Einstellung. Schließlich habe er kurz vor Kriegsende „durch sein entschlossenes Eintreten gegenüber den deutschen Wehrmachtdienststellen [verhindert], dass die Stadt in Kampfhandlungen verwickelt wurde."[1] Abschließend wurden weitere Aktivitäten des erfahrenen Kommunalpolitikers, der in zahlreichen Gremien und Vereinen aktiv war, hervorgehoben.

Zu dieser beantragten Ehrung durch den Bundespräsidenten konnte es nicht mehr kommen, da Dr. Beuermann am 3. Juni 1963 nach schwerer Krankheit verstarb.[2]

Am 16. März 1963 empfahl der Geschäftsordnungsausschuss, „Dr. Beuermann zum Ehrenbürger zu ernennen" und bat die Fraktionen vertraulich, „sich mit dieser Frage zu beschäftigen". Außerdem empfahl der Ausschuss, „ein Ölbild von Dr. B. malen zu lassen und im Stadtverordneten-Sitzungssaal aufzuhängen".[3]

Als der Geschäftsordnungsausschuss am 14. Mai 1963 die Frage der Ehrung des ausscheidenden Stadtrats Dr. Beuermann erneut beriet, hatten die Fraktionen reagiert. Die Meinungen waren geteilt:

„Die Angelegenheit sollte noch innerhalb der Fraktionen beraten werden. Stv. Gischler und Stv. Dr. Meyer berichten, dass sich ihre Fraktionen gegen die Ernennung von StR. Dr. Beuermann zum Ehrenbürger ausgesprochen hätten. Sie seien auch gegen die

---

[1] Stadtarchiv Eschwege. Bürgermeister Dr. Thom an den Hess. Ministerpräsidenten vom 6.3.1963. - Die Rolle B.s im Rahmen der „Aktion Gitter" tauchte in dieser Laudatio allerdings nicht mehr auf; die Gründe hierfür ließen sich nicht ermitteln.

[2] Einer früheren Initiative in dieser Richtung wurde nicht entsprochen. Unterlagen hierzu liegen nach Auskunft von Herrn Dr. Volker Eichler (Hess. Hauptstaatsarchiv) nicht vor.

[3] Stadtarchiv Eschwege. Auszug aus der Niederschrift über die Sitzung des Geschäftsordnungsausschusses am 16.3.1963.

Benennung einer Straße nach Stadtrat Dr. Beuermann, weil ihrer Meinung nach grundsätzlich keine Straßen nach lebenden Personen benannt werden sollten. Die Fraktionen der SPD und des GB/BHE sind dafür, Stadtrat Dr. Beuermann durch Verleihung einer goldenen Plakette zu ehren. Stv. Huschenbeth erklärte, die ÜWG-Fraktion sei mit der Ernennung von Stadtrat Dr. Beuermann zum Ehrenbürger einverstanden; die Frage der Straßenbenennung habe man deswegen nicht erörtert."[1]

Die beiden stärksten Fraktionen, SPD und GB/BHE, hatten sich mithin für die Verleihung einer goldenen Plakette ausgesprochen und waren in der Frage des Straßennamens eher zurückhaltend. Lediglich in der Frage des anzufertigenden Ölbildes waren sich alle Fraktionen einig.

In der Sitzung dieses Ausschusses am 28. Mai wurden die Fraktionen erneut zur Beratung in der Frage, wie Dr. Beuermann zu ehren sei, aufgefordert. Fünf Tage später, am 3. Juni 1963, verstarb Dr. Beuermann. Angesichts dieser neuen Situation, die alle bisherigen Beratungen seines feierlichen Abschieds aus dem Amt gegenstandslos machten, entschlossen sich Dr. Thom und der Magistrat zum Handeln. Bei den Beratungen im Magistrat am folgenden Tag, dem 4. Juni 1963, entschied man Dr. Beuermann mit einem Straßennamen zu ehren. Der Geschäftsordnungsausschuss schloss sich an: Man beabsichtige, den Stadtverordneten vorzuschlagen, eine Straße nach Dr. Beuermann zu benennen, und schuf dadurch vollende Tatsachen, dass man den Bürgermeister ermächtigte, „dies schon in seiner Rede bei der Trauerfeier bekannt zu geben."[2] So geschah es wenige Tage später: „Die allgemeine

---

[1] Stadtarchiv Eschwege. Auszug aus der Niederschrift über die Sitzung des Geschäftsordnungsausschusses am 14.5.1963.
[2] Stadtarchiv Eschwege. Niederschrift über die Sitzung des Geschäftsordnungsausschusses am 6.6.1963.

216

Verehrung, die Dr. Beuermann in Eschwege genoss, wurde noch unterstrichen durch die Mitteilung Bürgermeister Dr. Thoms, dass man auf Beschluss der Stadtverordneten die Goldbachstraße zwischen oberen Anlagen und Luisenstraße in Dr.-Alex-Beuermann-Straße umbenennen werde."[1]

Mit diesem Vorgehen Dr. Thoms, des Magistrats und des Geschäftsordnungsausschusses war die bis dahin offene Frage der Ehrung Dr. Beuermanns entschieden, bevor die Beratungen der Stadtverordneten hierüber stattgefunden hatten. Als Alternativen waren ein Ehrenbürgerrecht, ein Straßenname oder eine Plakette erwogen worden.

Die Stadtverordnetenversammlung selbst entschied erst am 21. Juni 1963 und schloss sich ohne Debatte ("Wortmeldungen liegen nicht vor") der Namensverleihung an.[2]

Die Ehrung mit dem Straßennamen hatte noch ein Nachspiel. Da die Witwe Bedenken gegen die vorgesehene Gegend geltend machte und es stattdessen "begrüßen würde, wenn eine Straße in einem Viertel gewählt würde, in dem auch andere Bürger der Stadt durch eine Benennung einer Straße nach ihnen geehrt worden sind", beschloss die Stadtverordnetenversammlung am 28. November 1963 die "südlich der Gartenstraße geplante Straße" als "Dr.-Alex-Beuermann-Straße" vorzusehen.[3]

Zusammenfassung

Dr. Beuermanns Amtsübernahme 1934 stand im Zeichen der Amtsenthebung nicht parteitreuer Bürgermeister, an deren Stelle zuverlässige Mitglieder der NSDAP von der NS-Gauleitung in Kassel eingesetzt wurden. Dr. Beuermann hatte selbst aus nächster Nähe erlebt, wie sein Vorgesetzter,

---

[1] Werra-Rundschau Nr. 131 vom 8.6.1963.
[2] Stadtarchiv Eschwege. Auszug aus der Niederschrift über die Stadtverordnetenversammlung am 21.6.1963.
[3] Stadtarchiv Eschwege. Der Magistrat an die Stadtverordnetenversammlung am 28.11.1963.

Bürgermeister Dr. Stolzenberg, aus seinem Amt gedrängt worden war. Er war bereit, sich unter diesen Umständen der NSDAP-Politik zur Verfügung zu stellen. Er hatte sich am 1. Mai 1933 aus eigenem Entschluss in Eschwege der Nazibewegung angeschlossen und damit seine Bereitschaft zur politischen Einordnung in den „Führerstaat" dokumentiert. In den Akten fand sich kein Anhaltspunkt dafür, dass es zwischen Dr. Beuermann auf der einen Seite und NSDAP-Ortsgruppenleiter Edmund Hüther (Eschwege) bzw. NSDAP-Kreisleiter Eduard Weiß auf der anderen Seite Meinungsverschiedenheiten, kritische Diskussionen, Differenzen oder Einspruch bzw. Widerspruch, gar Konflikte gab. Als Leiter der Ortspolizeibehörde war Dr. Beuermann in das überwiegend geheim operierende Verfolgungssystem einbezogen. Er lieferte Berichte, erteilte personenbezogene Auskünfte, führte Registrierungen durch und wirkte organisatorisch mit, z.B. bei den Deportationen jüdischer Bürger und Bürgerinnen. Im Fall Isidor Cahn wurde er selbst polizeilich tätig. Er erwarb im Februar 1939 zum Einheitswert für die Stadt das Wohnhaus Reichensächser Straße 29, das Ludwig Goldschmidt wenige Tage vor der Emigration hatte verkaufen müssen. Dort richtete er die Dienstwohnung des Bürgermeisters ein. Als Stadtrechtsrat führte er ab 1948 für die Stadt die Verhandlungen mit der Witwe um Rückerstattung. Dr. Beuermann zeigte große Anstrengungen, um zunächst die Rückgabe zu verhindern, dann die Höhe der Nachzahlung zu mindern und schließlich den im Vergleich vorgeschlagenen Betrag nochmals um 2500,- DM herabzusetzen. Schließlich erstritt er im Jahre 1960 für die Stadt den überwiegenden Teil des ursprünglichen Kaufpreises zurück, der aus öffentlichen Mitteln gezahlt wurde. Der Vorgang der Schließung und Umwidmung jüdischer Friedhöfe im Landkreis Eschwege wurde vom Kasseler Regierungspräsidenten, vom Landrat und später von den hier zuständigen Finanzbehörden anscheinend nicht vorangetrieben. Demgegenüber betrieb Bürgermeister Dr. Beuermann initiativ diese zweckorientierte Verwertung des

Grundstücks und der Grabdenkmale in der Stadt Eschwege kontinuierlich mit Nachdruck. Drei weitere Entscheidungen Dr. Beuermanns sind nachweisbar, bei denen er teils in vorauseilendem Gehorsam (Räumung der „arischen" Wohnungen von Juden), teils in bürokratischer Unerbittlichkeit (gegenüber Frau Bertha Kahn) oder in religionsferner Zweckorientierung (gegenüber dem Abriss der Synagoge) handelte, ohne dass jeweils hier eine Anordnung oder Weisung ihn dazu veranlasst hatte. Dr. Beuermanns Rolle bei der sogenannten „Aktion Gitter" wurde von der Spruchkammer Eschwege und der Berufungskammer Kassel als „Widerstandshandlung" eingestuft. Strategisch führte diese Einstufung zu seiner „Nicht-Belastung". Ein Widerstand gegen diese Aktion seitens Dr. Beuermann konnte jedoch nicht nachgewiesen werden, da nach mehreren übereinstimmenden Aussagen die tatsächliche Weigerung von der Kreispolizeibehörde, dem Landrat Dr. Schultz, ausging, der im ganzen Kreis (nicht nur in der Stadt Eschwege) die angeordneten Verhaftungen nicht durchführte. Von Widerstand kann auch insofern nicht die Rede sein, da zahlreiche Gau- und Kreisleitungen ebenfalls die Durchführung dieser Anordnung in Frage gestellt haben bzw. sie verweigerten. Dr. Beuermanns telefonischer Anruf im April 1945 bei General Schellert wegen der Aufgabe der Stadt Eschwege traf sich mit der Lagebeurteilung und Entscheidung des Kampfkommandanten, die Stadt nicht mehr militärisch zu verteidigen. Der General und der Bürgermeister stimmten in der Sache überein, so dass es keiner gegenseitigen Überzeugungsarbeit bedurfte.

Bürgermeister Dr. Beuermann hat den Erwartungen der NSDAP entsprochen und Anordnungen von oben glatt umgesetzt. In sechs Fällen, die einzelne Bürger und Bürgerinnen und religiöse Kultstätten betrafen, ist er selbst gegen Juden initiativ und aktiv geworden, ohne dass hierfür eine Weisung von vorgesetzter Behörde vorlag. Für die von Dr. Beuermann nach dem Krieg behauptete ns-gegnerische

Haltung haben sich in den erhaltenen Akten und Unterlagen keine Belege finden lassen.

Quellen und Literatur:

Bundesarchiv Berlin
Online-Version des Gedenkbuchs „Opfer der Verfolgung der Juden unter der nationalsozialistischen Gewaltherrschaft in Deutschland 1933-1945."

Stadtarchiv Eschwege
Personalakte Dr. Alex Beuermann.
Personalakte Dr. Fritz Stolzenberg. Band 1 und 2.
Ratsherrenberatungen 1933 – 1939.
Flächenmanagement (vormals Liegenschaftsamt) 730.
Reichen-sächser Straße 29.
Flächenmanagement (vormals Liegenschaftsamt) FD 44, 683/6 Judenfriedhof.
Amtsgericht Eschwege. Abt. II. Akten zum Handelsregister Firma Herzog & Co.
Auszug aus der Niederschrift über die Sitzung des Geschäftsordnungsausschusses am 16.3.1963/ am 14.5.1963.
Niederschrift über die Sitzung des Geschäftsordnungsausschusses am 6.6.1963.
Auszug aus der Niederschrift über die Stadtverordnetenversammlung am 21.6.1963.
Der Magistrat an die Stadtverordnetenversammlung am 28. 11. 1963.
Otto Schellert, Besetzung von Eschwege durch die Amerikaner am 3.4.1945 (Aus der Erinnerung aufgeschrieben).

Hessisches Staatsarchiv Marburg
RP Kassel 165/7785; 165/ A 458.
LR 180 Eschwege Nr. 70/ 153/ 1281/ 1523/ 1718/ 1760/ 2162/ 2600.

Hessisches Hauptstaatsarchiv Wiesbaden
520/Es Nr. 785. Spruchkammerakte Dr. Alexander Beuermann.
520/ KS-Z Nr. 4.642. Spruchkammerakte Dr. Walter Schultz
(zit. n. J. Schweitzer).
483/4975.
Abt. 618 Pak. 1924, Nr. 18, Band 1 und Band 2.
Abt. 519/V Nr. 3123-344 Band. 1 und 2.
Abt. 519/A Nr. Esch 25181.
Abt. Z 460 Nr. KJ 241.
Bestand 483, Nr. 4975.

Stadtarchiv Kassel
Hausstandsbücher

Archiv des Landeswohlfahrtsverbandes Hessen, Kassel
Breitenau 2, Nr. 5024. Schutzhaftakte Anna Baum.

Korrespondenz und Mitteilungen
Werner Kahn, Rio de Janeiro: Erinnerungen, aufgeschrieben
im Januar 2010; Korrespondenz; Vereinbarung zwischen dem
Chemiker Dr. Walter Kahn, Berlin, Pappel Allee 23 und dem
Werkmeister Ernst Herzog, Eschwege (1926), Fotografien.
Gustav Schröder, Eschwege (privat aus dem Nachlass
mitgeteilt).

Tageszeitungen
Eschweger Tageblatt 1926-1929, 1933, 1934, 1940, 1970.
Werra-Rundschau 1963, 1970.
Frankenberger Zeitung 1934.
Kurhessische Landzeitung 1935.
Kasseler Post 1934.

Literatur
André Bouwman, Das Land Hessen und seine jüdischen
Friedhöfe von 1933 bis heute. In: Der Jüdische Friedhof in
Hanau. Hanau/ Wiesbaden 2005, S. 17-22.

Die deutsche Polizei. Von Dr. jur. Werner Best, SS-Brigadeführer, Ministerialdirektor. Darmstadt 1940.

Michael Dorhs, Der „gute Ort" am Schanzenweg. Der jüdische Friedhof Hofgeismar in den Jahren 1939-1944. In: Das achte Licht. Beiträge zur Kultur- und Sozialgeschichte der Juden in Nordhessen. Herausgegeben von Helmut Burmeister und Michael Dorhs. Hofgeismar 2002, S. 248-258.

Alfred Gottwald / Diana Schulle, Die „Judendeportationen" aus dem Deutschen Reich 1941-1945. Eine kommentierte Chronologie. Wiesbaden 2005.

Wolf Gruner, Öffentliche Wohlfahrt und Judenverfolgung. Wechselwirkung lokaler und zentraler Politik im NS-Staat (1933-1942). München 2002.

Eva Grulms, Bern Kleibl, Jüdische Friedhöfe in Nordhessen. Bestand und Sicherung. Kassel 1984.

Ulrike Hett / Johannes Tuchel, Die Reaktionen des NS-Staates auf den Umsturzversuch des 20. .Juli 1944. In: P. Steinbach / J. Tuchel (Hg.), Widerstand gegen den Nationalsozialismus. Bonn 1994, S. 377 ff.

York-Egbert König, Jubiläen und Jahrestage 2009. In: Das Werraland. Herausgegeben vom Hauptvorstand des Werratalvereins 1883 e.V. 61 (2009), Heft 1, S. 18.

Karl Kollmann, In Sachen: Dr. Alex Beuermann. In: Eschweger Geschichtsblätter 14/2003, Nr. 131 vom 8.6.1963, S. 3 – 9.

Karl Kollmann, Thomas Wiegand, Spuren einer Minderheit. Jüdische Friedhöfe und Synagogen im Werra-Meißner-Kreis. Kassel 1996.

Dietfrid Krause-Vilmar, Das Konzentrationslager Breitenau. Ein staatliches Schutzhaftlager 1933/34. Marburg. 2. Aufl. 2000.

Horst Matzerath, Die Zeit des Nationalsozialismus. In: Thomas Mann, Günter Püttner, Handbuch der kommunalen Wissenschaft und Praxis. Band 1. Dritte, völlig neue bearbeitete Auflage. Heidelberg 2007, S. 119-132.

Horst Matzerath, Nationalsozialismus und kommunale Selbstverwaltung (=Schriftenreihe des Vereins für Kommunalwissenschaften Berlin e. V., 29) Stuttgart/ Berlin/ Köln/ Mainz 1970.
Namensliste der deutschen Patentschriften mit Angabe der Klassen, Unterklassen und Gruppen.
Joseph Walk (Hg.), Das Sonderrecht für die Juden im NS-Staat. Eine Sammlung der gesetzlichen Maßnahmen und Richtlinien – Inhalt und Bedeutung. Karlsruhe 1981. [Die aktualisierte bei UTB erschienene Ausgabe von 1989 bzw. 1996 war mir nicht zugänglich]
Falk Wiesemann, Sepulcra judaica. Bibliographie zu jüdischen Friedhöfen und zu Sterben, Begräbnis und Trauer bei den Juden von der Zeit des Hellenismus bis zur Gegenwart. Essen 2005 [zu Hessen S. 441-461].
Andreas Wirsching, Jüdische Friedhöfe in Deutschland 1933 bis 1957. In: Vierteljahrshefte für Zeitgeschichte 50 (2002), S. 1-40.
Anna Maria Zimmer, Juden in Eschwege. Entwicklung und Zerstörung der Jüdischen Gemeinde – von den Anfängen bis zur Gegenwart. Eschwege 1993.

Korrespondenzadresse:

Prof. Dr. Dietfrid Krause-Vilmar, Universität Kassel, Fachbereich 1, Nora-Platiel-Straße 1, 34127 Kassel, Deutschland, E-Mail: kvilmar@gmx.de, www.uni-kassel.de/fb1/KVilmar/

Die Leichenpredigt von Pfarrer Lang bei der Hinrichtung von vier Räubern im Jahre 1766 in Pöttmes (Bayern)

von Prof. Dr. Wilhelm Kaltenstadler

Einleitung und Hinführung

Der Prediger Joseph Lang,1726 in Dillingen geboren, wurde 1756 Benefiziat des Georgs-Benefizium in Pöttmes und gleichzeitig Pfarrer in Schnellmannskreuth. 1763 wurde er Pfarrer der großen Pfarrei Pöttmes.[1] Zur Zeit seiner Predigt war er also im gesetzten Mannesalter von 40 Jahren.

Die Predigt von Pfarrer Benedict Joseph Lang aus Pöttmes ist keine gewöhnliche Predigt.[2] Darum ist sie auch in Neuburg „auf hohes Anverlangen", wohl auch auf Anregung des residierenden Ferdinand Maria von Gumppenberg[3], in Druck gegangen. Der Anlass der Predigt stimmt nicht fröhlich, auch wenn den Menschen des 18. Jahrhunderts eine Hinrichtung auf dem öffentlichen Gerichtsplatz als Ablenkung von der Eintönigkeit des Alltags erschienen sein mag. Vier Menschen waren im Sommer des Jahres 1766 in Pöttmes inhaftiert, wohl im Gumppenbergischen Herrschaftsgefängnis, und wurden feierlich in Pöttmes an einem Julitage des Jahres 1766 unter dem geistlichem Beistand des Pöttmeser Pfarrherrn Benedict

---

[1] Moderna ecclesia Augustensis sive diocesis Augustana, Augsburg 1762, S. 317.

[2] Die vorliegende Leichenpredigt gehört zu einem ganz anderen Genre als die Leichenpredigten für hochgestellte Persönlichkeiten. Vgl. dazu Wilhelm Liebhart: Leichenpredigten aus dem Augustinerchorherrenstift Altomünster, in: Amperland 40 (2004) S. 383-389.

[3] Ludwig Adalbert Freiherr von Gumppenberg: Geschichte der Familie von Gumppenberg, Würzburg 1856 (1. Auflage), S. 361-363.

224

Joseph Lang (1763-1793)[1] „auf dem offentlichen Gericht=Platz" hingerichtet. Damit ist wohl nicht das Galgenfeld ausserhalb des Ortes gemeint. Es ist die Rede von einem öffentlichen Platz, der sich zur Abhaltung einer Großveranstaltung „mit einer auserordentlichen Menge von beyderley Geschlecht" eignen muss. Es ist davon auszugehen, dass in Pöttmes nur der Marktplatz vor dem Gumppenberg'schen Schloss in der Lage war, eine so große Masse von Menschen aufzunehmen.

Bei den Verurteilten handelt es sich um folgende Personen:

- Barbara Weber aus dem Orte Stoffen im Landgericht Landsberg, ledig, 29 Jahre alt

- Sebastian Lantz, verheiratet, 40 Jahre alt, Sohn eines Leerhäuslers aus Oberhaunstadt[2] bei Ingolstadt

- Martin Rudorfer, ledig, 29 Jahre alt, Sohn eines Hofbaumeisters, aus Gern bei Neuhausen im Landgericht Dachau (heute ein Teil der Stadt München)[3]

- Johann Kraenner, ledig, 27 Jahre alt, Abdecker, von München gebürtig.[4]

Die Hinrichtung der vier „Roboranten" erfolgte mit dem Schwert, was bei weitem weniger ehrenrührig war als das Aufhängen am Galgen, die Räderung oder die Verbrennung.

---

[1] Eine umfangreiche Liste der Pöttmeser Geistlichen seit 1328 findet sich bei Hans Georg Wieser: Chronik der Marktgemeinde Pöttmes, Pöttmes 1931, unveröff. Manuskript, zu finden im Marktarchiv Pöttmes, Lit A6, S. 192-196.

[2] Seit der Gebietsreform gehört Oberhaunstadt zu Ingolstadt.

[3] Aus den Verhörprotokollen des Herrschaftsgerichtes Pöttmes ergibt sich, dass der Vorname „Martin" falsch ist. Richtig ist „Georg". Vgl. Herrschaftsgericht v. Gumppenberg Pöttmes, LIT 6190 „Guetliches Examen ..." mit Georgen Ruhedorfer, 2.4.1766.

[4] In den Verhörprotokollen kommt auch der Name Granner und Gränner vor. Statt Johann heißt es meist „Johannes". Siehe LIT 6190 ebd.

Diese Hinrichtung mit dem Schwert mit nachfolgender Räderung der drei männlichen Verbrecher erfolgte in Anlehnung an den *Codex Juris Criminalis Bavarici*, dem damals im Kurfürstentum Baiern geltenden Strafgesetzbuch, das der Kanzler Wiguläus Kreittmayr geschaffen und 1751 in den Druck gebracht hatte. Dieses Gesetz stellte gegenüber seinen Vorgängern eine (relative) Humanisierung dar. „Aber bei nicht weniger als 55 Straftatbeständen forderte er die Todesstrafe. Dabei war in mehr als 30 Fällen die Schwertstrafe als Todesstrafe vorgesehen, siebenmal das Hängen, fünfmal das lebendige Verbrennen, viermal das Rädern, einmal die lebendige Vierteilung. Als Verschärfung erschienen das Rädern und das Verbrennen einige Male nach der Schwertstrafe."[1] Die mit dem Schwert in Pöttmes hingerichteten drei Männer sind nach ihrem Ableben, gewissermaßen zur Abschreckung, auf das Rad geflochten worden. Barbara Webers Leichnam wurde sofort in geweihtem Erdreich begraben, vielleicht weil sie eine Frau und ihre Schuld minder schwer war. Die im Codex von Kreittmayr erwähnten möglichen Zusätze wie Schleifen zur Richtstatt, Reißen mit glühenden Zangen, Zungenausreißen, Schneiden von Riemen aus der Haut kamen bei der Hinrichtung von 1766 wohl nicht zur Anwendung. Es gilt allerdings als wahrscheinlich, dass man in den Verhören „die fast schon überall abgeschaffte Folter"[2] zur sog. Wahrheitsfindung, wie in Altbayern bis zum Beginn des 19. Jahrhunderts üblich, auch noch 1766 in Pöttmes zur Anwendung brachte.

---

[1] Josef Würdinger: Der Scharfrichter. Berufsbild und Tätigkeitsbereich im Wandel der Zeit (22. Fortsetzung), in: Ingolstädter Heimatblätter, 68. Jahrg., Nr. 7 (2005), Beilage zum Donaukurier, S. 3f, hier S. 4.

[2] Josef Würdinger: Der Scharfrichter, ebd., S. 4. Das Mandat des Kurfürsten Karl Theodor (177-1799) zur Eindämmung der Tortur von 1779 steht in offensichtlichem Widerspruch zur Anweisung an die Landgerichte, fehlende Folterwerkzeuge anzuschaffen. Vgl. dazu Würdinger, ebd., S. 4 Anmerkung. Die Folter soll seitdem angeblich mehr der *tortura animi* (seelische Folter) als der *tortura corporis* (körperliche Folter) dienen.

Die vier Personen waren wegen Diebstahl und Räuberei (*roboria*) inhaftiert, wie aus dem Titel der Predigt hervorgeht. Sie waren sog. Roboranten, also „bewaffnete Landstreicher, die raubten und plünderten und gegen die Einwohner alle Arten von Gewaltthätigkeiten verübten."[1] In allen Details nachgewiesen ist der Einbruch in ein Bauernhaus in Hafenreut in der heutigen Gemeinde Kaisheim im April 1766. Sie waren dort über ein lockeres Fenster in ein Bauernhaus eingestiegen, hatten die Bewohner gefesselt, zahlreiche Sachen mitgehen lassen, aber niemanden umgebracht. Es ist zu vermuten, dass ihr langes hartnäckiges Leugnen, welches die vier Kandidaten in immer größere Widersprüche verwickelte, die Todesstrafe zur Folge hatte, obwohl sie keinen Mord begangen hatten. Man versuchte damals in Bayern die Probleme, wie heute noch in den USA, ausschließlich mit Strafverschärfung zu lösen. Es fehlte also eine Analyse der Ursachen der zunehmenden Kriminalität im Allgemeinen und der Straßenräuberei im Besonderen.

Der Reiseschriftsteller und Aufklärer Nicolai bringt das in seiner Kritik an der bayerischen Strafgerichtspraxis des ausgehenden 18. Jahrhunderts auf den Punkt: „Wenn durch die Regierung mehr Tätigkeit, Industrie und Aufklärung ausgebreitet und eine bessere Policey (i. S. der inneren Verwaltung) gehalten würde, so könnten aus Leuten, welche gesund und stark sind ... durch gehörige Leitung ihrer Kräfte gewiss Menschen werden, die dem Lande nützlich wären. Bis jetzt aber scheint die Regierung noch gar nicht daran gedacht zu haben. Sie schärft nur die Strafen wider die Räuber, sie lässt sie in Menge rädern und viertheilen, und kann freylich damit allein – ihren Zweck nicht erreichen. Belehrung und

---

[1] Johann Andreas Schmeller: Bayerisches Wörterbuch, 2. Aufl., bearbeitet von G. Karl Fromann, Bd. 2, 2. Neudruck der Ausgabe München 1877, Aalen 1966, Sp. 10, Stichwort „Roboranten". Gegen das Roborantentum zeigten sich das Mandat von 1709 und nachfolgende Mandate wirkungslos. Die Ursachen der *roboria* waren nämlich vor allem wirtschaftlicher Natur.

Erleuchtung ist notwendig ... also sollte nachgeholt werden, auf welche Art ein Teil der Nation nach und nach so lasterhaft geworden ist und Anstalt gemacht werden, ihre freyen Triebe wieder zur Tugend zu lenken."[1] Der bayerische Schriftsteller Pezzl äußert sich dazu noch deutlicher und direkter: „Dies ist schon ein alter Fehler der bairischen Polizei, statt den Leuten nöthige Arbeit und Nahrung zu verschaffen, will man sie bloß durch Feuer und Schwerd vom Laster abhalten; und so häuft man unnütze Grausamkeit; ein Fall der zu unseren Zeiten beinahe das jämmerlichste ist, was man von einem zivilisierten Staat sagen kann."[2] Die Äußerungen von Nicolai und Pezzl treffen im Kern auch auf unsere Hinrichtung von 1766 in Pöttmes zu.

Der Text der Predigt

Christliche Anred oder Sitten=Lehr, welche bey beschehener Justificirung deren bey dem Hoch = Freyherrlich Baron Gumppenbergischen Herrschafts=Gericht zu Poettmes In Puncto furti[3] & Roboriae[4] inhafftiert gewesten vier Personen auf dem offentlichen Gericht=Platz in Gegenwart einer grossen Menge Volcks den 30. Julii

Anno 1766 gehalten und auf Hohes Anverlangen zum

Druck befoerderet worden.

Von BENEDICT JOSEPH LANG, Cler. Saec. in Commune viv.

Pfarrer allda.

---

[1] Zit. nach Josef Würdinger: Der Scharfrichter, a.a.O., S. 4.
[2] Zit. nach Josef Würdinger: Der Scharfrichter, ebd., S. 4.
[3] Furtum = Diebstahl.
[4] Das mittellateinische *roboria* leitet sich vom lateinischen Wort *robur* (Kraft, Macht, Gewalt) ab und bedeutet so viel wie Räuberei, vor allem Straßenräuberei.

228

Neuburg an der Donau, gedruckt bey Johann Christian Sillmann, Churfuerstl.

Neuburgischen Hoff= und Landschaffts Buchdruckern

Namen deren Justificirten.

Die Erste.

✝ Barbara Weberin, von Stoffen Land Gerichts Landsperg gebuertig, ledigen Stands, und 29 Jahr alt, ist durch das Schwert hingericht, sodann der Leichnam auf daß geweihte Erdreich begraben worden.

Der Zweyte.

✝✝ Sebastian Lantz, verheurathen Stands 40 Jahr alt, von Oberhaunstatt bey Ingolstatt gebuertig.

Der Dritte.

✝✝✝ Martin Rudorfer, 29 Jahr alt zu Gehrn bey Neuhausen Land=Gerichts Dachau gebuertig, ledigen Stands.

Der Vierte.

✝✝✝✝ Johann Kraenner, ledigen Stands von München gebuertig, 37 Jahr alt. Die Leiber deren 3 letzteren sind nach dem Schwert=Streich auf das Rad geflochten worden.

Quoniam non obedivisti voci Domini id Circo, quod pateris, fecit tibi hodie Dominus.

Dieweil du der Stimm des Herren nit gehorsamet hast, so hat dasjenige, was du leydest, anheut dir der Herr gethan. 1mo Reg. 28.V.18 (AT Könige).[1]

Ich siehe mich mit einer auserordentlichen Menge von beyderley Geschlecht und zerschiedenen Alter umgeben, welche als Zeugen bey dem heuntigen blutigen Auftritt zugegen waren. Es seye mir aber erlaubt, mit jenen Worten des Heil. Evangelii bey Matthiam[2] 11. C. euch zu fragen: *Quid existis videre?* Was seyd ihr hinausgegangen zu sehen?[3] Ist es eine Neugier, so euch anhero gezogen, etwas seltnes und unerwartetes Zusehen? Oder ist es Mitleyden, welches ihr durch euere Geleitschafft bis zum Richt=Platz gegen denen zum Todt verurtheilten eusseren woltet? Oder ware es das Verlangen, zu wissen, durch was Verschulden diese bereits erblaßte Coerper sich so strenge Straff zugezogen? Ist die Ursach eurer Gegenwart eine Neugier, so habt ihr solche Zweiffels ohne begnuegt, jedoch etwann ohne Nutzen. Ist es das Christliche Mitleyden, so ist euch solches verdienstvoll. Ist es das Verlangen, die Ursache der Straff zu wissen, so kan solches bey vielen eine gute Würckung machen; besonders wann die Forcht der Straff die Besserung seines Lebens zum Gegenstand hat.

Poena ad paucos, timor ad omnes perveniat, schreibt Cassius bey Tacit.14.annal.6. Die Forcht soll alle, die Straff nur wenige treffen. Dieses ist auch der Bewegungs=Grund, warum eine Hohe Weltliche Obrigkeit, welcher Gott in gewisen

---

[1] Der aus dem Totenreich zurückgerufene Samuel richtet folgende Worte an König Saul: „Weil du die Stimme des Herrn nicht gehört und seinen brennenden Zorn an Amalek nicht vollstreckt hast, darum hat dir der Herr heute dieses angetan." Als Folge des Ungehorsams wird der Herr den Saul und ganz Israel in die Hände der feindlichen Philister geben.

[2] Korrekt bezeichnet man das erste Evangelium nicht nach Mathias, sondern nach Matthäus.

[3] Das vollständige Zitat lautet: „Was zu sehen seid ihr hinausgegangen in die Wüste?" Dort hält sich Johannes der Täufer auf.

Umstaenden den Gewalt ueber das Leben ihrer Unterthanen gegeben, nach dem Rach=Schwert greifft. Sie sucht die schwere Laster mit Feuer und Schwert zu vertilgen, sie trachtet die gottlose als faule, nichtswuerdige und schaedliche Glieder von dem gesunden Leib der menschlichen Gesellschaft zu trennen, damit durch sie nit auch andere verderbt und der allgemeine Wohlstand des gemeinen Weesen bekraencket werde. Damit aber wenigere gottlos seyn moegen, so soll das geschaerpffte Schwert der Werkzeug seyn, wodurch die Menschen in denen Schrancken der Gerecht= und Billigkeit erhalten werden, wenigst jene, bey welchen die Gesätz und Wohlanstaendigkeit keinen Eindruck machen. Seyd ihr nun begierig, das Verschulden dieser vor euch liegenden Leichen zu wissen, so eroeffne ich solches, oder vielmehr eroeffnet solches statt meiner die Goettliche Heilige Schrifft. Dieweil du der Stimm des Herrn nit gehorsamt hast, so hat das jenige, was du leydest, anheunt dir der Herr gethan.

Der Ungehorsam gegen das Goettliche und Menschliche Gesatz hat den Stab gebrochen. Vernehmt das mehrere.

Solon, einer der angesehnisten Welt=Weisen aus Griechen=Land, hat es schon zu seiner Zeit erkennt, daß die Glueckseligkeit des gemeinen Weesen durch die Hoffnung der Vergeltung vor das gute und durch Forcht der Straff vor das Boese muesse aufrecht erhalten werden. Dieses sind die Nahrungs=Mittel, wodurch die Tugend zu ihrem Wachsthum befoerdert wird. Durch die Hoffnung des Lohns bewerbt man sich um die Tugend, durch die Forcht der Straff wird man von boesen Handlungen abgerissen. Gott als der weisiste und vorsichtigiste Schoepffer Himmels und der Erden bediente sich des nehmlichen Mittels, den Menschen zu seiner Ruhe und wahren Glueckseeligkeit zu fuehren und von dem Verderben abzuleiten. Durch seine grosse Verheissungen reitzt er uns zum Guten, durch die Betrohungen schreckt er uns vom Boesen ab. Als ein wohlthaetiger Vater bietet er uns seine milde Hand zur Gnad und Beystand, als ein gerechter Richter zeigt er die

Straffs=Ruthe, so die ungehorsame zu erwarten haben. Ohneracht er auch sein Gesatz in die Hertzen der Menschen eingedruckt und wir seiner Stimm, als der Stimm unseres Herrn und Schoepffers, zu gehorchen schuldig seyn, so hat er jedoch auch seine Gebott durch die Stimm unserer Oberen noch deutlicher erklaeren und wiederholen wollen. Er gebietet, daß wir auch dieser Stimm Gehoer geben sollen: *Omnis anima potestatibus sublimioribus subdita sit.* Eine jede Seel seye dem hoeheren Gewalt unterthaenig Rom. 3.V.1.[1] Es ist aber auch sein ernstlicher Will, das[s] das Gute belohnet werde. *Dignus est enim operamur mercede sua.*[2] Der Arbeitende ist des Lohns wuerdig, und das Boese will er gestrafft wissen. *Deleatur iniquitas terrae, ut finem accipiat peccatum.*[3] Die Boßheit der Erden solle ausgetilget werden, damit die Suend ein End nehme. Es stehet nun bey uns, eines oder das andere zu waehlen. *Deus ab initio Constituit hominem & reliquit eum in manu arbitrii sui.* Gott hat von Anbeginn[4] den Menschen gesetzt und ihne gelassen in der Hand seiner Willkur. Eccles. 15.[5]

Ich stelle euch heunt vor Angesicht, sagt die Goettliche Heilige Schrifft ferners, Seegen und Fluch. Seegen, wann ihr werdet gehorsam seyn, Fluch, wann ihr nit gehorsamen werdet denen Gebotten des Herren eueres Gottes. Erstarrte Coerper! wem gebt ihr Schuld, daß ihr bey euerem besten Alter, da ihr Gott und der Welt wohl zu dienen annoch faehig waret, so fruhezeitig durch einen gewaltsamen Todt der Welt entrissen

---

[1] Es handelt sich hier wohl um den Römerbrief des Apostels Paulus. Unter Kap. 3 Vers 1 konnte ich jedoch diese Stelle nicht finden.

[2] Lukas Kap. 10 Vers 7.

[3] Es handelt sich hier um eine Stelle beim Propheten Daniel. Doch die von Pfarrer Lang angegebene Stelle ist nicht in Kap. 9, Vers 24 zu finden.

[4] „Anbeging" statt Anbeginn ist wohl ein Druckfehler.

[5] Eine Stelle aus Ecclesiasticus (Jesus Sirach) Kap. 15, Vers 14. Die genaue Stelle lautet: „Am Anfang schuf der Herr den Menschen und übergab ihn seinem eignen Wollen". Die Interpretation dieser Stelle durch Pfarrer Lang ist doch wohl etwas zurechtgebogen.

worden? Ihr koennt zwar nicht mehr antworten als todte Leichen, es antworten aber an euerer statt euere Thaten und Handlungen. Weilen ihr der Stimm eueres Herrn nicht habt gehorsamt; ruffen selbe. Ihr habt also eine ueble Wahl getroffen: anstatt des Goettlichen Seegen habt ihr euch den Fluch und die Todts=Straff selbst ueber den Hals gezogen. In eueren jungen Jahren habt ihr das Joch des Gehorsams gegen Gott, gegen eueren Elteren und gegen eueren Vorgesetzten abgeworffen. Die Begierd zur Freyheit hat euch verwegen gemacht, die Lauigkeit im Christenthum hat euch zur Ausgelassenheit und Muthwillen verleitet, der Mueßiggang hat euch zur boesen Gesellschafft, zu euerem Frevel und Schand Thaten den Weeg eroeffnet. Kurtz: ihr habt der ruffenden Stimm eueres Gott und Herrn, welche euch so offt ohne Frucht zum Guten ermahnt, nicht gehorsamt, hierdurch habt ihr die Maas euerer Suenden erfuellt. Derowegen hat das jenige, was ihr habt leyden muesssen, anheut euch Gott gethan. Ihr habt zwar diese Wahrheit mit euerem Blut unterschrieben, die zeitliche Gerechtigkeit ist damit begnueget. Gott gebe, daß ihr durch wahre Reue und Buß, wie ich nach euerer eyffrigen Vorbereitung zum Todt trost voll hoffe, auch die goettliche Gerechtigkeit zu Frieden gestellt. Allein ich verlasse euch und wende mich zu euch gegenwaertigen herum stehende. Wir sehen hier vier zur Erden ausgestreckte arme Suender. Sie haben eines gewaltsamen Todt sterben muessen. Warum? *Quia non obedivisti:* weilen sie der Stimm des Herrn nit gehorsamt haben. Sind sie aber allein? Gibt es nicht noch mehrere, so das goettliche, und menschliche Gesatz verachten und mit Fuessen tretten? Was sagt ihr darzu? Gibt es nit noch manche, welche jenen weder an der Zahl, weder an Schwere der Verbrechen ihnen nichts nachgeben, an welchen anheunt das Todt=Urtheil vollzogen worden? Seye es auch, daß keiner jener Verbrechen wie diese sich schuldig wisse, so wird ihme doch sein Gewissen sagen, daß er der Stimm des Herrn oeffters kein Gehoer gegeben und das[s] er dessen Gebott auf tausend andere Weege freywillig uebertretten. Wird er also nicht

Ursach haben, von der Rach Gottes das jenige zu befoerchten, was der weise Mann dem Suender drohet? Es werden ueber dich kommen alle diese Flueche; die jenige, so dich verfolgen, werden dich ergreiffen, biß du zu Grund gehest. Wann schon ein mancher durch Wuerde und Ansehen vor menschlichen Gewalt sich schuetzen kann, so wird jedoch der Schild des Ansehens die Schlaege der goettlichen Rach, welche auf die Person kein Absehen hat, nicht abwenden koennen. Wann schon ein mancher in der Boßheit frey und keck worden, daß er sich auch zu ruehmen getraut: *Peccavi, & quid accidit mihi triste*[1]: Ich hab gesuendiget, und was ist mir Leyds wiederfahren?, so ist doch das Spiel noch nicht aus, ein eintziger unerwarteter Umstand kan den trauer vollisten Beschluß machen. Jonas schlaffte[2] ruhig, da das Wetter am hefftigisten stuermete und da man eben zu Wercke gienge ihne in das Meer zu werffen. Balthasar[3], der Aßirische Koenig, ware lustig und froehlich, als eine unsichtbare Hand seinen bevorstehenden Untergang an die Wand zeichnete.

Wie mancher Suender schlummert in seinem Suenden=Schlaff ruhig und unbekränckt, wie Jonas. Wer aber weißt, ob nicht schon die Goettliche Gerechtigkeit das letzte Ziffer seiner Lebens=Taegen entworfen? Wie mancher sucht gleich dem Koenig Balthasar den nagenden Gewissens=Wurm durch unterschiedliche Ausschweiffungen, Lustbarkeiten und anderen dem Schein nach angenehmen Unterhalt zu ersticken. Wer aber kann gesichert seyn, ob nicht wuercklich eine unsichtbare Hand schon den letzten Zug zu seinem zeitlichen

---

[1] Ecclesiasticus (Jesus Sirach) Kap. 5, Vers 4: „Sprich nicht: 'Ich sündigte, doch was ist mir geschehen?' Der Herr ist ja an Langmut überreich." Pfarrer Lang übersetzt zu frei mit „Was ist mir Trauriges Geschehen?". Das Weglassen des folgenden Satzes „Der Herr ..." ist geradezu eine Sinnverfälschung.

[2] Im Altdeutschen gibt es mancherorts noch die schwache Imperfektform beim Verb 'schlafen'. Hier steht also 'schlaffte' statt der starken Ablautform 'schlief'.

[3] Es handelt sich bei ihm um den Belsazar des Gedichtes von Heine.

und ewigen Verderben mache. Ein mancher verlasset sich auf Klug= und Geschicklichkeit, seine Laster zu vermaentlen und zu verbergen. Ob sich schon die Menschen Augen blenden lassen, so laßt sich jedoch solches von Gott nicht hoffen. *Virgam vigilantem video*[1]. Ich sehe eine wachende Ruthen, sagt Jerem.1.V.13. Diese wachende Ruthe ist das allsehende und wachsame Aug Gottes, so alle unsere Schritte und Handlungen genau abmesset und das Innerste unseres Hertzen durchtringet. Es wird jene Zeit kommen, wo Gott Jerusalem mit einer Laterne durchsuchen wird, das ist, es wird jene Zeit kommen, wo Gott einen jeden untersuchen und alle unsere Wercke nach der Strenge durchforschen und abwegen wird. Wie wird es sodann aussehen, wann das scharpffe Aug Gottes an statt der Tugend nichts als Scheinheiligkeit und verborgene Suenden findet? Wird Gott sodann nicht von einem solchen Suender weichen? *Vae eis, si recessero ab eis.* Weh aber ihnen, wann ich von ihnen wird gewichen seyn. Oseas c. 9. V.12.[2] Die traurige Folge ligt uns vor Augen, sehen wir nur diese 4 entseelte Coerper an: diese haben es erfahren, Gott ist von ihnen gewichen, und wie uebel ist es ihnen ergangen. Das jenige, was sie gelitten, hat ihnen heunt Gott gethan. *Si in via Dei ambulasses, habitasses utique in pace sempiterna.*[3] Wann sie der Stimm des Herrn gehorsam haetten und auf dem Weeg des Herrn gewandert waeren, so wurden sie im bestaendigen Frieden gewohnt haben. *Quia non obedivisti:* weilen du nicht gehorsam hast. Merckt es alle Kinder; Ungehorsam gegen

---

[1] Bei der angegebenen Stelle Jerem. V. 13 ist nicht von einer wachenden Rute die Rede, sondern von einem siedenden Kessel. In V. 11 sieht Jeremias dagegen einen „zur Blüte erwachten Mandelbaum". Diese Stellen sind wohl in den AT-Ausgaben des 18. Jahrhunderts anders übersetzt worden. Wahrscheinlich hatte Pfarrer Lang diesen Vers 11 vor Augen.

[2] Diese bei Oseas (Hosea) Kap. 9 Vers 12 angegebene Stelle heißt im vollen Wortlaut: „Und ziehen sie ihre Söhne groß, so mache ich sie dennoch kinderlos und vereinsamt. Ja, auch Wehe ihnen, wenn ich von ihnen weiche."

[3] Baruch 3, Vers 13: „Wärest du gewandelt auf Gottes Weg, hättest du in ewigem Frieden leben können."

denen Eltern, Unehrenbiethigkeit gegen denen Vorgesetzten macht, das[s] Gott von euch weicht, und dieses hat schon viele tausend Junge Leute fruhezeitig in das groeste Unglueck gestuertzet. *Quia non obedivisti:* Merckt es liebe Eltern; ihr gehorsamt der Stimm des Herrn nicht; wann ihr euere vaetterliche und muetterliche Pflicht ausser acht lasset, die Christliche Kinder=Zucht verabsaumt und durch blinde Kinder=Lieb denen euerigen den Weeg zur Freyheit und von der Freyheit zu allen unerlaubten Muthwillen und Ausgelassenheiten selbsten zeigt, so dann habt ihr nebst schwerer Verantwortung bey Gott nichts als bittere Folgen zu erwarten. Die schlechte Kinder=Zucht hat schon manchen Sohn, schon manche Tochter fruhezeitig unter die Hand des Scharffrichters gefuehrt. Ihr seht hier an diesen vier ungluecklichen die frische Prob und die Bedaurungs=volle Fruechten der schlechten Kinder=Zucht. *Quia non obedivisti.* Merckt es alle, die ihr die beste Jahre euerer Jugend unnuetz verliehrt und euch den schaedlichen Mueßiggang angewehnt, mittels deme man zu boesen Gesellen und zum liederlichen Leben gezogen wird. Wann man die Nahrungs=Mittel selbst nicht hat und solche durch die Arbeit nicht suchen will, so sucht man solche durch Dieberey, Raub und andere unerlaubte Weise, bis man endlichen unter das Schwert der straffenden Gerechtigkeit verfallt, sodann heist es, mit Schand und Spott muessen sie ihr Leben enden. *Quia non obedivisti.* Merckt es endlichen alle, die ihr ohne Scheuhe und Gewissen so wohl die goettliche als menschliche Gesätze mit Verachtung zu uebergehen pflegt: Wann man schon Rad, Strang und Schwert nicht zu befoerchten hat, so drohet jedoch die goettliche Gerechtigkeit dem Suender alles Uebel, und es bleibt wahr und sicher, was Prov. 14.V.34. angemerckt wird: *Justitia elevat gentem, peccatum miseros facit populos*[1]. Die Gerechtigkeit

---

[1] „Prov." für providentia (Voraussicht, Vorsehung) ist eine alte Bezeichnung für das „Buch der Weisheit". Doch gibt es in Prov. 14 keinen Vers 34. Richtig ist vielmehr Sprüche 14 V. 34.

erhebt und halt das Volck aufrecht, die Suend macht die Voelcker armselig.[1] Wer also klug und behutsam handeln will, der mache sich die Straff anderer zu Nutzen, bevor sie ihne selbsten treffe. Wer mit jenen 4 Missethaetern das menschliche und goettliche Gebott schaendlich uebertretten, der folge dem weisen Rath des Heil. Augustini: De vera & falsa poenit[entia]: Der Suender solle seine Suenden erkennen, und reumuethig beweinen, damit er durch ernsthaffte Buße dem zukuenfftigen schreckbahren Gericht vorkomme.

Dieses wuensche ich dem Suender, denen anheunt verurtheilten aber die ewige Ruhe, Amen.[2]

E N D E

Interpretation der Leichenpredigt von Pfarrer Lang

Eine solche Hinrichtung war eine passende Gelegenheit für den Pfarrer des Marktes Pöttmes, ein solches Ereignis in einer Predigt aus theologisch-moralischer Sicht zu durchleuchten. Der Pfarrer ließ solche Möglichkeiten nicht ungenutzt, auf die mehr oder weniger verstockten Gemüter der Christgläubigen mit nicht immer passenden Belegen aus der Bibel massiv einzuwirken. Pfarrer Lang sparte dabei nicht mit lateinischen Zitaten, gab diese aber manchmal sehr frei, angepasst an die schaurige Situation der Hinrichtung, wieder. Der Pfarrherr konnte mit seinem biblischen und antiken Wissen nicht mehr den (bereits hingerichteten) Delinquenten, wohl aber seinen anbefohlenen Christgläubigen imponieren. Diese hatten ja im Jahre 1766 mehrheitlich die Bibel nie gelesen und wohl auch

---

[1] In der im Pattloch-Verlag erschienenen Bibel wird diese Stelle unter Sprüche 14 V. 34 folgendermaßen übersetzt: „Gerechtigkeit erhöht ein Volk, doch Sünde ist die Schmach der Völker." Pfarrer Lang gibt diese Stelle also exakter wieder.

[2] Bei der Wiedergabe der Leichenrede habe ich die aktuelle Großschreibung und Zeichensetzung angewendet. Die Orthographie wurde nicht verändert.

zu einem großen Teil nicht lesen und schreiben können. Es gab damals wie überall im Kurfürstentum Bayern auch zahlreiche Analphabeten in Pöttmes.

Die von Pfarrer Lang gewählten biblischen Zitate wurden den Zuhörern vielfach schlagwortartig zu Gehör gebracht, so z.B. *Quid existis videre?* (Was seid ihr hinausgegangen zu sehen?) *Quia non obedivisti?* (Warum hast du nicht gehorcht, wörtlich: nicht hingehört), oder in Form von kurzen Merksprüchen, z.B. *Poena ad paucos, timor ad omnes perveniat* (Die Strafe komme zu wenigen, die Furcht aber zu allen) oder *Omnis anima potestatibus sublimioribus subdita sit* (frei übersetzt: Jede Seele sei den Obrigkeiten untertan), eingehämmert. Diese Schlagworte und Merksprüche sind auf Wirkung ausgerichtet. Sie sollen zum Nachdenken anregen und die Zuhörer zu einer Änderung ihres sittlichen Verhaltens motivieren. Im Grunde soll der Zuhörer dazu gebracht werden, umzudenken und die irdischen Dinge nicht so wichtig zu nehmen: ʹIch werde mein Leben so ausrichten, dass es mir nicht so geht wie den vier Verbrechern, die jetzt einen Kopf kürzer sindʹ. Der Prediger hat bei seinen oft drastischen Aussagen nicht nur das Seelenheil seiner Schäfchen im Auge, sondern auch die Stabilisierung und Aufrechterhaltung der traditionellen sozialen Struktur und der bürgerlichen Ordnung, welcher im Sinne des heiligen Paulus stets Folge zu leisten ist. Staatliche und kirchliche Obrigkeit sind dabei keine Gegensätze. In dieser bürgerlich-kirchlichen Ordnung hat nicht zuletzt der Hausvater, welchem Frau, Kinder und Gesinde gehorchen müssen („Das Weib sei dem Manne untertan"), eine zentrale Stellung. Das System des Patriarchalismus[1] gilt auch im

---

[1] Wilhelm Kaltenstadler: Haben Frauen eine Seele? Frauenverachtung und Frauenfeindlichkeit – eine kulturelle Konstante, in: Wilhelm Kaltenstadler: Frauen – die bessere Hälfte der Geschichte, Groß-Gerau 2008, S. 9-46 und Wilhelm Kaltenstadler: Mädchen und Frauen als Spott- und Rügeobjekte im bayerischen Brauchtum, ebd., S. 73-104.

Zeitalter der Aufklärung nach wie vor unangefochten im Markt Pöttmes.

Die Lang'schen Zitate aus der Bibel, manchmal aus dem Zusammenhang gerissen, dienten nicht nur der Erbauung der Zuhörer, sondern waren auch gedacht als traditionelle Bestätigung der christlich-bürgerlichen Weltordnung, welche ja im Jahre 1766 bereits gefährdet war durch die aus England, Frankreich und Preußen kommenden Ideen der Aufklärung und des Atheismus.

Die Predigt des in Pöttmes residierenden katholischen Pfarrherren Lang ist erstaunlich voll von Bezügen zum Alten Testament. Nur an zwei Stellen zitiert er das Neue Testament (Lukas und Römerbrief), an einer einzigen weniger wichtigen Stelle zieht er die Annalen des römischen Historikers Tacitus zu Rate. Neutestamentliche Namen und Begriffe wie „Jesus", Christus", „Heiland", „Erlöser" etc. kommen in der Predigt von Pfarrer Lang jedoch nicht vor. Von einer „Christlichen Anred" kann also nicht wirklich die Rede sein. Es fällt auf, dass im Titel der gedruckten Predigt die „Sitten=Lehr" auch viel größer gedruckt ist als die „Christliche Anred".

Die ausgewählten Stellen des Alten und Neuen Testamentes passen freilich nicht immer exakt zur Situation der vier verurteilten nicht aus Pöttmes stammenden Übeltäter, zu denen auch eine Frau zählt, die 29 Jahre alte Barbara Weber aus dem Landgericht Landsberg. Pfarrer Lang bevorzugt nicht nur Stellen aus dem Alten Testament, sondern ist auch dem Geist des Alten mehr verhaftet als dem des Neuen Testaments. Darum ist immer wieder vom *Gesatz* (dem altjüdischen Gesetz) und den *Gesätzen* die Rede, einer typisch alttestamentarischen Vorstellung. Für ihn ist Gott nicht der Gott der Liebe, sondern des Gerichts, des Rechts und der Gerechtigkeit. Vor ihm und seinem „schreckbahren Gericht" hat man allen Grund, Angst („Forcht") zu haben. Der Gott, der den Menschen von Anbeginn an „gesetzt" hat, ist ein Gott der

Strenge. Er ist auch das Leitbild für den Hausvater in der Familie. Sein alttestamentarischer Gott ist Richter und „wohltätiger Vater". Für Lang ist die Welt dualistisch, entweder gut oder böse. Er steigert sich immer wieder in die Behauptung hinein, dass „dasjenige, was du leydest, anheut dir der Herr gethan" habe. Gott ist es also, der für den Menschen das Leid zulässt.

Die starke Bezugnahme des Predigers Lang auf das Alte Testament kommt nicht von ungefähr. Selbst im bayerischen Hinterland tauchen zunehmend in der Barockkultur des 18. Jahrhunderts Themen aus dem Alten Testament auf. Besonders häufig ist dabei das Motiv ′Maria besucht ihre schwangere Base Elisabeth′. Dieses ist sowohl Ausdruck des Alten wie auch des Neuen Testaments. Man findet es nicht zuletzt in katholischen Kirchen, welche die Gottesmutter Maria als Patronin haben, nicht zuletzt in Kirchen von „Mariä Heimsuchung" wie z.B. in Echsheim und Grimolzhausen, die beide seit der Gebietsreform zum Markt Pöttmes gehören. Häufig wurden auch die Erzengel Gabriel, Raphael und Michael, die beiden letzteren z.B. in der Michaelskirche Osterzhausen, dargestellt. Ausgesprochen alttestamentarische Motive finden sich im Chorraum der Pfarrkirche von Willprechtszell. „Dort sind es zwei Frauen, die als Präfiguration Mariens, also Vorläuferinnen Mariens, gedeutet werden, die in schwierigen Situationen für ihr Volk Hilfe und Rettung erfleht und auch erlangt haben, Esther und Abigail."[1] Esther, die mit dem persischen König Ahasver (Xerxes) verheiratet war, deckte eine Verschwörung gegen den König auf. Es gelang ihr, durch ihre Fürbitte beim König, den von Haman, dem höchsten persischen Regierungsbeamten, gegebenen Befehl, alle in Babylon lebenden Juden zu töten, zu

---

[1] Hubert Raab: OMNIBUS IN OMNIBUS – Zur barocken Emblematik in der Pfarrkirche Mariä Heimsuchung in Willprechtszell, in: Altbayern in Schwaben. Jahrbuch für Geschichte und Kultur, Aichach/Friedberg 2009, S. 73-86, hier S. 75.

vereiteln. Sie erreichte sogar, dass man nicht die Juden ermordete, sondern Haman am Galgen aufknüpfte. Im kleineren Chorfresko von Willprechtszell stellte der Künstler die Geschichte von Abigail dar. Es gelang der schönen Abigail, durch ihr Bitten den Zorn von König David, den dieser gegen Abigails Mann hegte, im Keime zu ersticken. David hatte sich dann in Abigail sogar verliebt, nach dem Tode ihres Mannes, an welchem der König nicht ganz unschuldig war, wurde sie sogar Davids Gemahlin. Diese beiden Motive des Alten Testamentes, nämlich das der Esther und Abigail, kommen auch in anderen bayerischen Kirchen vor. Das Abigail-Motiv stellte in Friedberg-Hergottruh Matthäus Günther, das Esther-Ahasver-Motiv Martin Kuen in einem Fresko in der Kirche Maria Kappel in Schmiechen dar.[1] Wir können nun realistisch davon ausgehen, dass der Pöttmeser Pfarrer diese Motive des Alten Testamentes, zumindest in den Nachbarorten Osterzhausen und Willprechtszell, kannte und ihm somit die Welt des Alten Testamentes auch bildhaft vertraut war. Diese bildliche Vertrautheit erleichterte es ihm, sich nicht nur als Theologe, sondern auch als praktischer Psychologe zum Tod der vier Straßenräuber zu äußern.

Die Predigt von Pfarrer Lang war also nicht nur auf theologische Aussagen hin, sondern auch auf psychologische Wirkung angelegt. Er will mit seinen oft drastischen Schilderungen und mit seiner wiederholten Bezugnahme auf die vier Todeskandidaten bei den zahlreichen Zuschauern des Todesschauspiels bzw. den Zuhörern seiner Predigt eine bußfertige Gesinnung erreichen. Mit seinem wiederholten Leitmotiv „Quia non obedivisti?" (Warum hast du nicht gehorcht?) will er seinen Schäfchen klarmachen, dass die primäre Ursache für die Hinrichtung der Barbara Weber und der drei Männer Lantz, Rudorfer und Kränner in ihrem Ungehorsam liegt. Sie haben es versäumt, rechtzeitig auf das

---

[1] Hubert Raab: OMNIBUS IN OMNIBUS, ebd., S. 75f.

von den Priestern verkündigte Wort Gottes zu hören. Dieser Ungehorsam der Menschen äußert sich auch bis in die Familien hinein: Die Kinder hören nicht mehr auf die Eltern und werden somit falsch erzogen. Die Eltern tragen durch ihre Nachlässigkeit dazu bei, dass ihre Kinder nicht mehr hören und gehorchen. Kinder, die nicht mehr auf ihre Eltern hören, sind auch unfähig, auf das Wort Gottes, welches die Priester verkünden, zu hören. Wer das Wort der Eltern nicht mehr hören will, der hört auch nicht mehr auf die geistlichen und weltlichen Vorgesetzten, der missachtet auch das kirchliche Gebot und das weltliche Gesetz. Der Prediger interpretiert das 4. Gebot im Sinne der Untertänigkeit des Untergebenen unter den Willen eines Oberen bzw. Vorgesetzten, ein Denken, das ja durchaus dem damaligen Zeitgeist entspricht. Im Alten Testament ist aber immer die Rede, dass die Kinder das Wort der Eltern, die Juden das Wort Gottes hören sollen. „Höre Israel", heißt es immer wieder in verschiedenen Büchern des Alten Testamentes. Die Sünde der Menschen, der Kinder, der Eltern etc. beginnt also da, wo sie nicht mehr bereit sind, auf den anderen zu hören. Ein solches Hören auf den anderen, den Oberen etc. ist auch ohne Unterwürfigkeit möglich und sinnvoll.

Aus dieser Sicht der Dinge hat eine Hinrichtung zwei total verschiedene Akte, welche auch der Prediger richtig einzuschätzen weiß. Am Anfang steht die Belustigung, die Befriedigung der Neugier und der Sensationslust. Mit der bei Matthäus zitierten Frage „Was seid ihr hinausgegangen zu sehen?" sprach der Prediger gleich am Anfang das Motiv der Zuschauer an: Neugier, christliches Mitleid oder Verlangen nach der Ursache der Hinrichtung. Pfarrer Lang verlor mit der Neugier nicht viele Worte. Über die Erörterung des Mitleids und der Ursachenanalyse führte er die Zuhörer vom Todesschauspiel hin zum zweiten Akt, zur moralischen Nutzanwendung für die christlich gesinnten Zuhörer. Diese

Nutzanwendung war zugleich eine „Sitten=Lehr", wie es bereits im Titel der in Neuburg 1766 gedruckten Predigt heißt.

Dem Prediger lag es besonders am Herzen, so ein blutiges Ereignis zu nutzen, um die gläubigen Menschen bei der Stange zu halten und ihr moralisches Verhalten durch die Schilderung und Ausschlachtung drastischer Details dogmatisch und moralisch zu festigen. Sie sollten durch eine exemplarische Predigt auch dazu gebracht werden, die zehn Gebote wie auch die Kirchengebote, z.B. regelmäßiger Kirchenbesuch, und die staatlichen Gesetze einzuhalten. Eine wichtige Absicht einer guten Leichenpredigt war es auch, die Obrigkeit, im Fall Pöttmes die geistliche Obrigkeit, also den Pfarrer, und die weltliche Obrigkeit, die Herrschaft von Gumppenberg, zu achten und zu respektieren. Die gläubigen Christen wurden auch in der Predigt angehalten, gute Untertanen zu sein wie auch den Gehorsam in allen Lebenslagen als wichtigste Lebensregel zu begreifen und zu praktizieren. Dagegen erscheint in der Predigt *Freyheit* als sehr negativ besetzter Begriff. Von einem Zeitalter der Aufklärung ist 1766 in Pöttmes noch nichts zu spüren. In dieser Hinsicht war im benachbarten Fürstentum Neuburg bereits mehr geboten.

Vier Menschen wurden in Gegenwart zahlreicher Zuschauer „von beyderley Geschlecht" und von „verschiedenen Alter" vom Scharfrichter mit fachkundigem Schwertschlag ins Jenseits befördert.[1] Doch ihr Tod war nicht umsonst. Die Zuschauer nahmen als Belehrung mit nach Hause, dass man leicht das Leben verlieren könne, wenn man sich nicht an die

---

[1] Zum Scharfrichter und zum Hinrichtungsritual vgl. Richard van Dülmen: Das Schauspiel des Tods. Hinrichtungsrituale der frühen Neuzeit, in: R. van Dülmen und Norbert Schindler (Hrsg.): Volkskultur. Zur Wiederentdeckung des Alltags (16.-20. Jahrhundert), Frankfurt/Main 1984 und Michael Schattenhofer: Der Tod durch den Henker, in: Die letzte Reise. Sterben, Tod und Trauersitten in Oberbayern, hrsg. v. S. Mettken, München 1984, S. 163-174.

Weisungen der gottgewollten Obrigkeiten hält und wenn man deren Gebote und Satzungen missachtet.

Quellen:

Herrschaftsarchiv v. Gumppenberg, LIT 4835 Leichenrede des Pfarrers Benedict Joseph Lang von Pöttmes anlässlich der Hinrichtung von vier Verbrechern 1766; LIT 6190 Johann Kramer von München, Georg Ruh[e]dorfer von Gern, Sebastian Lanz von Oberhaunstadt, Barbara Weber von Stoffen wegen Diebstahls 1765/1766.

Korrespondenzadresse:

Prof. Dr. Wilhelm Kaltenstadler, Lindenstraße 22, 85296 Rohrbach, Deutschland, E-Mail: Dr.Kaltenstadler@Nicolas-Benzin-Stiftung.de, www.kalten.de

Buchvorstellungen

Judith Hahn
Grawitz, Genzken, Gebhardt –
Drei Karrieren im Sanitätsdienst der SS

Verlag Klemm & Oelschläger, Münster 2008, 543 S., 16 Abb.,
ISBN: 978-3-932577-56-7, EUR 34,00

Die Mediziner Ernst Robert Grawitz, Karl Genzken und Karl Gebhardt bekleideten in der Zeit des Nationalsozialismus die drei machtvollsten Ämter im Sanitätsdienst der SS. Die SS, die vom Reichsführer SS Heinrich Himmler geleitete Schutzstaffel der Nationalsozialistischen deutschen Arbeiterpartei (NSDAP), die zum persönlichen Schutz Adolf Hitlers gegründet worden war, entwickelte sich als paramilitärische Gliederung der NSDAP während des „Dritten Reiches" zu einer militärischen und polizeilichen Organisation, die an vorderster Stelle zur

Durchführung des Holocaust beitrug. Die SS betrachtete es als ihre Aufgabe, gemäß der nationalsozialistischen Ideologie politisch und „rassisch" definierte „Feinde" des NS-Regimes zu verfolgen, was sie bis hin zur Vernichtung umsetzte. Ihr Sanitätsdienst war dabei zunächst vornehmlich für die medizinische Versorgung von SS-Angehörigen zuständig. Dem SS-Sanitätsdienst gehörten Ärzte an, die „rassische" Tauglichkeitsuntersuchungen von SS-Bewerbern vornahmen, sich um „erbgesunden Nachwuchs" bemühten und die SS-Truppen vor und während des Zweiten Weltkrieges ärztlich betreuten. Darüber hinaus lag aber auch die medizinische Versorgung von Häftlingen in Konzentrationslagern in der Zuständigkeit von Ärzten des SS-Sanitätsdienstes. Für das tatsächliche Unterlassen ärztlicher Hilfeleistung bei Häftlingen waren SS-Ärzte verantwortlich. Daneben waren SS-Ärzte an direkten Tötungsaktionen beteiligt. Und schließlich führte der SS-Sanitätsdienst mit seinen Ärzten verbrecherische Humanexperimente an Häftlingen in Konzentrationslagern durch, die das Leben und die Gesundheit der Versuchsopfer nicht nur gefährdeten, sondern nicht selten den Tod zur Folge hatten.

Ernst Robert Grawitz (1899–1945) Quelle: BArch, BDC, SSO

Ernst Robert Grawitz (1899–1945), ein Internist, stieg mit seiner Ernennung zum Reichsarzt SS 1935 zum ranghöchsten Mediziner im Sanitätsdienst der SS auf, dem Reichsführer SS Heinrich Himmler unterstand er unmittelbar. Er führte die Aufsicht über alle SS-Ärzte, alle SS-ärztlichen Dienste und Einrichtungen. An der Organisation medizinischer Menschenversuche in Konzentrationslagern hatte er maßgeblichen Anteil. Auch bei der Umsetzung des sogenannten „Euthanasie"-Programms spielte er eine wenn auch untergeordnete Rolle. Grawitz wurde 1937 zusätzlich zum Stellvertretenden Präsidenten des Deutschen Roten Kreuzes (DRK) ernannt. Diese Organisation wandelte er in eine eng mit der SS verflochtene Hilfseinrichtung der Kriegssanitätsdienste um. Als Repräsentant des DRK im Ausland sorgte er für die Verschleierung der Verbrechen des nationalsozialistischen Regimes. Kurz vor Kriegsende beging er Suizid.

Karl Genzken (1885–1957) Quelle: BArch, BDC, SSO

Karl Genzken (1885–1957) war der älteste der drei untersuchten Mediziner. Als ehemaliger Kolonialmediziner und Marinestabsarzt des Ersten Weltkriegs hatte er zu Beginn des „Dritten Reiches" bereits einen Großteil seines Berufslebens hinter sich. In der SS erhielt er noch einmal die

Chance, seine 1919 zwangsweise beendete militärmedizinische Karriere fortzusetzen. Mit seinem Eintritt in den aktiven ärztlichen Dienst bei der SS nahm er 1936 die Möglichkeit wahr, an seine frühere Karriere in der Marine anzuknüpfen. Als Leiter der Sanitätsabteilung der SS-Totenkopfverbände und der Konzentrationslager führte er 1937 Aufsicht über die ärztliche Betreuung der Häftlinge. Während des Zweiten Weltkrieges leitete er als Chef des Sanitätsamtes der Waffen-SS den gesamten SS-Truppensanitätsdienst. Mit dem Ausbau der Waffen-SS zu einer militärisch relevanten Formation entwickelte sich das Sanitätsamt zur bedeutendsten medizinischen Dienststelle in der SS. Auch Genzken war an der Organisation medizinischer Experimente an Konzentrationslagerhäftlingen beteiligt. Diese waren 1946/47 Gegenstand eines Ärzteprozesses vor dem I. Amerikanischen Militärgerichtshof in Nürnberg. Genzken wurde eine Verstrickung in verbrecherische Fleckfieberversuche an Häftlingen im Lager Buchenwald nachgewiesen. Er erhielt eine lebenslange Haftstrafe, wurde jedoch 1954 begnadigt und starb 1957 im badischen Görwihl.

Karl Gebhardt (1897–1948) Quelle: BArch, BDC, SSO

Karl Gebhardt (1897–1948) war Chirurg und Professor für Sportmedizin an der Friedrich-Wilhelms Universität Berlin. 1938 zum „Begleitarzt" Himmlers ernannt, gehörte er zu den persönlichen Vertrauten des Reichsführers SS. Gebhardt und Himmler kannten sich aus ihrer gemeinsamen Jugendzeit in Landshut. Zu Kriegsbeginn wurde Gebhardt zum Beratenden Chirurgen der Waffen-SS ernannt, seine Nähe zu Himmler verlieh ihm in dieser Stellung besonderes Gewicht. Als Spezialist für Wiederherstellungschirurgie leitete Gebhardt in dem 100 Kilometer nördlich von Berlin gelegenen Ort Hohenlychen ein international bekanntes Sportsanatorium, das gleichzeitig ein SS-Lazarett und während des Krieges ein Wehrmachtslazarett beherbergte. Gebhardt führte im unweit seines Sanatoriums befindlichen Konzentrationslager Ravensbrück eigenhändig Menschenversuche durch. Darüber hinaus war er an der Organisation weiterer medizinischer Experimente in Konzentrationslagern beteiligt. Gebhardt wurde im Nürnberger Ärzteprozess zum Tode verurteilt und 1948 hingerichtet.

Diese drei Mediziner gehörten einer medizinisch-wissenschaftlichen Elite an, gleichzeitig waren sie Teil der SS-Funktionselite im Sanitätswesen der SS zwischen 1935 und 1945. Sie verfügten über Deutungsmacht hinsichtlich der Ziele und Inhalte medizinischer Entwicklungen sowie der Versorgungspraxis in der SS und waren gemeinsam maßgeblich an der Organisation und Durchführung von verbrecherischen Menschenversuchen in Konzentrationslagern beteiligt. Als fachlich hochqualifizierte Funktionsträger sind diese drei Mediziner als Repräsentanten der Medizin in der SS anzusehen.

Die Veröffentlichung, die eine leicht gekürzte Fassung der 2007 am Friedrich-Meinecke Institut für Geschichtswissenschaften der Freien Universität Berlin verteidigten Dissertation der Autorin darstellt, untersucht die

Karrieren dieser drei Mediziner im Kontext ihres gemeinsamen Tätigkeitsfeldes, des SS-Sanitätsdienstes. Die Untersuchung wertet umfangreiches Quellenmaterial aus, das von Akten aus dem Bundesarchiv über Prozessakten des Nürnberger Ärzteprozesses bis hin zu Unterlagen aus den Universitätsarchiven der Humboldt-Universität Berlin und der Universität Graz, aus dem Archiv des Deutschen Roten Kreuzes sowie diversen weiteren Archiven und Sammlungen reicht. Mit Publikationen der drei Mediziner wurden auch Selbstzeugnisse berücksichtigt, die Einblicke in die wissenschaftliche Arbeit und das Selbstbild der Ärzte gewähren.

In Anknüpfung an Erkenntnisse der neueren Forschung geht die Studie der Frage nach, auf welche Weise die drei Mediziner zu Tätern wurden. Sie untersucht die ärztlichen und militärischen bzw. SS-Laufbahnen der drei Mediziner. Neben dem Handeln, den Strategien und Karriereinteressen werden das professionelle Umfeld und die persönlichen Netzwerke der Mediziner in die Betrachtung einbezogen. Die Studie bietet so auch erstmals eine umfassende Darstellung der Entwicklung des SS-Sanitätsdienstes von seinen Anfängen bis zum Ende des „Dritten Reiches". Dabei werden enge personelle Verflechtungen in der Führung von SS und DRK sichtbar. Sie wirft neue Fragen auf und bietet Ansätze für weitergehende Untersuchungen, beispielsweise zur Organisation der medizinischen Versorgung in den Konzentrationslagern. Die Heilanstalten Hohenlychen erfahren in der Untersuchung aufgrund ihrer besonderen Bedeutung für die Karriere Gebhardts und als nationalsozialistische Vorzeigeklinik ausführliche Beachtung. Darüber hinaus geht die Studie der übergeordneten Frage nach, ob diese drei Mediziner in ihrer Tätigkeit als SS-Mediziner ein eigenes, SS-spezifisches Konzept von Medizin entwickelten. Sie leistet damit einen wissenschaftshistorischen Beitrag zur Einordnung der Medizin in der SS in den Kontext der Gesundheitspolitik und Militärmedizin der NS-Zeit.

Methodisch bewegt sich die Arbeit im Spannungsfeld der Untersuchung von individuellem Handeln einerseits und gesellschaftlichen Strukturen und Institutionen andererseits. Sie richtet das Augenmerk auf die Wechselbeziehungen von Struktur und Handeln, um sowohl die Logik und Dynamik der Karriereentwicklungen in den weiteren gesellschaftlichen Kontext einzuordnen, als auch Chancen und Grenzen des Handelns der einzelnen Mediziner genauer zu bestimmen. Auch die Bedeutung von Menschenexperimenten im Kontext der Karrieren ist zu ermitteln gewesen. Als theoretische Grundlage greift die Studie dabei auf das Modell von „Habitus" und „Feld" zurück, das der französische Soziologe Pierre Bourdieu im Rahmen seiner Theorie des „Sozialen Raumes" formuliert hat.[1] Dieses Modell ermöglichte nicht zuletzt, das SS-Spezifische und das gesellschaftlich Typische im Handeln der drei Mediziner zu unterscheiden und festzustellen, welche langfristig wirksamen Traditionen

---

[1] Mit den Begriffen „Habitus" und „Feld" ersetzt Bourdieu die Begriffe „Individuum" und „Gesellschaft". Er definiert „Habitus" und „Feld" als zwei „Existenzweisen des Sozialen". Während „Habitus" „leibgewordene" Geschichte meint, bedeutet „Feld" „dinggewordene" Geschichte. „Habitus" und „Feld" stellen nicht, wie die Begriffe „Individuum" und „Gesellschaft", einen Gegensatz dar, bei dem ein Subjekt mit einer Gesellschaft als äußerlichem Objekt konfrontiert ist. „Feld" ist vielmehr als Raum zu denken, in dem zur Struktur verfestigte Beziehungen (Konfigurationen) die Interaktionsbeziehungen der Handelnden (Akteure) bestimmen, die ihrerseits durch Konkurrenzkämpfe der Akteure entstanden sind. Eine Form, in der sich ein „Feld" als dinggewordene Geschichte manifestiert, ist beispielsweise die Institution. Leibgeworden ist im „Habitus" die soziale Welt. Sie wird in Lernprozessen, wie der Schulbildung, der Sozialisation und bei all jenen Prozessen einverleibt, die für eine Person die Voraussetzung schaffen, erfolgreich sozial zu handeln. Der „Habitus" umfasst somit das Kollektive einer Kultur oder Gesellschaft, das sich in einem Individuum niedergeschlagen hat, vgl. Pierre Bourdieu, Leçon sur la leçon, in: ders., Sozialer Raum und „Klassen". Leçon sur la leçon. Zwei Vorlesungen, Frankfurt/Main 1985, S. 69 f.; Ders., Der Habitus als Vermittlung zwischen Struktur und Praxis, in: ders., Zur Soziologie der symbolischen Formen, 4. Auflage, Frankfurt/Main 1994, S. 132.

jenseits des aktuellen Geschehens während der Zeit des Nationalsozialismus für das Handeln der Ärzte bedeutsam waren.

Eine ausführliche Biografie oder Karrieredarstellung lag bislang für Grawitz und Genzken nicht vor. Über Gebhardt wurde zwar bereits eine biografische Darstellung publiziert, sie kreist allerdings schwerpunktmäßig um dessen Medizinverbrechen im Lager Ravensbrück. Eine weitere Darstellung existiert über die Jugendfreundschaft Gebhardts zum Reichsführer SS Heinrich Himmler.[1] Darüber hinaus hat sich die Forschung bislang vornehmlich im engeren Kontext von medizinischen Experimenten an Häftlingen und in Auseinandersetzung mit dem sogenannten „Nürnberger Ärzteprozess" mit diesen Ärzten befasst.[2] So werden die

---

[1] Vgl. Freya Klier, Die Kaninchen von Ravensbrück. Medizinische Versuche an Frauen in der NS-Zeit, München 1994; Alfons Beckenbauer, Eine Landshuter Jugendfreundschaft und ihre Verwicklung in die NS-Politik. Der Arzt Gebhardt und der Reichsführer-SS Heinrich Himmler. Verhandlungen des Historischen Vereins für Niederbayern 100 (1974), S. 5-22. Vgl. auch Katrin Himmler, Die Brüder Himmler. Eine deutsche Familiengeschichte, Frankfurt/Main 2005.

[2] Vgl. Alexander Mitscherlich, Fred Mielke (Hg.), Das Diktat der Menschenverachtung, Heidelberg 1947. Neuerschienen unter dem Titel: Alexander Mitscherlich, Fred Mielke (Hg.), Medizin ohne Menschlichkeit. Dokumente des Nürnberger Ärzteprozesses, durchgesehene und neugesetzte Auflage, Frankfurt/Main 1995. Weitere Dokumentationen: Trials of War Criminals before the Nuernberg Military Tribunals under Control Council Law No. 10, Vol. 1-15, Nuernberg October 1946 - April 1949, Washington 1949-1953; François Bayle, Croix gammée contre caducée. Les expériences humaines en allemagne pendant la deuxième guerre mondiale, o.O., 1950. Ergebnisse neuerer Forschungen bietet ein Begleitband zu einer Quelledition der Prozessakten des Nürnberger Ärzteprozesses von Angelika Ebbinghaus, Karl Heinz Roth, Kriegswunden. Die kriegschirurgischen Experimente in den Konzentrationslagern und ihre Hintergründe, in: Angelika Ebbinghaus, Klaus Dörner (Hg.), Vernichten und Heilen. Der Nürnberger Ärzteprozeß und seine Folgen, Berlin 2001, S. 177-218 sowie Thomas Werther, Menschenversuche in der Fleckfieberforschung, in: ebd., S. 152-173. Vgl. auch die Beiträge in Astrid

Mediziner zwar regelmäßig im Kontext von Humanexperimenten an Häftlingen genannt, als Personen standen sie bislang jedoch nicht im Zentrum des Interesses. Ihre besondere Stellung im Sanitätsdienst der SS hat nur punktuelle Berücksichtigung gefunden.[1] Die Institution des Sanitätsdienstes der SS bzw. der Waffen-SS ist bislang ebenfalls nur ausschnitthaft Gegenstand der Forschung geworden. Wieder liegt der Schwerpunkt des Interesses auf den Hintergründen, die in Zusammenhang mit Medizinverbrechen und Menschenversuchen bedeutsam waren.[2]

Ley, Marion Maria Ruisinger (Hg.), Gewissenlos-Gewissenhaft, Menschenversuche im Konzentrationslager. Eine Ausstellung des Instituts für Geschichte der Medizin der Universität Erlangen-Nürnberg in Zusammenarbeit mit dem Stadtmuseum Erlangen, Erlangen 2001; Paul Julian Weindling, Nazi Medicine and the Nuremberg Trials. From Medical War Crimes to Informed Consent, Houndsmill 2004.

[1] Vgl. Dunja Martin, Menschenversuche im Krankenrevier des KZ Ravensbrück, in: Claus Füllberg-Stolberg u.a. (Hg.), Frauen in Konzentrationslagern. Bergen-Belsen Ravensbrück, Bremen 1994, S. 99-112; Paul Weindling, Genetik und Menschenversuche in Deutschland, 1940–1945. Hans Nachtsheim, die Kaninchen von Dahlem und die Kinder vom Bullenhuser Damm, in: Hans-Walter Schmuhl (Hg.), Rassenforschung an Kaiser-Wilhelm-Instituten vor und nach 1933, Göttingen 2003, S. 245-274; Fridolf Kudlien, Ärzte im Nationalsozialismus, Köln 1985; Michael H. Kater, Doctors under Hitler, Chapel Hill u.a. 1989.
[2] Hubert Fischer, Der Deutsche Sanitätsdienst 1921-1945, Bde. 1, 3, 4, Osnabrück 1982, 1984, 1985; Barbara Bromberger, Hans Mausbach, Klaus-Dieter Thomann, Medizin, Faschismus und Widerstand. Drei Beiträge, Köln 1985; Franz Seidler, Prostitution Homosexualität Selbstverstümmelung. Probleme der deutschen Sanitätsführung 1939-1945, Neckargemünd 1977; Martin Pyschik, Das Sanitätswesen der Schutzstaffel der NSDAP – Einrichtungen und Institute für die medizinische Lehre und Forschung. Med. Diss. Leipzig 1999 (masch.); Johannes Tuchel, Konzentrationslager. Organisationsgeschichte und Funktion der „Inspektion der Konzentrationslager" 1934-1938, Boppard am Rhein 1991; Ernst Klee, Auschwitz, die NS-Medizin und ihre Opfer, Frankfurt/Main 1997. Klee gliederte seine Darstellung von Medizinverbrechen bereits nach beteiligten Institutionen.

Aufbauend auf neueren Erkenntnissen der historischen Forschung seit den 1980er Jahren[1], werden heute nicht mehr nur die Häftlingsexperimente selbst, sondern auch ihre Täter genauer untersucht.[2] Mit zunehmendem Wissen um die Bereitschaft der Beteiligung nicht nur von SS-Ärzten, sondern von vielen weiteren Ärzten und medizinischen Einrichtungen an Medizinverbrechen des „Dritten Reiches", rücken dabei seit den 1990er Jahren zunehmend auch jene Vor- und Mitdenker von Verbrechen in den Blick, die – im Sinne einer Funktionselite – der SS ihren wissenschaftlichen oder akademischen Sachverstand zur Verfügung stellten.[3] In Auseinandersetzung mit diesen wissenschaftlichen „Schreibtischtätern" wurde deutlich, dass sie als Funktionselite, die nicht an vorderster Stelle in der SS, sondern auf der Ebene der Abteilungsleiter und Fachreferenten

---

[1] Vgl. Götz Aly, Peter Chroust, H. D. Heilmann, Hermann Langbein, Biedermann und Schreibtischtäter. Materialien zur deutschen Täter-Biographie, Berlin 1987; Johanna Bleker, Norbert Jachertz (Hg.), Medizin im „Dritten Reich", 2. Auflage, Köln 1993; Gisela Bock, Rassenpolitik, Medizin und Massenmord im Nationalsozialismus. Archiv für Sozialgeschichte 30 (1990), S. 423-453; Kater, Doctors under Hitler, passim; Kudlien, Ärzte im Nationalsozialismus, passim.

[2] Exemplarisch, vgl. Dirks, Christian, „Die Verbrechen der Anderen" Auschwitz und der Auschwitz-Prozeß in der DDR: Das Verfahren gegen den KZ-Arzt Dr. Horst Fischer, Paderborn 2006.

[3] Vgl. Karl-Heinz Roth, Ärzte als Vernichtungsplaner: Hans Ehlich, die Amtsgruppe III B des Reichssicherheitshauptamtes und der nationalsozialistische Genozid 1939-1945, in: Michael Hubenstorf, Hans-Uwe Lammel, Ragenhild Münch, Heinz-Peter Schmiedebach und Sigrid Stöckel (Hg.), Medizingeschichte und Gesellschaftskritik, Festschrift für Gerhard Baader, Husum 1997, S. 398-419; Mechthild Rösseler, Sabine Schleiermacher (Hg.), Der „Generalplan Ost", Berlin 1993; Peter Chroust, Deutsche Universitäten und Nationalsozialismus, Forschungsstand und eine Fallstudie: Karrieremuster und politische Orientierung der Gießener Professorenschaft (1918-1945), in: Jürgen Schriewer (Hg.), Sozialer Raum und akademische Kulturen. Studien zur europäischen Hochschul- und Wissenschaftsgeschichte im 19. und 20. Jahrhundert, Frankfurt/Main 1993, S. 61-112.

arbeitete, nicht einfach aus technokratischen Exekutoren der Vernichtungspolitik des NS-Regimes bestand. Diese Wissenschaftler beteiligten sich aktiv an der Planung und Vorbereitung von Verbrechen. Den Erkenntnissen dieser Forschungen zufolge stellten sich akademische Eliten in den Dienst des Regimes, weil ihnen damit Karrierechancen geboten wurden, aber auch, weil sie von der Richtigkeit der Politik, zu der sie beitrugen, überzeugt waren. Beide Faktoren standen im Falle von Humanwissenschaftlern, die an der Planung der nationalsozialistischen Vernichtungspolitik beteiligt waren, in Wechselwirkung zueinander: Durch die Zugehörigkeit zu Netzwerken der SS wurde die fachinterne Durchsetzungskraft der Wissenschaftler gestärkt, insbesondere dann, wenn diese bereits über ein gewisses Maß an fachlicher Anerkennung verfügten.[1] Auch die Ergebnisse eines 2005 abgeschlossenen Forschungsprojektes zur Geschichte der Kaiser-Wilhelm-Institute während der Zeit des Nationalsozialismus weisen in diese Richtung.[2] Persönliche Netzwerke und die Aussicht auf

---

[1] Vgl. Lutz Raphael, Radikales Ordnungsdenken und die Organisation totalitärer Herrschaft: Weltanschauungseliten und Humanwissenschaftler im NS-Regime. Geschichte und Gesellschaft 27 (2001), S. 5-40.

[2] Ein Forschungsprogramm zur „Geschichte der Kaiser-Wilhelm-Gesellschaft im Nationalsozialismus" untersuchte die Verstrickung sowohl einzelner Wissenschaftler als auch der Kaiser-Wilhelm-Institute in Medizinverbrechen im „Dritten Reich". Von den 19 Ergebnisheften seien hier genannt: Carola Sachse und Benoit Massin, Biowissenschaftliche Forschung an Kaiser-Wilhelm-Instituten und die Verbrechen des NS-Regimes. Informationen über den gegenwärtigen Wissensstand. Ergebnisse 3, Berlin 2000; Susanne Heim, „Die reine Luft der wissenschaftlichen Forschung". Zum Selbstverständnis der Wissenschaftler der Kaiser-Wilhelm-Gesellschaft. Ergebnisse 7, Berlin 2002; Achim Trunk, Zweihundert Blutproben aus Auschwitz. Ein Forschungsvorhaben zwischen Anthropologie und Biochemie (1943-1945). Ergebnisse 12, Berlin 2004; Rüdiger Hachtmann, Eine Erfolgsgeschichte? Schlaglichter auf die Geschichte der Generalverwaltung der Kasier-Wilhelm-Gesellschaft im „Dritten Reich". Ergebnisse 19, Berlin 2004 sowie Hans-Walter Schmuhl, Hirnforschung und Krankenmord. Das Kaiser-Wilhelm-Institut für

wertvolles „Forschungsmaterial" führten zu Verflechtungen auch mit SS-Einrichtungen. Wissenschaftler, die sich mit ideologisch und legitimatorisch für die Politik des NS-Regimes interessanten Themen, wie beispielsweise der Erb- und Rasseforschung, befassten, profitierten von der besonderen Aufmerksamkeit und der finanziellen Unterstützung, die ihre Forschungsbereiche erhielten.[1]

Anknüpfend an solche Ergebnisse der Forschung, wurde die Fragestellung der vorliegenden Veröffentlichung entwickelt. Im Hinblick auf die drei SS-Ärzte galt es vor diesem Hintergrund, nicht nur den Karriereverlauf herauszuarbeiten, sondern auch die Netzwerke und das professionelle Umfeld zu ermitteln, in denen diese Karrieren jeweils stattfanden. Grawitz, Gebhardt und Genzken sind durchaus der oben beschriebenen Gruppe medizinwissenschaftlicher Schreibtischtäter zuzurechnen. Ein besonderes Merkmal ist jedoch hervorzuheben: Diese drei Mediziner gehörten sowohl einer medizinischen Fachelite wie auch dem Führungskorps des Sanitätsdienstes der SS an. Als SS-Führer zählten sie zur ideologischen Speerspitze des Regimes und besaßen als Militärmediziner der SS bzw. der Waffen-SS Deutungsmacht und Befehlsgewalt in sanitätsdienstlichen wie medizinisch-wissenschaftlichen Belangen. Damit unterschieden sie sich in ihren Funktionen grundsätzlich von Wissenschaftlern, die im Auftrag oder in Kooperation mit der SS arbeiteten, dort aber nicht selbst führende Ämter bekleideten. Bis zu ihrem Engagement im SS-Sanitätsdienst hatten jedoch insbesondere Gebhardt und Grawitz auch als „zivile" Mediziner eine mehr

---

Hirnforschung 1937-1945. Vierteljahreshefte für Zeitgeschichte 50 (2002), S. 559-609.

[1] Vgl. Hans-Walter Schmuhl, Rasse, Rassenforschung, Rassenpolitik. Annäherung an das Thema, in: Hans-Walter Schmuhl (Hg.), Rassenforschung an Kaiser-Wilhelm-Instituten vor und nach 1933, Göttingen 2003, S. 7 f.

oder weniger erfolgreiche akademische Karriere vorzuweisen. Gebhardt beispielsweise war bereits ordentlicher Professor an der Berliner Friedrich-Wilhelms Universität, bevor er sich aktiv im Sanitätsdienst der Waffen-SS engagierte, Grawitz gab zugunsten seiner Tätigkeit als Reichsarzt SS eine aussichtsreiche akademische Karriere als Internist auf. Genzken hatte, abweichend davon, als Marinestabsarzt bereits während des Ersten Weltkrieges an wissenschaftlichen Forschungen der Marine teilgehabt. Als Mediziner und Militärmediziner standen sie somit in einer „ganz normalen" Tradition ärztlicher oder militärärztlicher Wissenschaft und Praxis ihrer Zeit, gleichzeitig waren sie als SS-Führer auf höchster sanitätsdienstlicher Ebene Repräsentanten einer menschenverachtenden Ideologie.

Die Fragestellung und der gewählte methodische Ansatz hatten Folgen für die Gliederung der Studie. Grundsätzlich wurde an einer chronologischen Darstellung der Ereignisse festgehalten. Vier Kapitel stellen vier Phasen der Karriereentwicklung der drei Mediziner und parallel dazu die jeweiligen Veränderungen im SS-Sanitätsdienst dar. In sich sind alle Kapitel nach der gleichen Systematik aufgebaut. So enthält jedes Kapitel ein Unterkapitel mit der Struktur- bzw. Institutionengeschichte des SS-Sanitätsdienstes für eine bestimmte Entwicklungsphase. Das zweite Unterkapitel ist den Karrieredarstellungen in diesem Zeitraum und damit der Perspektive der Handelnden vorbehalten; dabei werden die beruflichen Laufbahnen der einzelnen Mediziner in jeweils separaten Teilkapiteln abgehandelt. Da für die berufliche Entwicklung von Grawitz das Deutsche Rote Kreuz und von Gebhardt die Heilanstalten Hohenlychen große Bedeutung besaßen, sind die Karrieredarstellungen dieser Ärzte nochmals unterteilt. In einem Teilkapitel wird ihre Tätigkeit in der SS und in einem weiteren das Handeln in dem jeweiligen Betätigungsfeld jenseits des SS-Sanitätsdienstes untersucht. Diese strenge Kapiteleinteilung lässt verschiedene Lesarten zu und ermöglicht auch eine ausschnitthafte Kenntnisnahme der Studie. Die Karriereentwicklung jedes einzelnen Arztes und die Entstehung und Umformung des SS-Sanitätsdienstes können auch, je nach Interessenlage, separat oder für einen bestimmten Zeitraum nachvollzogen werden. Zusammenfassungen am Ende jeden Teilkapitels und Querverweise im Text erleichtern das Verständnis der komplexen Zusammenhänge von institutionellen Veränderungen und dem Handeln jeden einzelnen Arztes.

Die Studie ist zu umfangreich, um ihre Ergebnisse an dieser Stelle vollständig darstellen zu können. Eine Eingrenzung ist nötig. Um das Vorgehen zu illustrieren und auf einzelne Aspekte näher einzugehen, soll im Folgenden die Karriere von Ernst Robert Grawitz, dem Reichsarzt SS, in ihrem Verlauf skizziert werden.

Ernst Robert Grawitz, stammte aus einem bürgerlichen Berliner Elternhaus. Bereits sein Vater, Ernst Grawitz, war ein bekannter Mediziner und leitete bis zu seinem frühen Tod 1911 die Innere Abteilung des Berliner Krankenhauses Westend. Grawitz besuchte das Mommsen-Gymnasium in Charlottenburg und meldete sich, wie viele seines Jahrganges, 1917, kurz vor seinem 18. Geburtstag, als Kriegsfreiwilliger. Nach kleineren Militäreinsätzen und einem Jahr Kriegsgefangenschaft, kehrte er 1919 nach Berlin zurück und nahm sein Medizinstudium auf. Dabei unterstützte ihn ein Kollege seines Vaters, Professor Friedrich Umber, der inzwischen die Leitung der Inneren Abteilung des Krankenhauses Westend übernommen hatte. Nach seiner Approbation 1925 promovierte Grawitz und nahm eine Assistenzarztstelle bei Umber an. Wie einem Referenzschreiben aus dem Jahre 1941 zu entnehmen ist, sollte er nach 1933 bei Umber eigentlich auch habilitieren.[1] Einer wissenschaftlichen Laufbahn stand also nichts im Wege.

---

[1] Vgl. BArch, BDC, SSO, Grawitz, Dr. Ernst Robert, 8.6.1899.

Grawitz entschied sich aber anders, er stellte seine wissenschaftliche Karriere zunächst zugunsten seines politischen bzw. militärischen Engagements in der SS zurück. Politisch aktiv war er nachweislich bereits seit seiner Rückkehr aus der Kriegsgefangenschaft. So gehörte er ab 1920 dem Berliner Sportverein „Olympia" an, einem als Sportverein getarnten Freikorps, das verschiedenen völkisch-nationalen und militant antirepublikanischen Organisationen wie der Brigade Ehrhardt oder auch der Deutschvölkischen Freiheitspartei, einer Berliner Vorgängerpartei der NSDAP, nahestand. Im November 1931 trat Grawitz in die SS und die NSDAP ein, als SS-Arzt übernahm er schon im Januar 1932 – also zwei Monate später – die Position eines Stellvertretenden SS-Oberarztes in einem Berliner Abschnitt.

Mit der sogenannten „Machtergreifung" 1933 beschleunigte sich die SS-Karriere von Grawitz. Zunächst wurde er zum SS-Gruppenarzt Ost, d.h. zum ranghöchsten SS-Mediziner in Berlin ernannt. Dies geschah nicht zuletzt deshalb, weil sein Vorgänger – Leonardo Conti, der spätere Reichsgesundheitsführer – zum Ministerialrat im preußischen Innenministerium berufen wurde. Als dann 1935 das SS-Hauptamt von München nach Berlin umzog – und mit diesem das Sanitätsamt und die Dienststelle des Reichsarztes SS –, wurde Grawitz die Funktion des Reichsarztes SS übertragen. Der frühere Reichsarzt SS, Sigfried Georgii, zog es vor, in München zu verbleiben. Das Amt des Reichsarztes SS, so großartig der Titel auch bereits klang, stellte 1935 noch eine recht unbedeutende Funktion dar. Der SS-Sanitätsdienst bestand reichsweit aus sehr wenigen Ärzten und SS-Männern, verfügte kaum über finanzielle Mittel und war in jeder Beziehung im Aufbau befindlich. Diese Tatsache macht deutlich, dass Grawitz sich nicht aus Verlegenheit, sondern aus Überzeugung und mit viel Engagement in der SS engagierte. In den folgenden Jahren sollte Grawitz den Auf- und Ausbau des SS-Sanitätsdienstes an vorderster Stelle mitbestimmen. Zunächst galt es einen Sanitätsdienst für die Allgemeine SS einzurichten. Ab 1936 wurde in enger Abstimmung mit dem Wehrmachtssanitätsdienst und finanziert aus Mitteln des Reichswehrministeriums mit dem Aufbau eines Sanitätsdienstes für die bewaffneten bzw. kasernierten SS-Truppen – einschließlich der Wachtruppen der Konzentrationslager – begonnen. Grawitz, der über keinerlei militärmedizinische oder sanitätsdienstliche Kenntnisse verfügte, erhielt zur Durchführung seiner Aufgaben eigens Schulungen bei entsprechenden Wehrmachtsdienststellen.

Noch während dieser Aufbauphase wurde Grawitz parallel zu seinen Tätigkeiten im SS-Sanitätsdienst am 1. Januar 1937 zum stellvertretenden, wenig später zum geschäftsführenden Präsidenten des Deutschen Roten Kreuzes berufen. Hintergrund hierfür stellten Pläne Hitlers dar, das DRK formal als eigenständige Institution zu erhalten, damit den internationalen Anforderungen zu genügen, es gleichzeitig aber in eine für das NS-Regime verlässliche und nach dem Führerprinzip organisierte Institution umzuwandeln, die in die Kriegsvorbereitungen einbezogen war. Als Reichsarzt SS löste Grawitz in diesem Amt den Chef des Sanitätsdienstes der SA, Paul Hocheisen, ab. Die Art und Weise, in der Grawitz in den folgenden Jahren das DRK umgestaltete, macht deutlich, dass er sich in erster Linie als Reichsarzt SS verstand. Er organisierte das DRK in enger Verflechtung mit den Strukturen der SS und auch die Politik des Deutschen Roten Kreuzes bediente SS-Interessen. So besetzte er die wichtigsten Ämter in der DRK-Hauptverwaltung neu und vorwiegend mit SS-Medizinern, die ihm aus seiner sanitätsdienstlichen Tätigkeit vertraut waren oder empfohlen wurden. Dazu gehörten auch SS-Ärzte wie Ferdinand Berning, der vorher bereits als Lagerarzt im Konzentrationslager Esterwegen gearbeitet hatte. Als solcher hatte Berning 1935 unter anderem eine Delegation des Internationalen Komitees des Roten Kreuzes durch das Lager geführt und dabei die wahren Verhältnisse verschleiert. Wenige Wochen nach diesem Besuch starb beispielsweise Karl von Ossietzky, der Herausgeber der Weltbühne und

Friedensnobelpreisträger, an den Folgen der Lagerhaft in Esterwegen. Wie Berning, gehörten einige von Grawitz' Mitarbeitern in einer Doppelstellung sowohl der Hauptverwaltung bzw. dem Präsidium des DRK, als auch seinem persönlichen Stab Reichsarzt SS an.

Grawitz trat mit seiner Tätigkeit für das DRK erstmals auf internationaler Bühne auf, sein Stellvertreteramt bzw. ab Dezember 1937 sein Amt als Geschäftsführender Präsident des DRK machten ihn zu einer öffentlich bekannten Person.[1] International bestand die Aufgabe Grawitz' darin, die verschiedenen nationalen Rotkreuzverbände und das Internationale Komitee des Roten Kreuzes zum Stillhalten gegenüber der Verfolgungspolitik im „Dritten Reich" zu bewegen, zum Teil durch Drohungen, zum Teil half ihm die Unentschlossenheit der Verbände selbst. Während des Krieges beteiligte sich das DRK an Umsiedlungsaktionen in Osteuropa und an der Unterdrückung der Rotkreuz-Gesellschaften anderer Länder, insbesondere des Polnischen Roten Kreuzes. Für Grawitz bewirkten seine Tätigkeiten für das DRK jedoch vor allem einen großen Karriereschub.

Zu Kriegsbeginn richtete Grawitz seine Aufmerksamkeit verstärkt auf seine Tätigkeit und Stellung als Reichsarzt SS. 1939 wollte er nichts dringlicher, als am Kriegsgeschehen teilnehmen. Der anstehende Umbau und die Vergrößerung des SS-Sanitätsdienstes in einen Kriegssanitätsdienst gehörten zu den Aufgaben, die für ihn besondere Attraktivität besaßen. Nach Kriegsbeginn zunächst vorwiegend auf eine Inspektions- und Aufsichtstätigkeit über SS-Mediziner und SS-Sanitätstruppen beschränkt – was die Organisation des Truppensanitätsdienstes anging, hatte der ihm unterstellte, gleichwohl mächtige Chef des SS-Sanitätsamtes, Karl

---

[1] Der Präsident des DRK, Carl-Eduard Herzog von Sachsen-Coburg und Gotha, der mit dem schwedischen Königshaus verwandt war, verfügte über vergleichsweise wenig Einfluss auf das Geschehen, er übernahm vor allem repräsentative Aufgaben.

Genzken, das Sagen -, baute Grawitz für sich ein Netzwerk an SS-Medizinern auf, die er, wie zuvor im DRK praktiziert, in einer Doppelstellung in seinen Persönlichen Stab Reichsarzt SS berief und die gleichzeitig an wissenschaftlichen Instituten oder SS-Einrichtungen tätig blieben. Um seine politische Durchsetzungsfähigkeit vornehmlich auf dem Gebiet der Wissenschaftspolitik zu vergrößern und um SS-spezifische Strukturen aufzubauen, ließ er sich – mit Unterstützung von Himmler und gegen den Willen der medizinischen Fakultät – 1941 zum Honorarprofessor an der Universität Graz berufen. Dort befand sich die SS-Ärztliche Akademie, in der der Nachwuchs an SS-Medizinern ausgebildet und ideologisch geschult wurde. Der Professorentitel hatte für Grawitz besondere Bedeutung. Er knüpfte damit an seine vernachlässigte wissenschaftliche Karriere an und wertete gleichzeitig seine zu dieser Zeit schwache Position als Reichsarzt in der SS auf. Nicht zuletzt bedeutete die Professur einen für seine Vorstellungen adäquaten Titel, mit dem er auch jenseits seiner Funktion als Reichsarzt SS unter Medizinern Anerkennung fand. Denn nicht nur in der SS, auch in seinem weiteren professionellen Umfeld, vor allem dem Wehrmachtssanitätsdienst, verfügten Inspekteure und Beratende Ärzte über eine Hochschulprofessur. Doch auch wenn Grawitz seinen Titel „geschenkt" bekommen hatte, niemals lehrte und nicht formal habilitiert war, muss er in medizinischen Forschungsfragen als außerordentlich gut informiert betrachtet werden. Neben wenigen Forschungsprojekten, die er als Reichsarzt SS selbst initiierte, bearbeitete und organisierte er bis Kriegsende vor allem Anfragen und Forschungsprojekte in Kooperation mit angesehenen Institutionen, beispielsweise dem Robert-Koch-Institut, die Menschenversuche in Konzentrationslagern anstrebten. Auch Himmler selbst gab solche Experimente in Auftrag. Grundsätzlich versuchte Grawitz in seiner Funktion als Reichsarzt SS dabei, sowohl rassenpolitisch bzw. bevölkerungspolitisch, als auch militär- bzw.

262

kriegsmedizinisch für die SS interessante Forschungsansätze zu fördern. Nicht zuletzt sollte damit der verhältnismäßig kleine SS-Sanitätsdienst auch in wissenschaftspolitischer Hinsicht konkurrenzfähig gegenüber den Wehrmachtssanitätsdiensten werden. Dass Häftlinge bei solchen Experimenten starben, spielte weder für den Mediziner Grawitz, für den nur die korrekte Durchführung eines Versuchs zählte, noch für den Reichsarzt SS Grawitz, für den Häftlinge „Menschenmaterial" bzw. „minderwertige" Existenzen darstellten, eine Rolle.[1] Anders als Himmler war er, wie im übrigen die Mehrzahl der Mediziner in der Führung des SS-Sanitätsdienstes, kein Anhänger naturheilkundlicher Methoden. Darüber geriet er mit Himmler wiederholt in ernste Auseinandersetzungen, die als aussagekräftig hinsichtlich seines Selbstverständnisses als schulmedizinisch geprägter Internist einerseits und SS-Führer andererseits zu deuten sind. Grawitz weigerte sich nicht etwa, Experimente zu organisieren und zu überwachen, bei denen er aufgrund seiner schulmedizinischen Kenntnisse davon ausging, dass sie sinnlos waren. Dies war beispielsweise 1942 bei homöopathischen Experimenten zur Bekämpfung von Sepsis und Phlegmonen im Konzentrationslager Dachau der Fall. Im Gegenteil, Grawitz drängte Himmler nach Beendigung dieser erfolglosen Versuche, seinerseits mit Hilfe von Häftlingsexperimenten den Nachweis erbringen zu dürfen, dass eine andere Therapieform,

---

[1] Zum Medizinverständnis und der Akzeptanz von Humanexperimenten in der Ärzteschaft vor und während des „Dritten Reiches", vgl. Gerhard Baader, Das Humanexperiment in den Konzentrationslagern. Konzeption und Durchführung, in: Osnowski, Menschenversuche, S. 48-69; ders., Medizinische Menschenversuche im Nationalsozialismus, in: Hanfried Helmchen, Rolf Winau (Hg.), Versuche mit Menschen in Medizin, Humanwissenschaft und Politik, Berlin/New York 1986, S. 41-82; ders., Auf dem Weg zum Menschenversuch im Nationalsozialismus. Historische Vorbedingungen unter Beitrag der Kaiser-Wilhelm-Institute, in: Carola Sachse (Hg.), Die Verbindung nach Auschwitz. Biowissenschaften und Menschenversuche an den Kaiser-Wilhelm-Instituten. Dokumentation eines Symposiums, Göttingen 2003, S. 105-157.

in diesem Fall die Chemotherapie, wirksam war. Damit wird deutlich, dass Grawitz seine Expertise als Mediziner, ganz im Sinne der Anweisungen für SS-Ärzte, die er 1939 selbst formuliert hatte, in jedem Fall dem absoluten Gehorsam als „politischer Soldat" des „Führers" unterordnete. Die genannten Anweisungen sind in einem Manuskript Grawitz' überliefert, das er für einen Vortrag bei einer Gruppenführertagung der SS in Berlin im Januar 1939 verfasst hatte. Darin heißt es:

> „Die Aufgaben des SS-Arztes in der Schutzstaffel umfassen mehrere große Gruppen:
> 1.) [...] Auslese des Nachwuchses [...]
> 2.) Bevölkerungs-Politik [...]
> 3.) Gesundheitsführung [...]
> 4.) Beseitigung eingetretener körperlicher und seelischer Gesundheitsschäden [...]
> Schluss:
> Diese kurze, nüchterne Aufzählung der dem SS-Arzt vom Reichsführer SS gestellten Aufgaben zeigt, dass die fachliche Tätigkeit des SS-Arztes an zahlreichen Stellen in lebenswichtige Gebiete der Schutzstaffel eingreift. Es ist daher selbstverständlich, dass ein SS-Arzt nur dann zum SS-Dienst taugt, wenn er seine Arbeit mit einem geradezu verbissenen Fanatismus nur unter dem übergeordneten Gedankengut der Schutzstaffel ansieht und anfasst. Wenn die Schutzstaffel die politisch-soldatische Spitzenkompanie des großgermanischen Reiches ist, so hat gerade der SS-Arzt bedingungslos primär ein politischer Soldat des Reichsführers SS und damit des Führers zu sein. [...]"[1]

Insgesamt und über dieses Zitat hinaus geht aus dem Vortrag Grawitz' hervor, dass die Medizin in der SS nicht

---

[1] Barch, NS 19/1669, Bl. 64-68.

grundsätzlich von den Grundlagen der medizinischen Praxis jenseits der SS abweichen sollte. Vielmehr machte er es SS-Ärzten zur Aufgabe, die Prinzipien der NS-Gesundheitspolitik, und damit die Prinzipien einer am „Volkskörper" ausgerichteten, selektiven Leistungsmedizin, in besonders kompromissloser Weise umzusetzen. SS-Ärzte sollten Vorreiter der NS-Gesundheitspolitik sein.

Dennoch, auch vor dem Hintergrund dieser ideologischen Prämissen, versuchte Grawitz zusammen mit Karl Gebhardt weiterhin durchzusetzen, dass Himmler die Expertise seiner führenden SS-Mediziner bei seinen Entscheidungen berücksichtigte. 1944 schließlich erließ Himmler einen Befehl, nach dem medizinische Experimente vor ihrer Genehmigung durch Himmler – Himmler bestand darauf, persönlich die letzte Entscheidung zu fällen – grundsätzlich und in jedem Fall durch Grawitz bzw. Gebhardt, und damit durch medizinische Fachleute, zu begutachten waren. Insgesamt, und dies gilt auch für die Karrieren Gebhardts und Genzkens, wog für Grawitz in seinem Fachgebiet der Medizin das Urteil eines Schulmediziners mehr, als das des medizinischen Laien Himmler. Bis Kriegsende blieb Grawitz gleichzeitig ein getreuer Gefolgsmann Himmlers. In seiner Funktion als Geschäftsführender Präsident des DRK war er dafür verantwortlich, dass Anfragen von Botschaften oder unterschiedlichen Rotkreuzverbänden über den Verbleib von Juden oder Staatsbürgern anderer Nationen, direkt an das SS-Reichssicherheitshauptamt weitergeleitet wurden und damit ergebnislos blieben.

Im April 1945, kurz vor Kriegsende, beging Grawitz mit seiner ganzen Familie Suizid.

Wie ist diese berufliche Laufbahn nun zu beurteilen? Bereits mit der Übernahme des Postens des Reichsarztes SS verband Grawitz systematisch seine medizinische mit einer militärischen bzw. politischen Karriere. Bei seinem Aufstieg verstand er es, persönliche Netzwerke zu bilden, die ihn unterstützten. Wenn seine Tätigkeit als Reichsarzt SS und als Geschäftsführender Präsident des DRK auch vornehmlich organisatorischer Natur war, so bemühte er sich doch nach Kriegsbeginn wieder, auch auf medizinwissenschaftlichem Gebiet, nun in der Wissenschaftspolitik, auf höchster Ebene an Einfluss zu gewinnen. Damit wird deutlich, dass er sich nicht nur als treuer Anhänger Himmlers und der SS, und damit als Vertreter einer „rassischen" Elite verstand, die für sich das Recht beanspruchte, angeblich „Minderwertige" auszurotten. Sondern Grawitz betrachtete sich gleichzeitig auch als einer Mediziner-Elite zugehörig. Beide Aspekte ergänzten sich wechselseitig, Grawitz strebte es an, in beiden Bereichen Anerkennung zu finden und damit seinem Handeln Legitimität zu verleihen. Die besondere Attraktivität der Tätigkeit im SS-Sanitätsdienst bestand für Grawitz demnach darin, in einem doppelten Sinne einer Elite angehören zu können: Einer „neuen" und besonders radikalen, „rassisch" begründeten SS-Elite einerseits, und einer etablierten, „alten" Mediziner-Elite, wie sie in Hochschulen, wissenschaftlichen Instituten und im Wehrmachtssanitätsdienst zu finden war, andererseits.

Dr. Judith Hahn

Die Publikation wurde gefördert durch die Nicolas-Benzin-Stiftung

Thomas Ritter
Healing Sticks - Das tibetische Buch der Heilung

Ancient Mail Verlag, Groß-Gerau 2009, 154 Seiten,
ISBN 978-3-935910-63-7, EUR 13,50

Der Dresdner Kulturhistoriker und Ethnograph Thomas Ritter hat in den vergangenen zehn Jahren in Tibet und Nordindien weitreichende Informationen zur Ethnomedizin des tibetischen Volkes zusammengetragen und legt mit seiner aktuellen Arbeit ein Praxishandbuch über die Behandlung mit dem sogenannten „Gyazmo" vor. In der englischen Übersetzung bezeichnet man diesen auch als „Healing Stick" (Heilstab). Diese Instrumente werden noch heute in den von Ritter bereisten Regionen angefertigt und in der traditionellen Medizin eingesetzt. Bei den Stäben handelt es sich um eine spezielle Aneinanderreihung von Kristallen, bisweilen auch Edelsteinen in den verschiedensten Einfassungen. Die Verwendung der Stäbe, insbesondere auch in Kombination mit der Phytotherapie und manuellen Therapieformen, wurde bislang nur in der oralen Tradition der tibetischen Heiler überliefert.

Seit dem Spätsommer des Jahres 2001 konnte Ritter in eingehenden Gesprächen mit dem Heiler Kenzen vom Volk der Azaras die Überlieferung bezüglich der Anwendung des Gyazmo dokumentieren und der westlichen Forschung zugänglich machen. Zahlreiche anatomische Zeichnungen – teils von Ritters Gewährsmann selbst angefertigt – runden die Arbeit ab. Die Validität der traditionellen tibetischen Theoreme rund um die Anwendung des Gyazmo bedarf noch der Überprüfung durch die westliche Medizin, worauf Autor und Verlag einleitend auch ausdrücklich hinweisen.

Nicolas Benzin

Gavin Menzies
1434 - The Year a Magnificent Chinese Fleet Sailed to Italy and ignited the Renaissance

**Harper Collins: London 2008, 368 Seiten,
ISBN 978-0-00-726955-6, EUR 10,70**

Unentbehrliche Voraussetzung, dieses höchst anregende Buch und seine Hauptthese (ein direkter Kultureinfluß von Ming-China auf das christliche Abendland) ernstnehmen und würdigen zu können, ist die Kenntnis von Menzies' vorausgegangenem Bestseller über die spektakulären weltweiten Entdeckungsfahrten großer chinesischer Flotten zur Zeit der Ming-Dynastie.[1] Man versteht sonst nicht, wie haushoch überlegen hinsichtlich Kultur, Technik, Schiffsbau und Ozeannavigation China damals Europa war. Einzig und allein dem Umstand, daß China seine weltweiten Aktivitäten später wieder abbrach, ist es zu verdanken, daß sich ein europäisches „Entdeckungszeitalter" überhaupt entfalten konnte mit kolonialistisch-imperialistischer Eroberung und Ausbeutung ferner Länder und Völker.

Schaden wird es aber durchaus nicht, vor dem Sich-Vertiefen in *1434* mal wieder Jacob Burckhardts *Die Kultur der Renaissance in Italien*[2] zur Hand zu nehmen und sich in Erinnerung zu rufen, wie es mit dem allgemeinen und zivilisatorischen Kulturzustand Europas und speziell Italiens zur Zeit des Eintreffens der chinesischen Botschafter-Flotte bestellt war.

Menzies und seinem weltweit (auch in China) aktiven Netzwerk von Mitforschern zufolge hatten – ganz im Gegensatz zu den späteren brutalen Eroberungen und Vernichtungen fremder Kulturen durch die Europäer in ihrem „Entdeckungszeitalter" – jene chinesischen Flotten der Ming-Ära vor allem auch den Auftrag, als quasi friedliche Kulturbringer die fremden Völker in Übersee mit dem aktuellen Stand der chinesischen Kultur hinsichtlich Technologien, der Wissenschaften (Kartographie, Hochsee-Navigation), Kunst, Philosophie, Vielfältigkeit und

---

[1] Gavin Menzies, *1421 – Als China die Welt entdeckte*, deutschsprachige Ausgabe München 2003, ISBN 3-426-27306-3.
[2] Etwa die Neuauflage (o.J., Magnus Verlag, ISBN 3-88400-220-1) der Ausgabe Berlin 1928

gegenseitige Wertschätzung der Religionen bekannt zu machen, und sie zur Kontaktaufnahme auch ihrerseits mit China zu ermutigen.

Und Menzies´ These ist es eben, daß damals das Europa und speziell das Italien der beginnenden Renaissance eine ebensolche „Injektion" erhielt, auf deren Verabreichung sie sichtlich reagierten. Zwar hatte die Renaissance zunächst mit einem wieder erwachenden Interesse an den „Alten", d. h. den antiken Hochkulturen des Altertums, begonnen, daher ja auch ihr Name („Wiedergeburt"). Aber das allein war oder blieb es wohl nicht. Schon der doch wahrlich kompetente und scharfsinnige Jacob Burckhardt macht zu diesem Punkt aufschlußreiche Anmerkungen:

„Auf diesem Punkte unserer kulturgeschichtlichen Übersicht angelangt, müssen wir des Altertums gedenken, dessen „Wiedergeburt" in einseitiger Weise zum Gesamtnamen des Zeitraums überhaupt geworden ist. Die bisher geschilderten Zustände würden die Nation erschüttert und gereift haben auch ohne das Altertum, und auch von den nachher aufzuzählenden neuen geistigen Richtungen wäre wohl das meiste ohne dasselbe denkbar…".[1]

Könnte es also sein, daß der wahre Hauptanstoß, der die Renaissance eigentlich erst zu dem machte was sie wurde, eine interkontinentale maritime Kultur-Übertragung oder Kultur-„Injektion" aus Ming-China ins Abendland hinein war? Nach dem in *1434* ausgebreiteten umfangreichen Material scheint es in der Tat, als würde sehr viel dafür sprechen. Offenbar haben berühmte abendländische Kartographen, die damals von den Europäern noch unentdeckte Länder, Küsten und Meerengen (Magellan-Straße!) auf ihren Karten und Globen darstellten, etwa Toscanelli, Schöner, Regiomontanus, aus von der

---

[1] Burckhardt, op. cit., S. 171

chinesischen Botschafter-Flotte mitgebrachtem Weltkartenmaterial „aufgetankt". Anders sind ihre Karten kaum erklärbar. Ähnlich scheint es mit vielen „abendländischen Erfindungen" auszusehen, wie sie etwa bei Leonardo da Vinci, Francesco di Giogio, Taccola auftauchen: deren Skizzen von allen möglichen Erfindungen wirken exakt, als seien sie aus zeitgenössischen chinesischen Enzyklopädien (wie sie die chinesische Botschafter-Flotte mit sich führte) heraus kopiert. Studiert man die einschlägigen Kapitel bei Menzies gründlich, wird man sich kaum seinen Schlußfolgerungen entziehen können.

Freilich könnte da mancher geneigt sein, zweifelnd zu kommentieren: Nun ja, das mag ja stimmen, daß es damals derartige Kulturübertragungen aus der chinesischen, zweifellos hochstehenden Hochkultur hinein in das Renaissance-Europa gegeben hat. Aber muß denn deshalb gleich ein direkter maritimer Kultureinfluß mittels einer speziellen chinesischen Flotte via Malakka-Straße, Süd-Indien und Kairo/Alexandrien (vorausgesetzt, der Rotes Meer-Nil-Kanal sei damals wieder mal befahrbar gewesen) ins Mittelmeer hinein postuliert werden? Kann das nicht alles auch via die Seidenstraße geschehen sein? Also zu Lande. In Menzies´ zweifellos nachvollziehbarer Darstellung reiht sich diese spezielle chinesische Botschafter-Flotte, mutmaßlich nach Venedig, jedoch ganz ungekünstelt als quasi Nebenunternehmen unter vielen anderen in die damaligen, weltweiten chinesischen Übersee-Kontaktaufnahme-Unternehmungen ein.

Dafür, daß das Ganze sich damals via Malakka-Straße, Süd-Indien etc., d. h. zur See, abspielte, dafür spricht auch noch ein ganz spezielles Argument. Menzies erwähnt nämlich wiederholt (S. 40, 46, 54) die „Karim" oder „Karimi", ein jüdisch-ägyptisches Handelshaus, das auf den Handel zwischen Kairo, Indien und China spezialisiert war, und zwar auf den maritimen, interkontinentalen Fernhandel. Sie hatten ihre eigene Flotte, ihre Schiffe konnten aber auch von anderen geleast werden, und auch überall entlang jener Route ihre eigenen Lagerhäuser. Spezialisiert waren sie besonders auch auf den Handel mit Porzellan und Keramik, aber auch als Bankhaus waren sie tätig. Und sie waren offenbar auch in jene Ming-chinesische Botschafter-Flotte, respektive deren Aktivitäten, eingebunden. Auf diese quasi „Südroute" – von China via Malakka-Straße, Süd-Indien, Rotes Meer, Kairo, Mittelmeer – waren sie ja spezialisiert. Es ist ja die alte maritime „Südroute", die sich übrigens auch auf der Karte „Handelsrouten zwischen Europa und China 11.-15. Jahrhundert" auf S. 167 von Barnavis *Universal-Geschichte der Juden*[1] findet, auf der jüdische Fernhandels-Kaufleute (die sowohl in China, wie auch in Süd-Indien und im Nahen Osten ansässig waren) schon seit langem den interkontinentalen maritimen Warenaustausch zwischen China und dem Mittelmeerraum vermittelt hatten.

Der Rezensent meint konstatieren zu können: Menzies' *1434* ist ganz zweifellos ein ungemein wertvolles Werk, das uns noch lange, und in mehrfacher Hinsicht, zu denken geben wird.

Dr. Horst Friedrich

---

[1] Eli Barnavi (Hrsg.), *Universal-Geschichte der Juden*, Wien/München, 2003, ISBN 3-423-34087-8

Spenden und Zustiftungen

Spenden können durch die Nicolas-Benzin-Stiftung unmittelbar für das gemeinnützige Ziel der Bildung auf den Gebieten der Kulturgeschichte des Judentums und der Geschichte der Medizin verwendet werden.

Wenn Sie uns Ihre Anschrift mitteilen, so informieren wir Sie gerne über die von uns geförderten Aktivitäten. Soweit es sich um öffentliche Veranstaltungen handelt, geben wir Ihnen auch gerne die jeweiligen Termine in einem regelmäßig versandten elektronischen Newsletter bekannt.

Unser Treuhandkonto:

Katja Wolf, Deutsche Bank Frankfurt am Main,
BLZ 500 700 24, Konto 22 85 294

Neben Spenden können Sie die Arbeit der gemeinnützigen Nicolas-Benzin-Stiftung auch mit Zustiftungen fördern. Zustiftungen erfolgen zum Kapitalstock des Stiftungsvermögens und werden dauerhaft erhalten. Erst die Erträge der Zustiftung werden dann zur Umsetzung des gemeinnützigen Zieles der Stiftung verwendet. Mit einer Zustiftung ermöglichen Sie es der Nicolas-Benzin-Stiftung dauerhaft und nachhaltig ihren Aufgaben gerecht zu werden.

Gerne nehmen wir auch Zustiftungen in Form von Bibliotheken und Archiven entgegen, die überwiegend der Bildung auf dem Gebiet der Kulturgeschichte des Judentums und der Geschichte der Medizin dienen. Die Kulturgeschichte des Judentums im Sinne unserer Satzung umfasst dabei alle geistig-schöpferischen Leistungen von Menschen jüdischen

Glaubens, insbesondere auch in Interaktion mit ihrer nicht-jüdischen Umwelt. Die Medizingeschichte im Sinne unserer Satzung umfasst die Geschichte der Medizin aller Zeiten und Völker, einschließlich der Biographien von Personen, die Einfluss auf die Medizin ihrer Zeit ausübten.

Bezüglich der besonderen Form von Zustiftungen nehmen Sie bitte bei Interesse Kontakt mit der Treuhänderin der Nicolas-Benzin-Stiftung auf.

Wenn Sie uns bei Ihrer Spendenüberweisung oder Zustiftung Ihre Anschrift mitteilen, erhalten Sie von der Treuhänderin der Nicolas-Benzin-Stiftung eine Zuwendungsbescheinigung. - Inwieweit Sie Ihre Spende für unsere gemeinnützige Stiftung nach Ihren persönlichen steuerlichen Verhältnissen geltend machen können, erfragen Sie bitte bei Ihrem zuständigen Finanzamt oder konsultieren Sie Ihren Steuerberater.

Leonardo-da-Vinci-Denkmal in Vinci, Italien

Förderung

durch die Nicolas-Benzin-Stiftung

Zweck der Nicolas-Benzin-Stiftung ist die Förderung der Bildung auf den Gebieten der Kulturgeschichte des Judentums und der Geschichte der Medizin. Die Kulturgeschichte des Judentums im Sinne unserer Satzung umfasst dabei alle geistig-schöpferischen Leistungen von Menschen jüdischen Glaubens, insbesondere auch in Interaktion mit ihrer nicht-jüdischen Umwelt. Die Medizingeschichte im Sinne unserer Satzung umfasst die Geschichte der Medizin aller Zeiten und Völker, einschließlich der Biographien von Personen, die Einfluss auf die Medizin ihrer Zeit ausübten.

Der Stiftungszweck wird insbesondere verwirklicht durch

- Zuwendungen an öffentliche Bibliotheken mit der Auflage, die Zuwendungen für die Anschaffung von Medien zu verwenden, die die Kulturgeschichte des Judentums oder die Geschichte der Medizin dokumentieren,

- Förderung von Vorhaben, die geeignet sind, die Ergebnisse von Wissenschaft und Forschung auf dem Gebiet der Kulturgeschichte des Judentums oder der Medizingeschichte einer breiten Öffentlichkeit bekannt zu machen, insbesondere des öffentlichen Vortrags, der Print-Publikation durch Druckkostenzuschuss und der Verbreitung durch die modernen Medien,

- Förderung von Maßnahmen, die der Forschung auf dem Gebiet der Kulturgeschichte des Judentums oder der Medizingeschichte dienen sowie

- Gewährung von Stipendien für Forscherinnen und Forscher auf dem Gebiet der Kulturgeschichte des Judentums oder der Medizingeschichte, wenn sichergestellt ist, dass diese ihre Forschungsergebnisse einer breiten Öffentlichkeit bekannt machen werden.

Abgeschlossene Projekte

Druckkostenzuschuss

Judith Hahn: *Grawitz / Genzken / Gebhardt: Drei Karrieren im Sanitätsdienst der SS*, Münster: Klemm & Oelschläger 2008, 544 Seiten, ISBN 978-3932577567

In 2009: *Studia Judaica* (Online-Ausgabe in englischer Sprache siehe www.euro.ubbcluj.ro/studiaj/)

Kornélia Papp: *Auserwählt und verfolgt: Deutsch-jüdische Identitätsstrategien im Vorfeld des Holocaust*, Münster: Lit Verlag 2009, 99 Seiten, ISBN 978-3643103444

Joachim Carlos Martini: *Musik als Form geistigen Widerstandes 1. Texte, Bilder, Dokumente: Jüdische Musikerinnen und Musiker 1933-1945. Das Beispiel Frankfurt am Main*, Frankfurt am Main: Brandes und Apsel 2009, 312 Seiten, ISBN 978-3860996201

Joachim Carlos Martini: *Musik als Form geistigen Widerstandes 2. Quellen: Jüdische Musikerinnen und Musiker 1933-1945. Das Beispiel Frankfurt am Main*, Frankfurt am Main: Brandes und Apsel 2009, 493 Seiten, ISBN 978-3860996218

In 2010: *Studia Judaica* (Online-Ausgabe in englischer Sprache siehe www.euro.ubbcluj.ro/studiaj/)

Wilhelm Kaltenstadler: *Die jüdisch-islamische Kultur des alten Andalusien*, öffentlicher Vortrag am 28. Juni 2008 in Frankfurt am Main

Laufende Projekte

Dissertationsprojekte

Antonio Rodrigues: *Das Leben von Friedrich Heinrich Lewy, dem Entdecker der Lewy-Körperchen (1885-1950)*, Universität Marburg

Tore Langholz: *Reflexionen der doppelten Torah in Jacques Derridas Theorie der Schrift*, Ben Gurion University of the Negev, Israel

* * * *

Ihre Projekte

Haben Sie ein bereits laufendes Projekt oder ein Forschungsvorhaben, welches den Zielsetzungen der Nicolas-Benzin-Stiftung entspricht? - Dann zögern Sie nicht, sich mit uns in Verbindung zu setzen und uns Ihr Projekt vorzustellen.

Der Stiftungsrat der Nicolas-Benzin-Stiftung wird dann umgehend - gegebenenfalls auch unter Hinzuziehung von externen Sachverständigen - prüfen, ob und in welchem Umfang wir Ihr Projekt fördern können.

Ihre Bewerbung sollte enthalten:

- Eine kurze Vorstellung Ihrer Person oder Ihres Projektteams, die auch Aufschluß darüber geben sollte, was Sie oder Ihr Team für die erfolgreiche Umsetzung Ihres Projektes besonders qualifiziert.

- Eine kurze Beschreibung Ihres Forschungsvorhabens, die nicht mehr als zwei DIN-A4-Seiten umfassen sollte.

- Angaben über die voraussichtliche Projektdauer.

- Wir erwarten bei einer akademischen Publizierung, daß die Forschungsergebnisse Ihres Projektes zusätzlich auch in allgemeinverständlicher Form einer breiten Öffentlichkeit bekannt gemacht werden.

Haben wir Ihr Interesse geweckt? Dann senden Sie uns Ihre Unterlagen per E-mail an:

Stiftungsrat@Nicolas-Benzin-Stiftung.de

oder per Post an unsere Treuhänderin:

Dipl.-Geophys. Katja Wolf
Ligusterweg 24
60433 Frankfurt am Main
Deutschland